菜鸟妈妈
育儿宝典

天啊！
MY GOD!
我该拿你怎么办！
菜鸟妈妈育儿手记

非儿◎著

哈尔滨出版社
HARBIN PUBLISHING HOUSE

U0310083

图书在版编目（CIP）数据

天啊！我该拿你怎么办：菜鸟妈妈育儿手记/非儿
著.—2版.—哈尔滨：哈尔滨出版社，2016.5
ISBN 978-7-5484-2494-9

Ⅰ.①天⋯　Ⅱ.①非⋯　Ⅲ.①婴幼儿–哺育–基本知
识　Ⅳ.①TS976.31

中国版本图书馆CIP数据核字（2016）第037468号

书　　名：天啊！我该拿你怎么办——菜鸟妈妈育儿手记
作　　者：非　儿　著
责任编辑：王　放　孙忠孝
责任审校：李　战
封面设计：Amber Design 琥珀视觉

出版发行　哈尔滨出版社（Harbin Publishing House）
社　　址：哈尔滨市松北区世坤路738号9号楼　　邮编：150028
经　　销：全国新华书店
印　　刷：哈尔滨市石桥印务有限公司
网　　址：www.hrbcbs.com　　www.mifengniao.com
E–mail：hrbcbs@yeah.net
编辑版权热线：（0451）87900271　87900272
销售热线：（0451）87900202　87900203
邮购热线：4006900345　（0451）87900345　87900256
开　　本：787mm×1092mm　1/16　印张：23.75　字数：320千字
版　　次：2016年5月第2版
印　　次：2016年5月第1次印刷
书　　号：ISBN 978-7-5484-2494-9
定　　价：45.00元

凡购本社图书发现印装错误，请与本社印制部联系调换。
服务热线：（0451）87900278

目录

1

目录
3

目录

5

美丽辣妈的快乐孕记

憧憬

亲爱的宝贝，

不知你还在什么地方淘气，

忘记了要来到妈妈的身边，

不过，妈妈不会责怪你，

也许你在考验妈妈的耐心，

想看一看妈妈能否给你营造一个温馨美好的世界？

知道吗宝贝？

在妈妈开始想要带你起程的时候，

就给你取了很多可爱的名字，

虽然不知道你是男孩还是女孩，

反正，有好多；

妈妈曾经想象你的样子，

你会像爸爸一样有浓浓的眉毛，

还是像妈妈一样有樱桃般的小嘴？

哦，别担心宝贝，

无论你长什么样儿，

都是妈妈眼中最最美丽的天使！

宝贝，

因为期盼你的到来，

外婆曾经在佛前虔诚许愿，

奶奶也会每日翘首祈盼，

就连很多你还不曾见过的叔叔阿姨，

都在为你祝福！

一、美丽辣妈的快乐孕记

宝贝，

爸爸每天都在努力奋斗，

为了你能够过上最幸福的生活；

妈妈可以忍受一切痛楚，

只为了你能够早日投入我们的怀抱。

亲爱的宝贝，

妈妈好想亲亲你那有着柔滑如丝绸般皮肤的小脸，

好想亲亲你那雪白如玉样肉嘟嘟的小屁股，

好想牵着你那好似刚从水中捞出的莲藕般的小手，

带你迎接每天升起的太阳，

享受绚丽多彩的生活！

宝贝，

听到妈妈的呼唤了吗？

玩累了，就回家吧！

永远爱你的妈妈，

每天都在等着你……

——我的一帘幽梦

1.我那曲折的怀孕经历

她的到来是个意外，也是无数次期盼中的一次必然——

刚结婚，我就跟老公讨论过什么时候要个孩子的问题，老公总说：别急，我们先过两年甜蜜的二人世界再要孩子也不迟。那时候的我自己也还像个孩子，所以也就乐得个自在。

两年后，我们开始了造人计划。老公戒烟戒酒，我自己则一边加强营养，一边吃起了叶酸片。叶酸是预防胎儿神经管畸形的，从计划怀孕起就应当开始吃。可是几个月下来，却不见一点动静。想去医院作个检查，可是医生说，一般情况下，从准备要孩子开始，历时一到两年之后还不能怀孕才考虑患有不孕症。看来我们太急于求成了，这不是才几个月吗？于是回家后，我们继续耐心等待。

○ ● **量体温测排卵**

时间一晃一年就过去了，已经快到医生所说的时间的上限了，难道我真的患了不孕症？怀着不安的心来到医院，进行了常规检查，身体没什么异常，医生便建议我采取量体温测排卵的方法。很多人由于月经不是绝对准时，导致排卵期算不准，总把时间搞错，也会耽误怀孕呢。

量体温测排卵的方法是在每天早晨刚醒来时同一个时间，不要剧烈运动，立刻测量体温并记录下来。排卵期体温会明显升高，在这前后的一两天就是怀孕的最佳时期。一旦怀孕，体温会一直保持在较高的状态；如果没有怀孕，排卵期之后体温又会回落。于是我定上闹钟，每天一大早把自己叫醒量体温。常常还困得很，我一边嘴里含着体温计，一边迷迷糊糊地又睡着了，那可是水银体温计，不小心咬坏了就危险了！

就这样，一连又是几个月，我天天清晨坚持量体温，表格画了一张又一张，把每天记录的体温连成曲线图。可是在每个月例假到来的时候，看着这些渐渐升高又渐渐回落的曲线，我的心情也一次次地从失望走向希望，又从希望走向失望。

○ ● 两次输卵管通液的痛苦经历

几个月后，我又向医生求助，医生分析，排卵期没搞错却还不能怀孕，就要考虑是输卵管堵塞引起的不孕，而有这种症状的人万一怀孕了经常是宫外孕，非常危险。确定输卵管是否堵塞的方法是做输卵管通液手术，如果真的堵塞了，检查的同时也就进行了治疗，但是能否打通还是因人而异。听到"宫外孕"这样可怕的字眼儿，我决定试试，也许真的是因为输卵管不通才老不怀孕呢！

虽然是一个很小的手术，也没有什么创伤，可是那个疼啊，真是让我终身难忘(现在回想起来，似乎比生孩子时的阵痛还厉害，也许是心情不一样吧)，第一次我都吐了！可是二十分钟的煎熬之后，医生竟跟我说还得做一次！她说可能是我太紧张了，全身都在使劲儿，导致输卵管痉挛，往里面推液体的时候很费劲儿，但也不是完全不通，再做一次肯定能打通。我一听，真后悔自己刚才的反应过于强烈了，要是能放松点就好了，不过为了能怀孕，再怎么疼也豁出去了！

一个月之后，我又来做通液了。我想我一定是能让这位医生在她的医疗生涯中一直记忆尤新的一个病人吧，因为在准备过程中，我躺在手术台上跟医生聊天，手术还没做，我就又开始紧张了，我对医生说："我能唱歌吗？我想放松一下。"她们欣然答应了，我一紧张不知唱什么好，竟然唱起了"两只老虎两只老虎跑得快……"把医生都逗乐了！而真正做手术时还是疼得让我刻骨铭心。终于这段可怕的时间熬过去了，医生高兴地告诉我，这次完全打通了！出去后，靠在老公的怀里，我整个人都快要晕倒了，感觉天旋地转，心里却期盼着能苦尽甘来。

○ ● 老公与我共同承担

这下总该怀孕了吧?!可好事总是多磨，无论我们怎么努力，我的肚子仍然一点动静都没有。在一次次失望的痛苦折磨下，我的情绪低落到了极点，只要有人触碰到我的这根弦，只要一想起也许自己这辈子会没有孩子，我就会潸然泪下。

老公一直是我坚实和温暖的依靠，见我忍受这身心双重的痛苦折磨，一直非常大男子主义的他，竟主动去医院检查了身体。我心里充满了感动和感激，老公却毫不在乎地安慰我说："男性检查和治疗比女性要轻松得多，没什么大不了的!"但是检查结果并没有什么异常，医生告诉我们，就算夫妻双方都正常，也有不孕的可能,这种情况占 10%左右呢。

●差点培育管婴儿

在经过了一年半时间后,在经历了无数次等待和失望后,我们最终想到了培育试管婴儿。我这个时候已经成了医院的常客,医生也很关心我们,向我们作了详细的介绍:培育试管婴儿成功率在 30%左右,一般一次能成功的很少,大多都要做两三次,当然也有不少做了很多次都不成功的例子。而培育试管婴儿昂贵的费用也是目前这项技术没能普及的原因之一,假设要做三次才能怀孕,就得准备扔出去十万元。但这一切我都顾不上了,身体再怎么受罪、花钱再怎么多,也总要试一试。我们决定培育试管婴儿,并与医生预约了时间。

有了这样高科技的医疗技术,我们心里也总算有了一线希望,而且一想到也许培育了试管婴儿能生出双胞胎或三胞胎呢,那简直就是因祸得福呀,我们灰暗的心情总算出现了一缕阳光!

●天使降临

不过任何机会都不能错过,在培育试管婴儿之前,我仍然坚持每天早上测体温、画曲线,这样的事情我已经做了一年了,好像已经习惯也已经麻木了。其间,我听朋友说排卵试纸挺方便好用的,便也买回两盒试试。可是使用排卵试纸的那个月,我竟然没测出排卵!而从来都是提前的例假,那个月也迟迟不来。我沮丧地对老公说:"算了,我们还是等着培育试管婴儿吧,你看我现在内分泌不正常,都不排卵,怎么可能怀孕。"

可在那一个周期第 35 天的早上,我鬼使神差地拿出一根怀孕试纸测试了一下,竟然看到了两条线! 难道我怀孕了? 这不可能! 我拿去给老公看,还很生气地说:"你看,这怎么可能,都没排卵,怎么能测出怀孕?是排卵试纸失效了,还是怀孕试纸失效了? "

这样的场面真是跟我曾经想象过无数次的情景截然不同,我曾经以为,当我得知自己怀孕的那一刻会无比兴奋激动,会欢呼雀跃,甚至会大哭一场,把两年来的委屈和痛苦都哭出来。可是此刻,我没有哭,也没有笑,没有激动,也没有难过,而是满脑子的怀疑和困惑。在老公的提议下我又试了一次,还是两

一、美丽辣妈的快乐孕记

7

条线。我仍然断定不是这个试纸有毛病，就是我的身体有毛病。老公却很兴奋，高兴地搂着我说："傻瓜，你一定是怀孕了，上午去医院检查一下吧！"上班后我请假去作了检查，当医生告诉我"你怀孕了"时，我才知道我日盼夜盼的小天使终于来了，才敢相信这一切是真的。

上天真的好像跟我们开了个大玩笑，这个调皮的小家伙迟迟不肯出现，在我们经历了近两年的等待和煎熬，在一次次的希望和一次次的失望之后，在我们快要彻底绝望打算培育试管婴儿的时候，它却悄无声息地来了。

得知喜讯，爸爸妈妈立刻赶到，在这之后，爸爸一直开玩笑说："咱家的宝宝将来一定是个有经济头脑的聪明宝宝，还没出生就给你们赚了十万元钱！"可不是，准备培育试管婴儿的钱省下了可不就等于是赚了吗！而再回忆起这整个儿曲折的怀孕过程时，我才意识到一个问题，也许之前近两年的时间里，我和老公想要孩子的心情都太紧张太迫切了，当决定培育试管婴儿后，反而放松了下来，对于受孕来说，除了健康的身体，轻松平和的心态也是非常重要的！

Part 2.让我忧心忡忡的辐射

发现怀孕后,最让我发愁的就是辐射问题了。听公司两位前辈(也是两位怀有身孕的姐妹)说,她们早已把手机搁置到一边,都改用小灵通了。可是仅仅这么做还远远不够,我们上班工作是离不开电脑的,从早到晚,每天八个小时对着电脑,难免要受到电脑辐射的危害。

在刚打算要孩子的时候,我就咨询过医生,电脑辐射对胎儿到底有没有影响,那位医生给我的回答也是模棱两可的,她只告诉我,她们医院的那些小护士们怀孕后都穿上了防辐射服,防辐射服对各种电器发出的电磁辐射多少都会有点儿隔离作用。

说到电器,让我来数数都有哪些电器会发出电磁辐射危害胎宝宝的健康吧:手机、电脑、电视机、电冰箱、微波炉、电磁炉、电热毯、电熨斗、电吹风……这不想不要紧,一罗列还真是可怕,现在这个高科技的年代,我们身边真是到处都埋伏着辐射呀!

大家都知道,电磁波对人体有害,娇嫩的胎宝宝就更受不了它的辐射了。据说电磁辐射胎儿有使胎儿致畸的可能,怀孕的头三个月比孕中期和孕晚期的危险更大呢。因为头三个月胚胎正处在细胞分裂的过程中,如果这时候准妈妈受到过强的电磁辐射,很有可能导致流产,也可能造成胎儿畸形;孕中期,电磁辐射有可能会损伤胎宝宝的中枢神经系统,导致婴儿智力低下;孕晚期受电磁辐射的主要后果

则是易导致宝宝免疫功能低下，宝宝出生后体质弱，抵抗力差。所以说，整个怀孕过程中，准妈妈最好都不要接触强辐射。

这么可怕，我还真有点儿担忧呢，该怎么保护宝宝不受到电磁辐射的伤害呢？

首选——穿防辐射服。现在孕婴用品店多得很，基本上都会有这种防辐射的孕妇装卖，虽然价格比较贵，但是孩子就这一个，孩子的健康是头等大事呀！于是我立刻买来防辐射服穿上了身，这样就算每天对着电脑，就算身边隐藏着很多辐射隐患，无论实际效果如何，起码找到了点心理安慰呀！不过要提醒姐妹们，防辐射服最好不要经常洗，洗多了会把里面的金属纤维洗断的，那样就起不到隔离辐射的作用了。所以那件我一直穿到最后的防辐射服，已经脏得不成样子了，不过为了宝宝的健康，自己邋遢一点又算什么呢？

其次——饮食。其实有很多我们平时经常吃的食物都有很好的防辐射损伤功能呢！像萝卜、油菜、芥菜、卷心菜、胡萝卜、豆芽、西红柿等蔬菜，还有瘦肉、动物肝脏等富含维生素 A、C 和蛋白质的食物，都有加强机体抵抗电磁辐射的功效。反正怀孕了得多多加强营养，什么都得吃，那就多吃点以上这些美味吧，享受美食又保护了宝宝的健康，可是一举两得呢。

再次——养一些防辐射的植物。听说仙人掌、仙人球可以防辐射，我们三位准妈妈结伴在公司楼下的小花店一人买了两盆，放在办公桌上，倒的确是增添了几分生气，看着这些可爱的植物，人的心情也豁然开朗起来。可是我一直在纳闷儿，这仙人掌到底怎么个防辐射法儿呢？查了一些资料，我才知道，仙人掌根本就不可能吸收电磁波，最多能阻挡电磁波的通过，那要是想挡住电脑发出的电磁波，得用多大的一盆仙人掌呀，那么大一盆搁电脑前面，还怎么看电脑和工作呀？所以在电脑前面放上两盆绿植，顶多也就是求个心理安慰以及美化一下环境而已。

这么说来，要想完全逃离辐射，还真是难上加难。不过准妈妈们也不必像惊弓之鸟一样太过敏感，其实我也没有特别刻意地去躲避这些电器，用电脑的时候穿上防辐射服，注意不要长时间用电脑，毕竟对着电脑时间久了眼睛也受不了；看电视保持安全距离，据说电视机发出的电磁辐射很小，孕妇要少看电视最主要的原因是不能长时间坐那儿不动，影响血液循环对本来就笨重的身体很不好；微波炉我也用，每次一按按钮，在它启动前我就立刻开溜；倒是电吹风这个大家不怎么注意的电器，辐射很强，怀孕期间最好不要使用。合理地使用电器是没什么关系的，事实证明，我的女儿现在很健康！

Part 3.都是溶血症惹的祸

　　怀孕没多久，就听一位刚生宝宝不久的闺密提醒我："快去查查你和你老公的血型吧，防止宝宝出生后得溶血症！"这溶血症我还是头一次听说，是怎么回事呢？我的好友一声叹息，向我描述了她的遭遇：

　　好友的血型是 O 型，她老公是 A 型，生下的宝宝也是 A 型，因为怀孕之前也不了解溶血症，所以根本就没作相关的检查，结果宝宝出生后就贫血，黄疸也很严重，诊断结果就是由于宝宝血型跟妈妈的血型不合，患了溶血症，后来又是吃药又是输血的，这么小的宝宝一出生就遭这样的罪，真是让当妈的心疼得不行。幸好症状不算十分严重，现在已经痊愈了。

　　听她这么一说，我还真有点担心，我现在已经怀孕了，我的宝宝会不会将来血型也跟我的血型不合呢？这个溶血症又到底是怎么回事呢？好友把她了解的情况都告诉了我：

　　我们中国人的血型一般有 A 型、B 型、AB 型、O 型这四种，A 型血即红细胞上有 A 抗原，B 型则是有 B 抗原，AB 型是既有 A 抗原又有 B 抗原，O 型则是没有任何抗原。最容易发生溶血症的情况是妈妈为 O 型血的。假设爸爸是 A 型血，他们的宝宝有可能是 A 型或 O 型，如果是 O 型就没问题了，但如果是 A 型，胎宝宝在妈妈肚子里的时候，红细胞进入妈妈体内后，妈妈身体里就会产生抗 A 抗原，这种抗 A 抗原再通过脐带传入宝宝体内，就会引起宝宝的红细胞被破坏而引起溶血。另外，除了 A、B、O 型溶血病，还有 RH 型，只是这种血型汉人中比较少见。

　　宝宝如果得了溶血症，出生后就会出现很多症状：皮肤与眼珠发黄、贫血，甚至心力衰竭、全身浮肿、肝脾肿大、嗜睡、拒奶、四肢松软、发热，得黄疸或胆红素脑病。虽说患上溶血症是可以治疗的（通过光照、用药、补血、换血等方法），但是宝宝要受苦呀，做父母的谁能忍心让宝宝一来到人世间就受病痛的折磨呢？

　　幸好溶血症并不是无法预防的，好友说去医院检查血型就可以查出来宝宝是否会患溶血症了，防患于未然，为宝宝的健康打个"预防针"。她那时候就是因为不了解还有这种病症，所以才导致宝宝出生后受了很多苦。我和老公都是 O 型血，将来生出的宝宝血型也只可能是 O 型，虽然看起来应该不会有什么问题，不过为了稳妥，我还是去医院检查了一下。还好医生告诉我一切正常，我暗自庆幸。女儿出生后查出血型的确是 O 型，也确实没出现前面提到的那些异常情况。

虽然我们自己没发生什么状况，我还是想提醒打算怀孕和刚怀孕的姐妹们，对于这样的事情不要抱有侥幸心理，还是都去查一查吧，现在一般的医院都可以作这项检查。如果查出来宝宝有患溶血症的可能，医生会给准妈妈作相应的治疗的，这样可比等宝宝出世了再治疗要好得多。而且准妈妈在孕前、孕期进行检查与治疗，就可以减少溶血症的发生，这可是对宝宝健康负责哦。

Part 4.远离宠物，远离弓形虫

以前就听人说过，孕妇最好不要接触宠物，正好我也不太喜欢养宠物，而老公自从我怀孕后就很自觉自愿地把在公司养着的一条"博美"送回了老家，杜绝一切我与宠物接触的机会。为什么要远离宠物呢？其实这是为了躲避可恶的弓形虫，因为弓形虫的危害非常大，所以我很仔细地了解了它的情况。

● 弓形虫是什么东西？

弓形虫是一种寄生虫，一般在动物体内生存，像猫、狗都是它的载体。弓形虫是通过这些动物的粪便来向人类传播的，如果接触了受感染的动物粪便或是土壤、生肉，人就会被感染。对于免疫系统正常的人来说，感染弓形虫后一般病情并不严重，也没有明显症状，所以一般人都不了解它。人与人之间不会互相传染，但是却可以通过母体传给胎儿，这可是个危险的事情。

● 可怕的弓形虫

准妈妈感染弓形虫是很危险的，因为弓形虫会对胎宝宝造成严重的损害：一部分胎宝宝会直接就胎死腹中，还有一些是长期的影响，如宝宝出生的时候会有畸形，之后不久就会死亡。大多数患有先天性弓形虫病的宝宝(尤其是妈妈在怀孕后期感染的)出生时看上去是正常的，但是他们仍有可能会出现严重的问题，大部分宝宝大脑会受到损害，脑部结构和神经功能出现问题，比如智力以及运动发育迟缓，脑瘫以及癫痫。

弓形虫感染还可能引起其他器官损伤，最常见的是影响到眼睛，导致视力损伤，有时甚至会造成失明。另外还有可能会出现肝肿大和黄疸、脾肿大、血小板低、皮疹、心脏或肺感染、淋巴结肿大等。受感染的宝宝身体发育要比同龄的孩子迟缓数月甚至数年。

○● 胎宝宝感染弓形虫的可能性

如果准妈妈在孕期头三个月里感染了弓形虫，胎儿被传染的几率大概是15%；如果在孕中期感染，胎儿被传染的几率大概是30%；在孕期最后三个月感染，则几率上升到60%。所以，孕期注意预防弓形虫感染真是太重要了。如果是在受孕之前三个月内感染弓形虫，准妈妈仍然有很小的可能性会把它传染给肚子里的宝宝。所以，为了安全起见，发现感染弓形虫的姐妹们最好等上六个月再作怀孕的打算。

○● 杜绝和避免一切可能感染的机会

如此可怕的后果和这么高的几率，我可不敢放松警惕，虽然大部分宠物是健康的，并不会携带弓形虫，可是这样的赌谁敢去打呢？不怕一万，就怕万一，还是离它们远点儿吧。

不过除了从动物身上直接感染外，还有一种传播途径是大家容易忽视的，那就是食用了生的或未熟透的带有病原的肉。很多人爱吃烤肉、涮肉，我也不例外，但是自从得知了弓形虫的危害后，怀孕的我一次也不去吃了，因为难免有烤不透和没煮熟的肉，这些吃法都是讲究肉质鲜嫩，殊不知暗藏杀机呢！而且使用的餐具一会儿夹生肉，一会儿夹熟肉，也是极不卫生的。

另外，怀孕以后我在每次洗菜洗水果的时候也格外认真，因为受到弓形虫污染的瓜果蔬菜同样会使人受到感染。而且我把家里的切菜板也分开用了，一个专门切生食，一个专门切熟食，当然刀也是分开用的。健康的饮食习惯也要养成，尽量不要吃生食，特别是肉类要煮熟了再吃。其实不但预防弓形虫感染需要这样做，很多疾病的预防都需要这样做，像禽流感、猪流感等等，稍微注意一下就能换来自己和周围人的健康，何乐而不为呢？

○● 准妈妈万一感染了怎么办

就算再怎么注意，也难免会有一些准妈妈不小心感染上了弓形虫，那就一定要配合治疗了。当然自己是不容易发现被感染的，因为症状实在是很不明显，最多是没力气或有轻微的发热。所以，如果姐妹们接触了宠物，吃了生肉，担心自己被传染了,就去医院检查一下。其实为了优生,最好所有的准妈妈都作一下这项检查,如果真的感染了,需要用抗生素进行治疗,而且整个孕期都要接受一系列的 B 超检查, 查看发育中的宝宝是否存在异常, 万一宝宝出现了异常,最好选择终止妊娠,不要抱有侥幸心理。

当然, 这样的结果是每个准妈妈都不愿意碰到的, 所以还是要小心加小心,养成良好的卫生习惯,把所有弓形虫感染的途径都杜绝了,才是对我们肚子里的宝宝最负责的表现。

Part **5.为了宝宝，多吃点算个啥**

一定有很多准妈妈有跟我一样的心思，没怀孕的时候为了身材不敢多吃，都想趁怀孕后，有了充足的借口，放开肚皮吃个够。可真怀孕了，我却没那口福了，刚40天，就出现了早孕反应。都说孕妇事儿多，还真不假，我这平时狂喜爱美食的人，这时候全没了胃口，一想到吃就觉得很痛苦。可是为了肚子里的宝宝，这样下去可不行，还是得好好琢磨一下孕期的饮食才行。幸好我有位免费又全心全意为我服务的大厨——妈妈，她一直陪伴我度过整个孕期，为我调理饮食，让我在吃不多的情况下，还能做到营养全面，为宝宝的健康打下了坚实的基础。

◯ ● 日常饮食

怀孕后，我成了家里的重点保护对象，大家都希望把我塞得鼓鼓的才好。老公隔三差五到农贸市场批回来鱼、虾、肉，跟我说："你尽管放开肚皮吃，没了我再买！"妈妈每天变着花样儿给我做各种美味佳肴，我的营养搭配非常全面。

鱼、肉、蛋、奶可以补充蛋白质，我还专门买了孕妇奶粉来喝，它的营养搭配对孕妇来说比鲜牛奶更全面更合理一些；各种蔬菜水果富含维生素，而且可以治疗便秘；核桃对胎儿大脑细胞、骨骼和毛发的发育都有促进作用，还能预防妊娠高血压综合征的发生；大蒜杀菌降血糖，对孕妇身体很有好处……每种食物都有各自的功效，所以我认为，就算胃口不好，吃的时候再难受，准妈妈也还是要尽量什么都吃一点儿，这样才能满足胎宝宝对各种营养的需求。就算吃进去之后又吐了，食物的营养成分多少也会被吸收一点儿的。

◯ ● 是否需要忌口

我怀孕八个月左右的时候，正值深秋，螃蟹非常肥美，也是我的最爱。可是听老人说怀孕的时候吃了螃蟹，将来孩子爱流口水；还听说什么吃了兔子肉孩子会变兔唇、吃了鸭肉将来孩子会摇头什么的。其实这些都是过去民间的一些传说，并没有什么科学依据。我可不信这一套，螃蟹吃了很多，而潇潇几乎没怎么流过口水。其实怀孕期间不但不需要忌口，还不能偏食。

○ ● 禁忌

虽说不需要忌口，但还是有一些饮食方面的禁忌的，毕竟这是个特殊时期，有一些食物还是需要回避一下：忌腌制发霉食品，这些食物里含有亚硝酸化合物和黄曲霉毒素，这些物质不但有致癌作用，还会导致胎儿畸形；忌酒，酒精摄入多了会引发胎儿畸形或智力低下；忌浓茶、咖啡、可乐，这些食物中含有咖啡因对胎儿有害；避免吃得太咸，少吃甜食，少吃刺激性的食物，这些对孕妇和胎儿都没有好处。

其他的都好说，最让我郁闷的是不能喝咖啡了，因为我平时非常喜欢喝，每天都要泡上一杯杳浓的咖啡，那滋味想起来真是美妙啊！不过一切为了孩子，从怀孕起一直到潇潇断奶，我都没有喝过一口咖啡。

另外，还有一些食物在怀孕期间最好也少吃，比如桂圆，虽然营养丰富，但吃多了会导致流产或早产，所以还是尽量少吃为妙。

○ ● 要不要吃补品

虽然怀孕后要增加一些营养，但是我认为吃补品没有什么必要。我觉得药补不如食补，只要身体健康，还是多吃些饭菜更好。我的整个怀孕期间，没有吃过任何补品，就是吃饭吃菜，不是一样把自己和女儿都养得结结实实吗？

○ ● 补叶酸、补钙、补铁

我的"好孕"经历实在太漫长，所以在补叶酸这个问题上没有做得太完美，一开始因为总不怀孕，所以叶酸是吃一阵子停一阵子，真正怀孕那次实在是有点意外，当然那个月也根本没想到提前吃叶酸片。其实准妈妈在计划怀孕的前三个月就应该开始吃叶酸，一直吃到怀孕后三个月，叶酸可以预防胎儿神经管缺损。

我是从怀孕五个多月时才开始补钙的。这有两方面的原因，一是我刚怀孕去医院检测微量元素的时候，体内钙含量很高，根本就不需要补；另外，医生告诉我,钙补得太多了对身体也不利,孕妇从五个多月开始补钙就可以了。补钙的同时,准妈妈也要经常外出活动,晒晒太阳,促进钙的吸收。

一般到了孕晚期,准妈妈多少都会有点儿贫血。我本来就有些贫血,到了孕晚期一检查还是贫血。生产过程中妈妈会流失不少血液,如果贫血,不但对妈妈身体不利,也容易造成胎儿缺氧,所以一旦发现贫血,就应当及时补铁。我当时补血是服用的一种补铁药剂,再加上经常吃一些红枣之类的补血食品。

○● 是否需要多喝水

准妈妈的肚子里除了有宝宝,还有羊水。那么多的水从哪里来呢,需要多喝水来补充吗？我在孕晚期的时候B超检查出羊水偏少了点儿,医生建议我多喝水,身体补充的水分多了,羊水也会稍有增加。另外怀孕期间,准妈妈的身体消耗也多,需要多喝点儿水。不过水也并非多多益善,特别是有水肿的准妈妈,就不能喝得太多。

总的来说,为了肚子里的宝宝健康发育,作为母亲,多吃点又算什么呢？就算身材再臃肿、体形再难看,也都豁出去了,也许这也是母亲的伟大之处吧。不过我还真要提醒准妈妈们,也不能吃得过胖哦,太胖了对妈妈自己和胎宝宝的健康都有危害哦！

6.那些让我心烦意乱的噪音

在成为全职妈妈之前,我在一家房地产公司上班,当时有一个项目正在建设中,我所在的工程部要驻工地现场办公了。怀孕之后,我非常担心工地的噪音会对胎宝宝有影响,因为听说宝宝兔唇的形成就和所处环境中的噪音过多以及孕妈妈的情绪不佳有关系。孕早期,我有先兆流产的迹象,必须休息保胎,加之工地整天叮叮当当的声音响个不停,我就请假休息了。

可是躲在家里也逃不过噪音的干扰,正好当时南水北调的工程从我们小区的东侧经过,而我在家休息保胎的那段时间,正是他们干得热火朝天的阶段。那些可怕的噪音呀,一会儿是推土机的声音,一会儿是吊车的声音,简直快把我折磨疯了。我每天从客厅东面的大窗户看过去,看到那些辛勤劳动的大机器们正轰隆轰隆作响,就总是向爸爸妈妈和老公抱怨。我心里最担心的是这些噪音会把我的宝宝给吓坏了,或是影响了胎儿的发育!关上窗户声音倒是小多了,可是当时正值炎炎夏日,总不能每时每刻都关紧窗户开空调吧,那样对身体也不好呀。但是只要一打开窗户,这些可怕的声音就会马上传进来,简直让人无处可逃。

最后我想了个不是办法的"办法",就是我会经常去逛商场和超市,去"避难"!商场里有冷气(打个小算盘,不用花自己家的电费,哈哈),又有轻柔动听的背景音乐。我们每次去都是趁别人上班的时间,人也不多,没有嘈杂的声音,还能看到琳琅满目的商品和漂亮的衣服,虽然我挺着个大肚子,什么漂亮的衣服也穿不了,但只是看看、养养眼也不错呀!

可躲得了一时却躲不了一世,从我们家东边经过的火车到了夜里就格外疯狂,吱嘎吱嘎的声音就像美国科幻大片里的妖怪的嚎叫声一样,侵袭着我的耳朵,也侵袭着肚子里还那么小的胎儿。夜深人静的时候,就算门窗都关得好好的,这些可怕的声音也会清晰地传到屋子里来。

终于等到身体好了一些,我又回去上班了,公司为了照顾我,让我临时到设计部上班。设计部在总部写字楼里，环境当然很舒适了。可是好景不长，公司要求设计部、预算部要与工程部并肩作战，都转战到现场。无奈，我又跟着大部队重新返回了工地。有几天，正赶上工地浇混凝土，没在工地待过的人绝对想象不出那声音有多恐怖，而且声音的发生地点就在我们的临时办公室跟前。真是让人抓狂呀，我只好跟肚子里的宝宝说：宝贝你一定要坚强啊，不能被这些噪音吓坏了身体呀！

冬天来了，开始供暖了。我和宝宝的"灾难"又开始了。因为我们这个小区违反合同，竟然把锅炉房建在了我们这栋楼的旁边，而且锅炉房与住宅楼之间的距离明显不符合要求。虽然小区物业事后赔偿了我们一些损失，可是每天晚上听到的那嗡嗡嗡嗡的噪音，以及感受到火焰燃烧的巨大能量带来的震动，真是使我郁闷到了极点，如果胎宝宝真的因为这些噪音出现什么异常，又岂是任何赔偿能弥补的呢？

我当时那个气愤呀，那个无奈呀！似乎我孕期的大部分烦恼都源于此中。

幸好，我的宝宝很顽强，没有被这些可怕的噪音和我的心烦意乱打倒，一直健康地生长着，看来我的担忧是有点过头了，看到宝宝出生后又漂亮又健康，我心里的石头总算落地了！一好友说她们家的宝宝一听到油烟机之类电器发出的声音就会害怕，但是潇潇对此却无动于衷，看来是"久经沙场"了呀！如今，我们身边还常常有这样那样可恶的噪音，不过我已经能端正心态，从容面对了，既然逃不过，那就保持好心情吧，不是说，良好的情绪是健康的保障嘛，这一点对于准妈妈来说更为重要哦！

7.带着孕宝宝去上课

请假休息在家保胎的那段日子其实也很难熬，肚子里那个小家伙总是那么折磨人，害俺吃饭没胃口、睡觉不踏实、人也没精神，整天就觉得浑身哪儿哪儿都不对劲儿。于是突然冒出了"报个班学点儿什么"的念头，咱这工科生也想长点儿经济头脑，便报了名去学会计。

我报的会计班是周末开课，要上一整天，整个课程前后一共持续三个多月。我每次去听课，都挎着一个硕大的包，装着上课用的书、笔、计算器等文具，外加一大瓶水、一些水果和小零食(原谅咱是孕妇，要时不时地补充点儿营养)，还有一个特殊用品——坐垫。因为上课地点在一所中学里面，教室里的椅子很硬，这怀孕了的人就是事儿多，坐的时间一长就觉得特不舒服，有个坐垫就好多了。

刚去上课的时候，我的肚子还不太明显，也没有人注意到我有什么特别之处，我想别人看到我肚子鼓鼓的，大概会想这人好胖吧！只有坐在我周围的几个女同学知道我的小秘密，因为有一次下课休息的时候，我们聊起来为什么要来学会计，我很得意地告诉她们我现在怀孕了，在家休息没什么事儿所以就来了。不过因为一个培训周期时间拖延得比较长，渐渐地，我的肚子开始显现出来了，加之天气转热，穿上单衣服，别人很容易就能看出我是孕妇了。于是在这里，我也真正体会到，当孕妇是挺幸福的，因为会有很多人来关心你。每次同桌的小姑娘都会帮我提前占好座位，其他同学见我来了也会微笑着给我让路。那种感觉真是牛呀!而给我们上课的老师更逗了，她对我说："你可真是赚了，用一个人的报名费，让两个人学习。"是啊，对于这一点我也一直暗自得意，心想，我这样的胎教应该是很特别的吧，我的宝宝在我肚子里一扎根就给我们赚了钱(省下了培育试管婴儿的钱)，再跟着我学了会计，将来那还得了?怎么着也得弄个"国家财政部长"当当呀!哈哈，只不过这纯属我目前个人的美好心愿而已哦!

说实话，以前没孩子的时候我都没这么刻苦过，下了班不是回家看电视就是跟朋友一起吃饭唱歌。但是怀孕之后，我反而发奋图强起来了。我的预产期在 12 月份,而会计师考试是在次年的三月份,那时候宝宝才三个月左右,一是我身体刚恢复,还会有很多不适应的地方;二是宝宝那么小,肯定需要花很多精力去照顾宝宝,我自然也就没有充足的时间去复习迎考了。这样一来我就必须在学的时候就把知识掌握透彻,考前就不用花太多精力了。于是我非常认真地做好每次课前课后的预习、复习工作,也由于我的认真刻苦,我是我们那个班最好的学生哦!(顺便自吹一下,这也与咱本来就有个聪明的头脑是分不开的呀,哈哈!)

可我毕竟是请病假休息的,也不能老在家待着,一段时间后就又回去上班了。这样一来,我反而比以前没怀孕的时候还辛苦了,平时要上班,周末还要上课!不过这样的生活还真是充实呢!

雪花飘落的季节,我们可爱的小天使终于降临了。月子里的忙乱、身体上的不适、宝宝的哭闹,这头两个月,那几本书真是被我遗忘在角落里了。直到临考试前两个星期,我才重新拾起书本和笔记快速复习了一遍。幸好学的时候认真,就这样去考试,我考得还很轻松,成绩不错,还获得了学校的奖学金呢!

再回忆那段带着孕宝宝上课的经历,我发现有一点很神奇,每次去上课的时候,我反而不觉得身体那么难受了。所以我得出一个结论:准妈妈如果有孕期反应,最好不要总在家里待着,不要脑子里总想着自己是多么不舒服,这样会越想越难受的,有的时候心理作用可是厉害得很。应该去做一些力所能及的事情,分散一下注意力,一定会觉得好很多的。

8.谁说孕妇没魅力

要说我怀孕期间最遗憾的事情,莫过于没拍一套"孕味写真"了。当时老公倒是提醒我,找时间拍一套大肚肚的照片留念一下,可是我却因为种种原因一直没能实施,可这绝不代表我怀孕的时候就跟美丽说了"再见"哦！爱美是每个女人的天性,怀孕的女人也同样可以享受美丽。谁说孕妇没魅力?且听我说说我怀孕期间的扮靓妙招吧。

一、服装

怀孕后,由于肚子渐渐隆起,身体各个部位多少都会有些发福,以前的衣服自然是都不能穿了。要穿什么样的孕妇装才漂亮呢?一开始,我买了几条运动裤,上身就穿宽大的 T 恤衫,可是觉得自己好傻,而且运动裤的腰围也不是很大,穿不了多久就

不能穿了。我也到商场的孕妇装专柜转了转,打算买两条孕妇裙。可是看到的孕妇裙大多很像睡裙,上班穿有点怪怪的,而且价格也很贵。于是我便到淘宝网上使劲儿"淘",终于"淘"来了几身孕妇装,款式比较新颖,价格也适中。

不过在"淘"孕妇装的过程中,我发现其实准妈妈们也不一定非要买孕妇装穿不可。因为专门给孕妇设计的服装也就只能穿那儿个月,以后就再也穿不了了,有点浪费。不知道大家有没有发现,很多韩版的上

衣和裙子,都可以当孕妇装穿呢! 韩版的衣服一般腰身比较高,下摆很大,可以把凸起的肚肚都遮盖下去,而且韩版的服装都很漂亮,穿着又舒适又时尚,最大的好处是,生完宝宝之后仍然可以穿! 这之后,我在一家商场里发现一款韩版的漂亮裙子,一下子买了两条不同颜色的! 这款裙子穿上身不仅漂亮,而且从身后看,一点都显不出是个孕妇,真是让我美美的呢。

至于裤子,准妈妈当然不一定非要穿又肥又大的运动裤或背带裤,现在有很多很修身的牛仔孕妇裤,肚子的部位用弹性很好的材料做成,腰围也可以调节。穿上这样的裤子一定使人显得精神很多,漂亮很多。

也许是挑到了适合自己又漂亮的衣服,怀孕期间,单位的女同事常常见了我都会说:"你怎么怀孕后变得更漂亮了!"虽然嘴上谦虚地应付着,可我这心里还真是美呀!

○● 二、发型

地球人都知道,孕妇最好不要烫发,因为做头发用的药水对胎宝宝多少都会有影响。很多人建议怀孕后把头发剪短,说头发要吸取很多营养,跟宝宝"抢粮食"。而我却没有因为这个原因去剪头发,我想,现在人吃得都很好,应该不差头发需要的那点儿营养吧。不过我怀孕四个多月的时候,北京的天气开始热起来,我的一头长发每天要打理真的是很麻烦,再加上孕期反应让我心烦意乱,以至于我一想起这一头"烦恼丝",就真的是烦恼得不得了。于是我一狠心,跑到理发店剪了个不伦不类的发型,长度大概到肩膀,从头顶开始削的头发层次。剪了头发之后,我真是后悔极了! 因为我的发质非常软,而且有一点儿自来卷儿,这个发型显然十分不适合我,我每天对着镜子里自己这一头乱糟糟的头发,心情更糟糕了! 幸好我的头发长得快,很快就能扎起来了,戴上漂亮的发卡或头饰,再把上面的碎头发用小发卡别好,总算勉强看得过去了。

经过这一番折腾,我得出的经验是:怀孕之后不一定非要剪短发不可,一定要选择适合自己的发型。不然弄个糟糕的发型,不但不省事,还影响了自己的心情,真是不划算。

○● 三、护肤

怀孕后,很多准妈妈脸上都会长斑。我也未能幸免,在眼角旁边出现了淡淡的蝴蝶斑。所以孕期护肤也就显得很重要了。

我所说的护肤并不是指用什么高级化妆品。孕妇使用化妆品最好还是小心为妙。怀孕期间我暂时告别了那些瓶瓶罐罐，只做最简单的皮肤基础护理，而且尽量选择天然的护肤用品。我要说的护肤是在饮食上下工夫。我是个超级爱吃水果的人，家里一年四季水果从不间断，我想我的皮肤能得到身边朋友们的公认，被算在好皮肤的行列，真的是离不开这些好吃又可爱的水果！水果含有丰富的维生素，是美容佳品。我猜想，女儿的皮肤白白嫩嫩的，可能是在我肚子里就吸收了这些水果的养分吧。而且怀孕期间多吃水果，还可以缓解便秘，排毒自然也就能靓肤,这可是良性循环哦！

四、身材

怀孕的女人谈身材,听起来有点可笑。不过也不能忽略了这　点哦。我有好几个朋友怀孕之后胡吃海塞,体重增加五六十斤的大有人在！这样别说美丽了,健康也受到了影响。就算不为自己,也应该为肚子里的宝宝考虑一下,在妈妈的肚子里就很胖的宝宝,容易先天肥胖,对以后的健康造成威胁。当然我这会儿重点说的是准妈妈的美丽,所以就算只为自己考虑,也不能这样吃。

我的整个怀孕期间,体重增加是 24 斤,在正常范围之内。如果是原本就很苗条的准妈妈,怀孕后体重可以多增加一些,增加三十多斤都没有关系;如果是原来就比较丰满的准妈妈,怀孕后的体重增加就尽量控制在二十斤左右。这样不仅对自己和宝宝的身体有好处,而且不过于肥胖,会给自己带来很多自信,自信的女人最美嘛!

五、情绪

女人的美,不一定都是外在的,由内而外散发出来的美才是真正的美。怀孕期间保持好的情绪,自然就容光焕发,想不美都难！而且好心情对胎宝宝的健康生长也很重要哦！所以,怀孕的你,不管反应多么大,不管身材多么臃肿,不管要面对什么样的困难,都一定要提醒自己,每天都要开心,做个美丽快乐的魅力准妈妈!

Part 9.挺着圆肚,逍遥开车

我上班的地点离家大约二十公里,我建档的医院离家大约四十公里,这样的距离如果没有车,真不可想象我这个大肚婆怎么办!

乘公交车,虽然大多数市民都很友好礼貌,会给我这样行动不便的准妈妈让座,可毕竟使我感觉又麻烦又劳累;打出租车,那费用也太高了,我常跟朋友开玩笑说,让我每天打车上下班,那我还不如辞职在家待着得了,咱也得做个勤俭持家的好女人不是吗?

从怀孕开始到怀孕八个多月,我一直自己开车,尽管身边所有人都投以关切的目光问:"你自己开车行吗?"尽管每次去医院医生都很诧异地说:"你又自己开车来了?"我依然骄傲地挺着肚子,潇洒地自己开车。

当然孕妇开车不比一般人,毕竟车上坐着两个人呢,更需要注意安全。怀孕后身体各个部位运动都不如以前方便,开车时要注意速度不要太快,这样当有紧急情况发生时,相对容易处理一些。我平时开车就属于急性子们所说的"肉"的那种,怀孕之后更小心了,不管别人说什么,安全最重要呀!姐妹们必要时可以在车上贴上"我是准妈妈,请多多关照"之类的标语,这样自然会受到大家的照顾!

另外孕妇也必须系安全带,肚子上不能勒绳子,可以把那一道放到背后去。我当时就是把安全带先从背后拉到右边,再把头从上面一根带子里钻过去,固定好,这

样就只有肩膀那里被绑住了,肚子丝毫不受影响。

如果出现任何不能开车的状况,就一定要立刻停止开车,我怀孕八个多月的时候,胎儿压迫到坐骨神经,疼得我连路都不能走了,自然也就不敢再开车了。还有的准妈妈肚子非常大,顶着方向盘,当然也不能开车。

孕妇能不能开车,要看自身的情况,如果身体哪里都好好的,开车完全没有问题,只要不距离过长、时间太久地开车,准妈妈们完全可以一边骄傲地挺着圆肚,一边逍遥自在地开车兜风哦!

10.孕产用品收购站

老公太忙，没空陪我闲逛，只是给我交代了任务：好好准备宝宝的衣物和用品。我便满怀热情地去完成任务，隔三差五去孕婴用品店搜罗一番。当老公看到家里堆了一大堆孕产用品和婴儿用品时，吃惊地说："你这是生孩子还是开收购站呀？"我对他吐吐舌头，不过说真的，生孩子要准备的东西还真是多呢！

妈妈用品

·孕妇装：这个不说姐妹们应该也知道的，谁怀孕了不穿孕妇装呀。

·防辐射服：前面就已经说过穿防辐射服的作用和必要性了，经常接触电磁辐射的准妈妈最好要备一件。

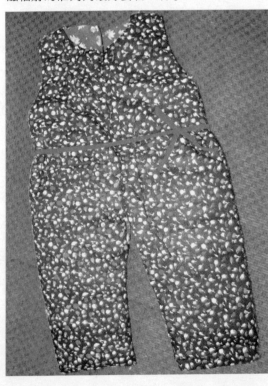

·孕妇奶粉：其实孕妇奶粉不仅仅是给孕妇喝的，哺乳期的妈妈喝也很好，补充妈妈的营养也就是在补充宝宝的营养。

·哺乳衫、哺乳文胸、防渗乳垫：母乳喂养的妈妈有这些东西在喂奶的时候会方便很多。

·吸奶器：在宝宝吃饱了而自己又涨奶时，乳头皲裂无法让宝宝吮吸时，吸奶器是非常有用的。

·卫生巾：产妇的恶露一般会流一个月左右，我买了大大小小一大包的卫生巾备用。

·漱口水、月子牙刷：一直想买月子牙刷，用纱布做的刷头的那种，可是没买到；买了一大瓶漱口水，不敢用牙刷刷牙，漱漱口总没关系的。

·收腹带：这是帮助产后子宫收缩用的，我去的那家医院只要交钱都会发的，所以我自己并没有另外准备。

○ ● 婴儿用品

·配方奶粉：虽然我坚定信心一定要实现母乳喂养，但是一开始还是要准备一到两桶奶粉的，万一怎么努力都下不来奶，可不能饿着宝宝呀！

·尿布、纸尿裤：我和妈妈自己在家做了很多尿布，但也准备了一大包纸尿裤，打算到时候都试试，看看哪个更好用。

·湿纸巾：给宝宝擦小屁股又方便又卫生。

·浴盆、沐浴网：新生宝宝不会坐，洗澡的时候最好有一张沐浴网。把网固定在浴盆上，宝宝躺在网上洗澡，既舒服又安全。

·婴儿面盆：我还给宝宝买了两个小面盆，一个洗脸，一个洗小"屁屁"。

·毛巾、浴巾：洗脸、洗"屁屁"、洗澡的毛巾各一条；当然还要有两条浴巾，宝宝洗完澡直接被抱到浴巾上擦比用小毛巾方便多了。

·水温计：新生儿可经不起烫着或凉着，一定要把握好水温，有个水温计就很方便了。

·纱布：纱布有很多用途，洗澡、洗脸，或是喂奶时可以给宝宝当口水巾用。

·婴儿洗发沐浴露、婴儿护肤品：小宝宝要用专门的婴儿洗发沐浴露和护肤品，这样才能保护宝宝娇嫩的皮肤哦。

·护臀膏：小宝宝的大小便实在太多了，我们常常不小心就把宝宝的小"屁屁"捂红了，护臀膏可以有效地保护宝宝的小"屁屁"。

·爽身粉、粉扑儿：宝宝肉嘟嘟的，身上有很多地方的皮肤都在褶皱里面，洗澡后要擦点粉保持干爽才行。不过有一点要提的是，对于女宝宝，妈妈们最好给宝宝买松花粉，因为爽身粉里面的一些成分有致癌作用，特别是对女宝宝的卵巢不好，而植物天然的松花粉就比较安全了。由于怀孕的时候不知道宝宝是男是女，所以可以都准备一些。

一、美丽辣妈的快乐孕记

29

·棉棒:棉棒可以擦肚脐、耳朵、鼻子,给宝宝买棉棒最好买细头纸棒的,一般的婴儿用品店都会有的。

·指甲剪:宝宝的指甲长得很快,要及时剪,不然小宝宝会不小心划伤自己的。

·梳子:潇潇的梳子还是一个好姐妹送给我的,我原来也没想到过这么小的宝宝还需要什么梳子,不过后来发现还真是有用。如果宝宝一出生头发就长得不错,可以买一把齿头是球形的比较软的梳子给宝宝梳头,不过梳的时候一定要轻柔、小心。

·奶瓶、奶嘴:我给潇潇买了四个奶瓶,打算一个喝牛奶,一个喝水,一个喝果汁,还有一个容量比较大,以后再用。

·奶瓶刷、婴儿专用餐具清洁剂:这两样其实我没买,我自己改造了一个奶瓶刷,就是在筷子前面绑了一块洗碗海绵,还挺好用的;至于餐具清洁剂我觉得也没必要,新生儿的奶瓶必须严格消毒,我觉得最好的消毒方法就是用开水煮。准妈妈可以按自己的需要来购买。

·热奶器:听朋友说有个热奶器在给宝宝冲奶粉的时候会方便得多,热奶器可以让水保持恒温,可以把冲好奶粉的奶瓶直接放在里面,需要的时候拿出来给宝宝喝就可以了。

·围嘴儿:大大小小的围嘴儿我也买了不少,听说宝宝容易流口水,又容易吐奶什么的,多了才够换的。

·婴儿洗衣液:婴儿洗衣液的说明上写着,针对宝宝衣物上的奶渍特别有效,我是想宝宝贴身穿的衣服一定要用好的洗衣液才不会刺激宝宝的皮肤,所以还是买了一桶。

·电子体温计:电子体温计的头儿是软的,可以放在宝宝嘴里或腋下,不会戳疼宝宝,如果用水银体温计,我总觉得不安全,万一体温计破裂了,宝宝接触到水银可不是开玩笑的。

·婴儿床:我坚持要买一张婴儿床,我觉得宝宝睡在自己的小床上跟妈妈不会互相影响,两个人都能更好地休息;另外我也不敢把这么小的宝宝就放在我身边睡觉,虽然我睡觉的时候很老实,但还是怕万一压到她,为了安全,还是各睡各的吧,反正我跟宝宝是母婴同室,有什么情况还是可以立即照顾到宝宝。

·床上用品:床垫、被子、枕头、床单、被罩、抱毯、睡袋,一样都不能少哦,让宝宝有一个舒适的睡眠，才能使宝宝长得更好呀！而且床单、被子什么的，一条可不够，宝宝很可能趁你不注意就干点儿"坏事儿"，到处给你"画地图"，得准备两三套才能换得过来。这些东西我就省心了，大部分都是婆婆在老家做的，我自己和妈妈也缝了一些。

·新生儿衣物：我给宝宝买了四套内衣，再加上别人送的百家衣，应该是够宝宝换的了；还有新生儿的帽子、手套、袜套；外出服是连体衣，能挡风保暖。给宝宝买衣服的时候应该注意，不要买颜色太鲜艳的，太鲜艳的颜色会刺激宝宝的眼睛和皮肤。不过我妈妈给宝宝做了两件大红色的毛衫，这是我们老家的风俗，"洗三"的那天穿，据说这样的小孩儿好养活。既然是图吉利，偶尔穿一次也无妨。另外还有婆婆亲手缝制的小棉衣棉裤。

·小衣架：小宝宝的衣服可真是小呀，这些衣服一被买回来，我看着都爱不释手，真是太可爱了！这么小的衣服，当然得准备一些小衣架才可以。

·小推车：虽然小推车暂时还用不到，不过我也提前准备了。小推车和床我都是在网上购买的，网购比超市商场便宜不少，而且我是自己提货，这样还省了运费，这么大的东西，快递费可不少呢！

想象一下，这么多的东西堆在家里可占不少地方呢，不过买回来后我特有成就感。我这个急性子早就迫不及待地把小床装好，把各种物品都整齐摆放在小床上，每天就这样美滋滋地站在小床旁边，摸摸这个，看看那个，期待着可爱的宝贝快快来到这里，来享受妈妈为他准备的一切！

Part 11.细数我的孕期病历

怀孕对于每个女人来说都是人生中最特殊的一个阶段，在这个阶段中相信每个准妈妈都有让自己难忘的经历和体验，我也不例外。

○ ● 孕早期先兆流产

就在我被测出怀孕的那天，发生了一些小状况。那天上午我是从工地走到医院的，因为停车不方便，距离其实也没多远，但是走过去还是有点远的，而且我穿着高跟鞋，来回走了两趟，所以大概跟我这样的奔波有关系，到了下午我就发现有些出血，血的颜色略微发暗，我不禁有点心慌，因为我以前就听说过怀孕了出血是很不好的现象。医生判断我有先兆流产的症状，这个词听起来真是很可怕，不过医生告诉我，很多人都会出现这种现象，一般都不会有什么大碍，但也得引起重视，如果不好好休息，很容易导致流产。好不容易才怀上的宝宝，我可不敢大意，拿着假条就请了假回家卧床休息，并且按时吃医生开的保胎药——黄体酮。出血的现象持续了两三天，之后又出现过轻微的小腹痛，再后来渐渐就没有什么不适了，保胎药吃了一个多星期也就不用再吃了。

温馨提示：先兆流产出现在很多怀孕不久的孕妇身上，虽然最终导致流产的还是少数，但是也要引起高度重视。出现出血、腹痛的症状后要卧床休息，一定不要从事体力劳动，日常活动也要小心谨慎。必要的时候可以根据医嘱吃保胎药，一般效果还是不错的。不过保胎药也不能乱吃或长期大量地吃，要听从医生的吩咐。另外，出现先兆流产的症状也不用太过紧张，放松心情对身体恢复有好处。

○ ● 孕早期胃口大减

我是个超级喜爱美食的人，孕早期的反应使我很痛苦。记得非常清楚，我是从怀孕第40天，突然就感觉没了胃口，那种感觉就像晕车，胃里总是翻江倒海，虽然没怎么大吐过，可是什么都不想吃。特别是一提起我平时最喜欢吃的那些菜，更觉得恶心。都说怀孕了喜欢吃酸的,可我是酸辣都不想吃,人家还说什么酸儿辣女的,我当时就纳闷儿了,我这酸辣都不喜欢的,肚子里的宝宝到底是男是女呀?

就算是想吃的东西,吃一次也就腻了。记得那时候樱桃刚上市,我想到那酸酸甜甜的味道觉得特别想吃,老公就买了一大箱,那可是樱桃最贵的时候。但等到樱桃便宜的时候,老公再问我要不要吃了,我却是一点儿也不想吃了。最发愁的是妈妈,她每天想着法子变着花样儿给我做各种美味,可我的胃口却从来都不领情,我想那时候妈妈一定也是伤透了脑筋吧。说是早期反应,其实我一直到生都没有胃口大开过,也因此我的体重增加不是太多(呵呵,当然这对产后减肥是很有好处的),不过我还是顽强地硬吃下去一些,为了宝宝,再难受也得忍着呀!

温馨提示:怀孕初期约有半数以上的准妈妈会发生挑食、偏食及轻度恶心、呕吐等现象,医学上称之为早孕反应。早孕反应不是疾病,而是准妈妈对妊娠暂时不能很快适应而出现的生理反应。当准妈妈出现这些反应时,要想到胎宝宝正处在胚胎期,需要妈妈的营养,所以要想方设法地变换花样儿和口味,做到想吃随时吃,少食多餐,哪怕只吃一口也行,食物只要不吐,营养就会被吸收,准妈妈应该从为了孩子不得不吃的感受中,慢慢培养自己想吃什么就吃什么的欲望,这样可以增加很多营养。妊娠反应一般在怀孕三个月以后会自行缓解并消失,这时准妈妈的胃口会变得很好,食量大增,此时要注意增加营养,以满足自己和胎宝宝的需要。

孕中期鼻子疯狂出血

用"疯狂"这个词一点儿也不夸张,可能是火气大,我本来鼻子就容易出血,怀孕之后更严重了,每天早晚都要在水池边洗上半天。最搞笑的一次,老公打电话回来说有事让我去一趟,我正准备换衣服时突然鼻子出血了,把在家穿的睡裙给弄脏了,我一边用纸先塞住鼻孔,一边换上出门的衣服。换好后想把纸拿掉去洗洗,哪知道刚拿下来,血又流出来,不小心把刚换的衣服又弄脏了,只好重新换一套。换下脏衣服,妈妈就拿去洗,可是正当妈妈洗着的时候,我又把刚换上的衣服弄脏了!妈妈那个郁闷呀,而我一直到换上第四套衣服才出了家门!

温馨提示:怀孕以后,准妈妈在大量雌激素的影响下,鼻黏膜肿胀,局部血管充血,易破损出血。一般都是鼻子的一侧出血,出血量不多,或者仅仅鼻涕中夹杂血丝。所以只要把出血部位塞入一小团干净的棉花再压迫一下出血部位即可止血。如果双侧鼻孔出血,可用拇指和食指紧捏鼻翼部以压迫鼻中隔前下方的出血区,五分钟左右,再在额鼻部敷上冷毛巾或冰袋,促使局部血管收缩并减少出血,加速止血。

鼻子出血时千万不要惊慌,要镇静。因为精神紧张会使血压增高从而加剧出血。如果血液流向鼻后部,一定要吐出来,千万不要咽下去,因为这样会刺激胃黏膜引起呕吐。如果做了这些措施仍然出血不止,必须立即去医院。

◯⬤ 孕中期令人烦恼的便秘

我一直担心的便秘问题,在孕中期和孕晚期交接的当口儿终于来了。平时我就容易便秘,那种滋味的确不好受。怀孕后便秘更是难受,又不敢使劲儿,怕引起宫缩。药更是不敢胡乱吃,万一对宝宝有什么影响,那可不是开玩笑的。老公和爸爸四处找来妙方,我从中找出没有任何副作用的方法依照着做了。其实全都是从饮食上下工夫:早晨一起床就喝一杯蜂蜜水,然后吃两个猕猴桃;一日三餐顿顿有蔬菜,妈妈专门给我用芝麻拌菠菜,老公在公司附近发现了一种对便秘有疗效的野菜,摘回来一大袋子蒸饼给我吃;其他水果也是不间断地吃。还好这些努力没有白费,便秘终于得到了缓解。最让我欣慰的是,产前和产后,我竟然没有再发生过便秘,不知是不是和那段时间吃这些东西有关。甚至女儿在刚出生的头一个月里,一天要拉好几次"臭臭",我们都怀疑是我怀孕的时候吃的治便秘的食物太多了,才导致女儿拉肚子呢!

温馨提示:怀孕期间黄体素分泌增加,使胃肠道平滑肌松弛,蠕动减缓,导致大肠对水分的吸收增加,粪便变硬而出现排便不畅。在怀孕后期,胎儿和子宫日益增大,对直肠产生一种机械性压迫,也会引起便秘。

为了预防便秘的发生,孕妇应适度地参加劳动,并注意调节饮食。平时的饮食中要含有充足的水分,要多吃含纤维素较多的新鲜蔬菜和水果。早晨起床后,先喝一杯凉开水,平时要养成良好的排便习惯。如果已发生便秘,切不可乱用泻药,否则会引起流产、早产。

◯⬤ 孕晚期遭遇感冒

好像怀孕的人都特别怕热,我到了八个多月的时候感冒了一场,其实就跟怕热有关系。那时候是十月底,北京的天气已经有点冷了,早晨出门得穿大衣。可是我们办公室朝西,到了下午就正好有太阳光照进来,我们那是工地的临时办公用房,保温性能不好,太阳稍微一晒就很热,我几乎一点儿也不能忍受,就总开着空调,结果一不小心就感冒了。那天下午就觉得胸口发闷,我还在想是不是穿的衣服有点紧了。晚上回去后赶紧把衣服换了,可这种胸口闷的感觉却越来越严重了,而且头晕,一量体温才知道原来身体已经在发烧了。我当时就郁闷啊,我还是没能逃脱这一年一度的感冒发烧!连忙打电话咨询了老公一个做妇产科医生的同学,她说既然我怀孕已经八个多月了,那么吃一点柴胡冲剂是没问题的,因为如果发起高烧来,对胎儿绝对是不利的!于是我喝了点儿柴胡冲剂,就赶快钻进被窝捂汗。发烧并没有变得很严重,可是到了半夜胸口疼得更厉害了,我根本无法躺着睡觉,只能坐起来靠着床头睡了一夜。这种情况还从来没有遇到过,想来一定跟怀孕有关系吧。到了第二天稍微好了一些,但是胸口还是有点闷,大概第四五天才没事了。

温馨提示:在怀孕早期,高热会影响胚胎细胞的发育,对胎儿的神经系统危害尤其严重。高热还可能使死胎率增加,引起流产。因此,准妈妈如果在孕早期患了感冒,应该在医生的指导下科学合理地治疗与用药。如果症状不是特别重,还可以采取非药物疗法,如多饮开水,多食用蔬菜水果,保持大便通畅。

孕中期的准妈妈患了感冒用药要慎重,像庆大霉素、链霉素、卡那霉素等对神经有损害的药物应该慎用,最好不用。

而孕晚期用药,一般来说对准妈妈、胎儿都没有太大的影响了。准妈妈孕晚期感冒发烧,可以听从医嘱,选用一些毒副作用较小的具有清热解毒、抗病毒作用的中草药,像感冒冲剂、双黄连、银翘VC、板蓝根等等,这些都可以吃。感冒大多是由于病毒感染引起的,所以吃点药,多喝点水,多注意休息,一般人都能自愈。

○ ● 孕晚期我成了瘸子

本来想等感冒好了就去上班的,当时还没考虑好以后要不要辞职,只是想把产假多留点到生完孩子再用,而在生产之前只要身体能抗得住还是尽量去上班。可是最终还是没能如愿。感冒之后大概第四天,我在家里扫地,扫着扫着突然觉得右侧腰下面有根筋像是总被扯着一样不舒服,我还以为是扫地闪了腰呢。到了晚上就严重起来,很疼,我彻底成了瘸子:走路不得不一瘸一拐的,稍不留神就要跌倒;坐在沙发上都没法儿自己站起来,必须有人拉才行;最难受的是躺在床上疼得都不能翻身,得一点一点地挪。老公差点儿没给我买个拐杖!后来

问了医生才知道，这是胎儿下降压迫到坐骨神经了。原来还一直自己开车去40公里外的医院检查的我，这回总算是没法儿逞能了：右脚要踩油门和刹车呀，这走路都不行，开车万一出点事儿可不是开玩笑的！

一个多星期后，总算好了点，没有那么疼了，但是走路仍然一瘸一拐的，一直到快生之前才不瘸了。不过那时候走路的样子也很难看，之前一直觉得奇怪，那些快生的人走路怎么都是"外八字"，一摇一晃的，等我自己到了最后也是那副像鸭子一样的姿势了，哈哈！奇怪的是，刚生产之后后腰下面又疼起来了，虽然疼得没有之前那么厉害，但有的时候抱着孩子活动也不方便。之后的几个月，只要一劳累，那里就不太舒服，好几个月后才总算好得差不多了。

温馨提示：因为有胎宝宝，所以准妈妈孕期坐骨神经痛没有很好的治疗方法，准妈妈只能避免劳累，穿平底鞋，注意休息。可以通过平躺，将脚架高，使得脚的位置和心脏的位置接近，静脉回流增加来使身体更为舒服一些。

如果疼痛很严重的话，就要到医院进行局部的镇痛治疗。比如说因耻骨联合处的分离，疼痛相当厉害的时候，最好请医生采取"局封"的方法进行治疗。建议准妈妈睡觉时左侧卧，并在两腿膝盖间夹放一个枕头，以增加流向子宫的血液。记得白天不要以同一种姿势连续站着或坐着超过半个小时。另外，游泳可以帮助准妈妈减轻胎儿对坐骨神经的压迫。

◯ ● 孕晚期牙龈肿痛

常言道：牙疼不是病，疼起来真要命。我的牙本来就不太好，到了孕晚期就更糟了。早就听说过孕妇容易出现牙齿方面的问题，果然那时候我的牙龈经常肿起来，还出血，吃东西非常不爽。更奇怪的是，那时候我还有个怪毛病，就是睡觉的时候，往哪边侧身，就会咬着自己舌头的哪边，经常不小心猛地一咬，疼得我突然醒过来。我自己猜想，一定是身体太笨重了，神经麻木了，所以才会咬着自己的，看我这"妈"当得多不容易呀，哈哈，不过想想也真是太可笑了！

温馨提示：牙周病与蛀牙是口腔的两大流行疾病。在怀孕期间，胎盘所制造的激素进入循环的母体血液而作用于牙龈的微血管，使得牙龈充血和肿胀，给口腔造成极度不适的感觉。

在怀孕期间，准妈妈由于孕期口味的改变，零食与饮食总量和次数的增加，以及行动的不便等，都会使得口腔中的食物残渣累积，导致发生蛀牙的几率大增,加上内分泌的变化,又使得牙龈容易受食物残渣的影响而发炎,因此,怀孕期间更需要注意休息。

对付怀孕期间的牙龈问题,预防是关键。要保持良好的口腔卫生,并定期进行预防性的牙齿护理。最好在准备怀孕时,就安排时间去作一次彻底的牙齿清洁和检查。

这些就是我孕期病历的详细记录了,虽然出现过这么多状况,可整个怀孕过程中我其实还是挺坚强的,比如一直自己开车,坚持自己做家务,买了东西自己提到六楼……所以姐妹们也不用一怀孕就把自己当成大熊猫一样保护起来,力所能及的事情做一点儿,还能让自己的心情更快乐呢!老公一直对我赞不绝口:"看你外表挺柔弱的,原来还很坚强呢!"哈哈,不是咱自夸,可不是吗?而我们的宝贝看来也是很厉害的,虽然在妈妈的肚子里受到过很多不利因素的影响,却仍然健康又可爱!

Part 12.和老公的悄悄话

　　整个孕期，虽然遇到了各种各样的困难，但我的心情一直是非常快乐的，因为肚子里这个可爱的宝宝，也因为疼爱我的老公。

　　得知怀孕的第一天，老公一下班回到家，就兴奋地对我说："我们马上就买新房子吧，让我们的宝宝一出生就有新房子住！这也是你一直以来的愿望，我要把它作为礼物送给你和宝贝！"虽然之后北京的房价疯长再回跌，弄得老百姓都不敢买房，我们也一直在观望，直到最近才终于定下新房，不过在当时，老公这样的话语却着实让我开心幸福了好一阵子！

　　只要有时间，老公每天晚上都会陪我在小区里散步。一次我让老公也跟宝宝说上两句话。老公站在我对面，摸了摸我的肚子，语重心长地说："儿子，快出来吧，省得你妈成天为了你吃不好睡不好的！"我虽然嘴上抱怨着："你怎么知道就一定是儿子？"不过心里却美滋滋的，老公心里是心疼我的呢！

　　随着月份的增加，我的肚子越来越大。一天我有点担心地问老公："你看我这肚子以后还能恢复吗，不会一直就这么大吧？"老公揽我入怀："怕什么，你肚子再大，也有我给你垫底儿呀！"老公身材高大略胖，有点啤酒肚，他常常是用这样的玩笑话来宽慰我对身材的担忧。

　　在讨论到底是顺产还是剖腹产时，我自己一直希望能顺产，不过老公却希望我剖，他总说："你那么怕疼，还是选择剖腹产吧，少受点儿罪！"虽然老公的话并不很科学，但是他为我担心的心情也只有我最了解。

　　临近生产前，老公又对我说了一番话："虽然我平时总忙得顾不上你，但说不清为什么，我越来越感受到你在我生命中的重要性了，一想到你就让我牵挂和揪心……"原来怀孕还有这样的作用，肚子里的宝宝让我和老公的心贴得更紧了。

小妈咪英勇产女记

童

你来的那天雪花纷飞

我于是掉眼泪

你带着一身明媚

离开我温暖的堡垒

我怕你不知道我是谁

你让我慢慢体会

你带着一身光辉

照亮我心底的漆黑

你是我的依赖

你是天的安排

你来填补空白

你说来就来

你不能去学坏

你可以不太乖

我的爱

给我全世界的玫瑰

还是结冰的眼泪

我其实无路可退

谁让你就是我的宝贝

我不能太宠爱

我怎能不宠爱

我的爱

——王菲唱出的心声

二、小妈咪英勇产女记

41

Part 1.晒晒我的待产包

　　眼看预产期越来越近了，我和妈妈也在家整理起了待产包。我们先列了清单，然后分类装包，一共装了四个包，东西太多，甚至用上了蛇皮袋！因为医院离家太远，来回拿东西不方便，所以我们准备得很齐全。

◯● 1.我随身带的手提包：

　　里面有身份证、孕期保健手册、医保本等；孕育方面的书、笔记本、笔、眼镜盒、手机、相机；还有准外公外婆给宝宝买的金猪银锁，这些都是辟邪的，准备宝宝一出生就戴一下，图个吉利嘛；当然还有钱包了，老公提前把准备住院的钱取了回来交给我了。

　　呵呵，姐妹们一定觉得我这手提包很大吧，能装这么多东西，是啊，我专门从平时用的包包里面挑了个最大的，把这些重要的东西都放在里面，随身带着，这医院可不比咱家里呀，还是小心点儿好。

◯● 2.旅行包 A：这个包里面主要装我和宝宝的衣服。

　　我的衣服有：两套睡衣(医院还会发一套)、哺乳文胸、防渗乳垫、内裤(还穿怀孕时穿的那种可调节腰围的就可以了，因为肚子不可能一下子就恢复得跟原来一样小)、收腹带(我们那家

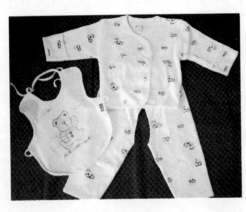

医院会发的)、袜子、棉鞋、毛衣毛裤(我生产的日子是寒冬腊月)、帽子、围巾、手套、口罩(这几样是出院的时候用的)，还盘算好了，住院和出院的时候就穿同一件长款羽绒服和牛仔裤。

　　宝宝的衣服：因为医院会发宝

宝的睡袋,小床上用的东西也都有,所以只给宝宝准备了内衣、毛衫。另外还带了两条宝宝的抱被,出院的时候用。

◯ ● 3.旅行包 B:日用品

纸巾、卫生纸、卫生巾、湿纸巾

尿布、纸尿裤(我们那家医院也会发宝宝用的一次性纸尿裤,不过我还是备了一点)

吸奶器、奶瓶、奶粉、热奶器(医院有就不用带了)

梳子、皮筋、发夹

毛巾、漱口水、脸盆、洗浴用品、护肤品、纱布(擦洗乳房用)、衣架

杯子、吸管(如果做手术,一开始不方便喝水,需要用到吸管)

零食:饼干、巧克力

塑料袋若干(出院的时候东西会变得更多的,准备几个袋子备用)

◯ ● 4.蛇皮袋:

做饭用具,我们选的这家医院条件比较好,有公用电磁炉,单间的病房里有微波炉、电冰箱,还可以自己带电磁炉做一些简单的饭菜,妈妈对此是最满意的了,她就想着从我一生下宝宝开始就好好给我调理身体呢!

饭盒、碗、筷子、勺子、洗洁精、洗碗布

油、盐、酱、醋(虽然我生了孩子应该吃得清淡一些,但不还有其他陪床的人嘛)

电磁炉、锅、锅铲

大米(我们老家的风俗,刚生完孩子的产妇要喝粥,这一锅粥要多煮点,周围的人都分着吃,据说喝了这粥腰不疼,虽说未必科学,可咱不就图个吉利嘛)、鸡蛋、煎好的鱼、蔬菜(这些是临住院时再装上)

红糖(产妇需要吃的哦)

水果若干、水果刀

毕竟是第一次生孩子,没什么经验,我们收拾的时候也是一边想,一边列清单,一边整理,提前好多天就装得差不多了,过后又想起什么,再装进去,最后一看这大包小包的,真快赶上搬家了。不过我想,本来住院生孩子就不是什么舒服的事儿,还是把东西准备得周全些更好。没想到,后来我一住院竟住了半个月,还好准备工作做得充分,住院的那些日子,生活起来还用东西是很顺手的。

2.突如其来的住院生活

　　似乎每位准妈妈到了最后几天，都迫不及待地希望快点见到自己的宝宝，再加上整个孕期的辛苦煎熬，真是一天都不愿意多等。我也每天都在念叨着：快生吧、快生吧，就要到预产期了，怎么还没有宫缩？怎么还没有见红？

　　怀孕期间，我的种种迹象都使得一些有经验的人猜测我肚子里是个男孩子，又听周围好多人说生男孩子会提前，而生女孩子会推迟(事实证明，这些都不可信)，所以我一直以为自己会提前生产，早就把待产包准备好，把宝宝的小床也铺得漂漂亮亮的，就等着宝宝加入我们这个家庭的那一刻。可是一直等到预产期那一天，我的肚子却仍然是一点儿动静都没有，当时我心里那个着急呀！

　　超过预产期后的第二天，我按医生的吩咐到医院检查，做胎心监护，谁知一直搏动很正常的胎心这次检查却有些微弱，在做了两次结果都不是很好的情况下，医生要求我住院，一是吸氧给胎儿补充氧气，二是以防有什么情况能及时处理。听了医生的话，我们商量着，为了宝宝的安全，还是住院吧。老公立刻给我办了住院手续。但由于来检查之前并不知道这么突然就会住院，什么东西也没带。于是老公把我安顿到病房，就返回家去拿待产包了。

　　在病房作完检查并吸氧后，就没什么事了。我感觉很无聊，正好那天又忘记带手机了，连个说话的人都没有，打开电视也没什么可看的节目。我就靠在床上，一直傻傻地看着钟算着时间，医院离家来回有 80 公里的路程，老公回家后还得跟爸妈说明情况、收拾东西，再返回来……这两个多小时的等待，真的可以说是一种煎熬，我突然觉得心里充满了孤独和委屈，眼泪止不住就流了出来。此刻陪伴我的也就只有肚子里这个从未谋面的小家伙了，亲爱的宝贝，你可知道，此刻妈妈为了你，有多担心和焦虑？

　　大大小小的待产包被拿来后，一家人一起溜出去(用"溜"这个字是因为，医院是不允许住院的病人随便往外跑的)吃了晚饭，由妈妈留下来陪着我。因为还不知道我到底什么时候才会临产，而且我还在等着自然生产的那一刻，所以老公还得去上班,而爸爸则在家等消息。

　　就这样,我开始了我的住院生活,一直陪伴我的是妈妈,也许每个女人在这个特殊的时期,都会觉得只有自己的妈妈才最能体会自己的心情,给自己精神上的安慰。

Part 3.一切为了顺产

在医院，每天上午下午都要吸氧，并定时做胎心监护，很快，胎儿的心跳恢复了正常，不过我仍然没有要生的征兆。医生说胎儿没问题了，可以回家待产，毕竟这单间的病房价格还是比较贵的。可是考虑到家离医院那么远，这次又赶上这有惊无险的一遭，我们觉得回家还是不放心，万一胎心又不正常了，自己却感觉不到，不是很危险吗？于是我们决定继续住院，我想这延期也不可能延的天数太多了吧，也许这一两天就会生了呢？我也跟主治医生商量，索性帮我打催产针给我催生，可是医生不同意，医院有规定，要过了预产期第七天才可以使用催产素。

我一直信奉顺产对宝宝对自己都有好处，虽然老公担心我怕疼，总劝我不如选个好日子提前剖了得了，可是我总会列举出好几条顺产的好处来说服他，比如身体恢复快、宝宝能得到锻炼等等，并且还信誓旦旦地说"做母亲这点疼还是要忍受的"。所以就算心里再着急，我还是一直在耐心等待宝宝自己出来的那一刻。

这一等就等到过了预产期第六天，早晨起床时突然发现有点见红了。我非常兴奋地告诉医生，医生让我好好休息并仔细观察。晚上我早早洗头洗澡，作好一切准备。一般见红后很快就会生产了，而且就算我自己还没有宫缩，到明天就是第七天了，医生也该给我使用催产素了。反正不管怎么样，也该生了。

肚子偶尔有发紧的感觉，可是一夜过去了，却一直没有什么大的动静。早上我的主治医生按约定，带我来到了产房旁边的待产室，她一边给我做胎心监护，一边往我输液的瓶子里打催产素。大约半个小时的时间里，我有过三次明显的宫缩，胎心正常并且有胎动。(催产素是促进子宫收缩的药，使用后能引起子宫自发收缩从而达到自然生产的目的。由于宫缩的时候胎盘是停止供血的，这个时候胎儿会缺氧，如果胎儿承受不了的话胎心就会明显减弱，会有危险，也就不能自然分娩了。)医生说情况还不错，于是给我上了药，让我回病房等着，她告诉我也许当天夜里就会生了,回去后要好好休息。下午肚子稍微疼了一些,可是到了晚上感觉又不明显了。值班的护士跟我说如果肚子疼得厉害了就叫她,可是我一直没有很疼的感觉,她自己来看了几次,见我这样就对我说:"看来今晚是生不了的,真的要生的人是疼得根本就睡不着的。"

又到早晨了,看来这个催产素对我并没有起什么作用。经过一夜不痛不痒的折腾,我的心情变得很差,因为联想起当初艰难的怀孕过程,以及到了现在竟连想生都那么难!我跟妈妈说着说着又一次潸然泪下,不知为何,我这段时间特别脆弱。妈妈鼓励我说:"做母亲都是不容易的,这样才体现出你这个宝宝的来之不易啊!"

这天上午医生又带我下楼打了一次催产素。听医生说催产素最多只能连续使用三天,如果一直不起作用,就不能再用了,因为持久连续的宫缩会使胎儿缺氧严重,产生危险。回到病房后继续等待,晚上把老公也叫来了,我觉得这次应该会起作用了,医生也是说一般第二次打催产素都会有效果的。果然夜里阵痛越来越厉害了,每隔四五分钟就有一次,每次持续30秒左右。而我好像真的天生是个怕疼的人,每次疼起来的时候我都忍不住要叫出声来,老公一直坐在旁边握着我的手守着我,而躺在一边的妈妈更是为我每一次的呻吟而揪着心。这种疼的感觉有点像要拉肚子,本来就很不舒服了,还经常要下床去卫生间,真是受罪。这一夜,我彻夜未眠,老公和妈妈也是片刻都没能休息。值班护士来给我检查了好几次,可是宫颈却只开到一指就不再开了。

早上,疼痛又减轻了一些,可能药效又快过去了。可我这一夜下来,已经精疲力竭了,想要顺产的信念也被折磨得没那么强烈了,因为想想都害怕,这才开了一指我就疼成这样了,等到开了十指会怎么样?真可怕!老公和妈妈也出于心疼我,都说:"要不跟医生说剖了算了。"

早晨见到我的主治医生时,她一脸的疲倦。她一见我就说:"我等了你一夜,你怎么就是不来呀?今天夜里生了八个宝宝,就是没有你的!"原来那么多宝宝都赶在这一天出生,可咱家这小家伙却偏偏要在妈妈肚子里多待一阵子!

跟医生商量后,她劝我们还是再努力一下。医生说:"都等了这么多天了,肚子也疼过了,而且身体各方面条件都允许,胎儿又不是很大,就再试试吧。一会儿先做个破水,看一下羊水的情况。如果羊水不浑浊,就再打一次催产素,有

效果的话到了晚上应该能生,如果还无效,晚上无论如何也要做手术了。因为羊水破了却一直不生也是很危险的。"我们考虑了一下还是听了医生的话,因为当天已经是第九天了,都等了这么久了,所做的一切全都是为了能顺产,也不差这一天的工夫了。

Part 4.终究没能逃过那一刀

谁知这一下楼医生就没再让我回病房。

破水要在产房做,我进了产房,看着高高的产床,觉得特紧张,家里人又不让进来陪同。但是害怕也没有用,我心想,这次就豁出去了,早听有经验的同志说过,生孩子的时候别把自己当人就好了,任大夫"宰割"吧,生完孩子,俺还是"好女一条"!破水似乎并不可怕,没什么感觉就做好了,医生说羊水还挺清澈的,没有问题。我又到了待产室,继续打催产素。可是这次刚输了一点儿,测到胎心突然变慢了,正常情况是每分钟140次左右的胎心只剩70次左右了。医生马上给我拔掉针管,让我吸上氧气,她说必须尽快做手术,否则胎儿会有危险。

等了这么久,作了这么多努力,终究还是逃脱不了这一刀。可我突然之间竟觉得快要解脱了,就想着快点儿生吧,生完了事了,就轻松了。说实话,那个时候根本没有心思去考虑即将见到宝宝了,该怎么样兴奋与激动,只想着快点儿生出来自己就不难受了。回想起来,俺也太自私啦!但是这也说明,生孩子真是件不容易的事情。

剖腹产手术为病人实施的是半麻醉。麻醉师给我打了麻药,确定我下半身已经没有疼痛的感觉后,手术就要开始了。我的两只手都被固定在两侧的架子上,左手量着血压,右手在输液。身上被盖上了好几层布,脸也被挡住了,这是为了不让产妇看到了害怕。同时我还在吸着氧气。但是我大脑十分清醒,还可以说话。我非常清晰地感觉到,医生用刀割开了我的肚皮。说不清为什么,我这么胆小的人,竟然一点儿也没觉得恐惧,反而觉得挺好玩儿、挺神奇的,而且麻醉后也感觉不到肚子疼了,好像人也变舒服了。接下来我猜测是医生在用剪刀剪子宫壁,可能是怕剪刀往下用力会碰到胎儿,而把剪刀提起来剪。当然我也没问医生来确认,咱都这样了,还是老实点儿吧。然后就听到呼哧呼哧的声音,大概是在吸羊水吧。再后来她们用力压了几下我的肚子,突然我就觉得肚皮一松,过了几秒钟,就听到了婴儿响亮的啼哭声。

二、小妈咪英勇产女记

49

我并没有来得及激动，听到哭声后的第一个反应是宝宝会哭，说明是活着的，太好了！（天哪，这都是什么思想呀！）然后我就心想着到底是男孩儿还是女孩儿呢，却没好意思开口问。过了一会儿，有人抱着宝宝过来给我看，告诉我是个女孩儿，我心里窃喜，我还真是更喜欢女孩儿呢，可为什么跟大家猜测的不一样呢？看来这怀孕期间任何对宝宝性别的猜测都是不准的。当我抬起眼睛看时，看到这个小家伙正斜着眼睛看我呢，这时候，我倒有点不习惯呢，这就是我的女儿呀，这就是我日盼夜盼的宝贝吗？

我和女儿就这样匆匆地见了第一面，宝宝就被抱到妇产科擦洗称重去了，我继续留在手术台上。仍然是呼哧呼哧的声音，一会儿胃疼了起来，大夫说是胃被牵引到了，我也搞不清楚怎么回事，来不及多想，就有点儿迷迷糊糊的。由于胃疼，我一直哼哼着，处于半睡半醒之间。一个小时的手术很快就结束了。我被推回了病房，身上插着好多管子，躺在病床上觉得好冷好累好困，一会儿就睡着了……

就这样，我们迎来了我们可爱的小天使，而我为了想要顺产等到过了预产期第九天、住了七天院、连续使用了三天催产素、肚子狠狠地疼了一整夜后，却终究还是没能躲过那一刀！不过如今看着光滑的肚皮（我的肚子上一条妊娠纹都没有哦）上多了的那条印记，我没有一丝遗憾，心里反而充满了自豪，自己生了孩子以后才真的知道了母亲的伟大，而我也是这样一个伟大的母亲了，我可爱的女儿，是上天赐给我最珍贵的礼物！

从那一刻开始，我们家所有的人都升级了，俺是孩儿她娘，老公是孩儿她爹啦，还有外公、外婆、奶奶、舅舅、姑姑……哈哈，小人儿以后要好好学习以掌握家族中的人物关系啦！

Part 5.剖腹产的"优""劣"大PK

在万不得已的情况下,我剖腹生下了女儿,但我仍然主张只要能自己生,还是顺产好,不说别的,顺产是人的本能,是人出生的自然规律,大自然既然是这么安排的,也就自然是有道理的。但是仍然会有很多妈妈迫不得已选择剖腹产,我也算是过来人了,剖腹产到底好不好,俺也摆个阵,让剖腹产的优缺点来个大PK吧:

● 剖腹产的"优"

1.安全

我最终选择剖腹产就是为了宝宝的安全,第三次打催产素的时候胎心突然降到了每分钟70次左右,说明胎儿严重缺氧,是很危险的,这时候决定立刻做手术把宝宝安全地取出来是明智的选择。另外还有例如难产、胎儿脐带绕颈、羊水早破,或是妈妈有什么疾病不能自己生的情况,都还是选择剖腹产更能保证大人和孩子的安全。

2.不疼

整个手术过程对我来说一点儿都没有觉得恐惧,姐妹们在前面看到我手术过程中的心理活动,一定觉得我太没心没肺了吧?以前我还从来没做过什么大手术呢,按理说是应该有点儿紧张的,可是在肚子疼了一夜之后,我这个超级怕疼的人终于被折磨得不知道怕了,也实在是筋疲力尽了,只想着快点儿把宝宝生出来就解脱了,所以我真是一点儿都不紧张,反而觉得挺好玩的。当麻醉师给我打了麻药之后,一会儿工夫我的下半身就麻木了,其实并不是一点儿知觉都没有哦,医生在我身上做的动作我都能感觉到呢,但是一点儿都不疼。真惊叹麻醉技术的高超啊!虽然术后药效过去了还是挺疼的,可是我个人觉得应该比顺产生孩子的疼要轻得多,最起码身体能够承受。

3.时间短

从进手术室到被推出来,时间总共也就一个小时左右。半个小时后宝宝就被取出来了,后半个小时是给妈妈处理伤口。总之这个时间真的是很短,比在产床上疼几个小时甚至一天才生下宝宝真是轻松了许多。

4.可以在特定的时间生下宝宝

因为我一直想顺产,所以没有考虑这个问题。现在有很多父母都会选个良辰吉日让宝宝来到这个世上,这只有剖腹产才能做到。不过我并不太赞成这么做,因为这破坏了自然规律,再说了,只要是宝宝出生的日子就是好日子呀！我呼吁妈妈们能自己生的还是自己生吧,别为了什么"好日子"而选择剖腹产！

5.如果子宫里有什么肌瘤囊肿等需要切除的部分,可以趁机一并切除。我倒是没长这些异物,所以手术做得也很快很顺利。

○ ● 剖腹产的"劣"

对于宝宝:

1.剖腹产的新生儿,有可能发生呼吸窘迫综合征。

这是因为剖腹产的宝宝在出生过程中没有受到产道的挤压,呼吸道内容易有残留的液体。不过潇潇并没有任何问题,这样的情况也并非人人都有。

2.宝宝容易脾气急躁

关于宝宝的这一点其实是我从医院的宣传栏里看到的,说剖腹产的婴儿容易急燥。我想难道是宝宝出生时太顺利了,所以受不得一点儿委屈？不过也不用怕,多抚摸宝宝,给宝宝安全感,宝宝就会适应新环境了。潇潇月子里面还真是挺闹人的,也不知是否跟这个有关。

3.宝宝以后容易有多动症

我曾经听说过,剖腹产的宝宝在出生时,由于没有经过产道的挤压,缺乏对必要的触觉和本体感觉的学习,容易产生情绪不稳定、注意力不集中、动作不协调等问题。这应该也是因人而异吧,大部分的宝宝还是健康的,写出来这一点是为了给姐妹们一个参考。

对于妈妈:

1.恢复慢

听那些顺产的妈妈说生完孩子后自己的嗓门儿都特别响亮，可我手术之后连说话的力气都快没有了;顺产的妈妈用不了多久就可以下地活动了,我却要等到拔了导尿管之后才能下地活动,而且刀口还剧烈地疼。

2.下奶晚

因为剖腹产打破了分娩的自然规律,并且用麻药也会抑制大脑的兴奋,母乳的产生会受到一定的影响。一般顺产的妈妈们刚生下宝宝没多久就会有母乳,我是到了第三天才有了初乳。

3.术后不能立刻进食

本来生孩子就是件很辛苦的事情,做手术更是大伤元气。可是术后是不能立刻进食的,连水都不让喝,当时我真是渴得要命,却只敢在嘴唇上沾一点水。吃东西是更不行了,必须等排气后才能吃,而且还要先吃流食,慢慢加固体食物,当然这就更影响下奶了。

4.小便困难

做手术的时候要插导尿管,一直到术后第二天下午才能拔掉,这一天多的时间因为有导尿管,根本就没有要小便的感觉。可是拔掉之后过了一会儿就觉得肚子胀想去厕所了。首先是下床的时候刀口疼,然后是坐在那里怎么也解不出来,用流水声刺激也没用,最后是潇潇外婆灵机一动,假装自己憋急了的样子,我才在折腾了快一个小时后终于成功解决了这个问题。听护士说大部分产妇也都有这样的麻烦。

5.刀口痒

在这之后,我的刀口经常奇痒无比,又不敢去挠。我想做过其他手术的人应该也都有这样的体会。一直到现在,只要赶上坏天气,我都会有刀口紧绷或不舒服的感觉。

6.手术并发症

即便手术过程中平安无事,但术后仍然有可能发生子宫切口愈合不良、产后流血、腹壁窦道形成、切口长期不愈合、肠粘连或子宫内膜异位等情况。幸好我什么问题都没有。

7.剖腹产手术一个人最多只能做两次

听说一般一个人最多只能做两次剖腹产手术,就最好不要再生孩子了,因为再怀孕很有可能会使子宫破裂。还有就是做过剖腹产手术的人第二次怀孕必须在两年之后,同样的原因,如果太早怀孕会撑破子宫,一定要让它完全恢复后才能再怀孕。如果不小心怀孕了做人流的话，在刮宫的时候也容易把伤口处穿透，这些对妈妈都是非常危险的。所以提醒曾经做过剖腹产手术的妈妈们一定要注意哦！

　　这么一总结，剖腹产的"劣"似乎是多于"优"，不过安全是第一位的，在万不得已(不到万不得已，俺还是主张顺产哦)的情况下，为了大人和孩子的安全，虽然剖腹产手术要花更多的"银子"，虽然会带来更多的问题，不过这些都是次要的，还是放心大胆地选择剖腹产吧，毕竟现在医学技术已经很成熟了。

Part 6.孩儿她爸,你的任务就是陪着我

现在很多医院都提倡准爸爸要陪准妈妈生产,因为生孩子不只是女人的事,应该让男人也参与进来,共同感受这艰辛而神圣的一刻。亲眼目睹这个过程后,爸爸们会更加深刻地认识到这一切的来之不易,更珍惜自己的妻子和孩子,这对家庭和睦有非常好的促进作用。在怀孕期间,我做了老公很多次思想工作,这个大男人最终总算答应要陪产。虽然最终他同意了,可我心里多少还是有点抱怨的:这个家伙太大男子主义了,这还要我说!可是最终,我们还是没能如愿,为了宝宝的安全,不得不选择了剖腹产,做手术的时候要求做到无菌,怎么可能让家属在旁观看呢?

老公没有陪产,我知道他一定为不需要面对这个血腥的场面而暗自庆幸呢。不过在医院的这几天,老公的种种举动却让我深深感动了。当我打了第二针催产素后出现频繁宫缩疼得忍不住呻吟时,老公一直紧握着我的手,我能感受到他那双大手传来的力量;当我手术后躺在病床上没有一点力气时,老公用温柔的话语,向我描述着我们可爱的宝贝长得有多漂亮;当我因为伤口疼痛下

不了床时，老公搀扶着我、鼓励着我，陪伴我渡过一个又一个难关；当这个大男人笨手笨脚地为我擦洗时，当他小心翼翼地给宝宝换尿布、喂奶粉时，我一次又一次地被他打动了。

我说："孩儿她爸，这段时间，你的任务就是陪着我！"

老公说："今后，你们母女俩就是我的皇后和公主，照顾你们就是我的责任！"

三、

月子那些事儿

猪猪宝贝

如果可以

愿为你摘下满天的星星

生命的路上

因为有你更勇敢

最幸福的是

忽然感觉到你的心跳

趁一切安静

唱首歌给你听

快快到那么一天

轻轻吻着你的脸

你有没有妈妈那双爱笑的眼睛

会不会像爸爸一样聪明

我用暖暖的手心

轻抚你的黑夜和天明

此刻你是否在静静地听

你是我最最亲爱的

猪猪宝贝

——孙悦的歌曲《猪猪宝贝》

Part 1.狂吃的一个月

七天后拆线、出院、回家，正式开始了我的月子生活。

整个孕期我一直都没什么好胃口，还以为一生下宝宝就会胃口大开呢，哪知道刚生产完的那几天，我是什么也不想吃。我的体重生产之前是 132 斤，生完后变成了 120 斤，回家后一称，只剩 115 斤了，虽然这比我以前的体重还多不少，但是这样快速地瘦下去可不是什么好事。全家人都在劝我要多吃点儿，多增加营养，这不但对自己的恢复有好处，也能帮助下奶。为了女儿，我也得努力吃呀！于是，我就像填鸭子一样往自己肚子里塞着东西，看看我都吃了些什么吧：

◯ ● 日常饮食

1.鸡蛋：每天早晨醒来给潇潇喂完奶后，我吃的是加了红糖的水煮荷包蛋，四个。鸡蛋有营养，是产妇最常吃的食品，为此潇潇姑姑专门从老家帮我买了一大箱子柴鸡蛋。不过有一点要提一下，后来我才听说，产妇吃红糖也不能吃得时间太长，红糖是活血的，吃得太久会使流恶露的时间延长，持久不净，我一直在吃红糖，恶露持续了一个半月，也许真的跟这有关系吧。

2.粥：刚生产完的产妇要尽量吃软一些的东西，粥有营养又好消化，是最常见的产妇食品了。我们这个家庭是南北结合，我这个江南女子爱吃大米粥，我们那边生了孩子的女人也都是喝大米粥；潇潇她爹是山东人，北方人讲究喝小米粥，婆婆赶来看小孙女，也给我带来了小米。这两种米对身体都有好处，于是我一顿吃大米粥，一顿吃小米粥，有的时候就把两种米掺一起熬，总之是哪个都没耽误吃。

3.红枣：我本来就有点儿贫血，生完孩子后，好长一段时间我都面色苍白。要说补血，红枣是非常好的食物，妈妈每天都会在粥里面放红枣，还常常熬一些红枣银耳汤给我喝。我是很喜欢吃红枣的，不过姐妹们要注意，吃太多了也会上火哦。

4.猪蹄汤：我非常爱吃猪蹄，但是却不喜欢喝猪蹄汤。坐月子期间这猪蹄真是让我吃了个够，猪蹄汤也着实让我喝了个够！没办法，为了下奶呀，再不爱喝也得硬着头皮喝，真是快把我这一辈子要喝的猪蹄汤都喝完了！

5.鲫鱼汤：这也是下奶食品。原本所有的荤汤里我只喝鲫鱼汤，这一个月，也喝得我腻歪到不行，最后真是食而不知其味了。

6.腰子：妈妈说产妇吃腰子好，补肾，所以常常做给我吃。

7.鸽子：鸽子的营养价值比鸡要高，做了手术的人吃能帮助恢复元气。只是鸽子肉不太嫩，因此妈妈炖了汤给我喝，反正为了下奶就是要多喝汤汤水水的。

8.蔬菜：有人说产妇不能吃蔬菜，其实是不科学的。我一直在吃蔬菜，蔬菜含有丰富的维生素，有助于产妇身体的恢复。而且如果那么长时间都不吃蔬菜，还不上火便秘呀！只要注意别吃太凉性的菜就可以了。

9.水果：同理，水果也可以吃，怕太凉了可以用热水温一下再吃。我一直吃蔬菜水果，至今也没觉得有什么不适，潇潇吃母乳，也没有什么问题。

其实我的月子食谱并没有什么太特别之处，除了上面说的这些，就是大家平常吃的饭菜，只是比平时吃得更好些，营养更全面和丰富些，而且要尽量多吃一些。渐渐地，随着身体的恢复，我的胃口也越来越好了。这一个月，真可以说是狂吃的一个月，当然我的体重也是疯狂增长了，竟然猛增到了126斤！

不过月子里的饮食还是有一些需要注意的地方的。

○ ● 禁忌

1.生冷食物：产妇气血两亏，应该多吃一些温和滋补的食物。如果吃得太凉，对消化系统不好，而且不利于恶露的排出，当然对牙齿也非常有害。一些性凉的水果还是少吃，而冰激凌之类的就更不要碰了。

2.辛辣、过咸的食物：妈妈吃什么就相当于给宝宝吃什么，因为哺乳期妈妈吃的所有的营养物质都会进入乳汁，辛辣的食物容易导致妈妈和宝宝上火、便秘；太咸的食物会增加宝宝肾脏的负担。幸好我本来就吃得比较清淡，月子里更是越吃越淡，爱吃咸的老公某天尝了一口我的汤，惊呼："这你也能喝下去？这跟没放盐有什么两样儿？"而我爱吃的水煮鱼这些美味，也只有继续靠边站了。

3.刺激性食物：从怀孕起孕妇就不能喝浓茶、咖啡和酒了,哺乳期同样不要接触这些东西,因为这些东西不但影响产妇本身的睡眠质量及肠胃功能,对宝宝也不利。

补品

我一向不主张产妇吃补品,生孩子是很自然的事情,虽然这个时候需要多补充一些营养，但是身体正常的产妇完全没有必要花昂贵的价钱去买补品回来补身体。月子里我只吃过两盒燕窝,还是公司送来的慰问品,不吃也是浪费。说实话,吃了之后并没有觉得立刻容光焕发、神采飞扬。所以我觉得姐妹们不要迷信什么补品,还是好好吃饭吃菜更重要。

Part 2.苦并甜的月子生活

每当回忆起月子生活,我的感觉真是苦不堪言!除了拼命吃的苦,还有这样那样的苦:

● 疼的苦

要知道,女人可不仅仅是生孩子的那几个小时疼,整个儿月子里几乎都在疼。刚做完手术麻药过后的伤口疼、子宫恢复收缩的疼;涨奶疼、喂奶疼;月子里辛苦劳累后的胳膊疼、肩膀疼、腰疼;我原先被胎儿压迫的坐骨神经疼还在继续着。直到宝宝快满月时,我的这些疼痛才渐渐都消失了。

● 热的苦

从怀孕起就怕热,生产后更是热得不行,动不动就大汗淋漓。我们家的暖气温度一直不达标,可是就在我生孩子的这年冬天,我却觉得家里特别暖和,这可不是因为暖气烧得好了,而是因为我自己太容易热了。过去都说产妇爱出汗,是因为身体虚,其实并不完全是这样的。怀孕的时候身体里储存了太多的水分,生产后需要把这些多余的水分排掉,所以产妇特别容易出汗。再加上母乳的产生会促进体内水分的循环,出汗自然也就多了,当然也需要补充更多的水分,我感觉特别明显的一点就是每次喂奶的时候,就感到非常口渴,一定要一边喂奶一边喝上一大杯水才行。

不过姐妹们可别因为热,就露胳膊露腿的,甚至吹凉风。过去说的"产妇要捂"并不十分科学,那是因为过去的居住条件差,房子四处漏风,所以产妇一定要捂得严严实实才行。如今生活条件好了,躲在房间里,只要不直接吹风就没什么问题,但是还是应该尽量把各个关节,包括手脚都保护好,才不会落下月子病。

○ ● 脏的苦

传统的观念不让产妇洗澡洗头,其实也是怕产妇受风,将来落下关节疼和头疼的毛病。其实现在生孩子后,完全没有必要整个月都不洗澡洗头,特别是月子里容易出汗,估计一个月不洗,该浑身臭烘烘的了吧!我虽然没有整个月都不洗澡洗头,但为了稳妥,还是洗得比较少。医生说剖腹产后15天可以洗澡,我这前面的半个月就只能用热水擦身体,头当然是没洗了,头发都黏糊糊的了,而身上再怎么擦一定也不如洗澡干净舒服。产后15天洗澡后,也没敢接着天天洗澡。这对于我这个有点儿洁癖的人来说,真是太痛苦了!可为了身体,还是注意点好。

刷牙,也是传统的禁忌,说产妇的牙齿松,刷牙会损害牙齿和牙龈。这也有一定的道理,但是并非完全不能刷牙。我本来打算买几把月子牙刷,是用纱布做刷头的那种,可是商家没货了我没买到,我只准备了漱口水,一偷懒也就没再坚持刷牙。结果大半个月下来,本来牙就不太好的我,几乎是满嘴的牙都在疼了。没等到最后,我就忍不住刷起了牙,当然是用软毛的牙刷了,终于挽救了我宝贵的牙齿。现在想来还真是后悔,其实产妇也可以刷牙,只要准备一支非常软的牙刷,刷的时候尽量轻一些慢一些,这样做反而是可以保护牙齿的。

○ ● 邋遢的苦

可以说,坐月子期间是我一生中最邋遢的时候了,不让洗漱,不让梳头,不让擦护肤品,更搞笑的是,我浑身都是尿布!本来这些尿布是给女儿准备的,可是在她尿得拉得到处都是,弄得我们实在手忙脚乱之后,我下决心给她用起了纸尿裤。而我一开始总是漏奶,随手拿起这些吸水性好又干净的尿布便往胸前一兜,还真是挺方便的,于是尿布成了我的专用品了!

○ ● 无聊的苦

所有的过来人都对我说:没事儿你就躺着睡觉,千万别老在地上走来走去的,会落病的!我也听说现在有一些西方国家正在接受我们的观点,产妇月子里就该像女皇一样在床上躺着休息。产妇经过分娩的过程,体力消耗非常大,身体虚弱,再加上月子里照顾宝宝很辛苦,有时间多卧床休息绝对是对身体有利的。当然这并非是说成天躺着不动，无论是顺产还是剖腹产的产妇都应当适当地下床活动，这样做不但有利于子宫收缩、恶露排出，还能促进肠胃蠕动，使大小便恢复正常。我很自觉地遵守了这个规矩，除了必要的下地活动，我还是挺老实地待在床上的。

不过，月子里真的是很无聊，除了给女儿喂奶，其他的事情都被老公和爸妈揽过去了，为了保护眼睛，又不能看电视，寒冬腊月的，更不能出去玩儿，真是把我憋坏了！

● 起夜的苦

这是真正的辛苦。自从潇潇出生后，我就没再睡过一个安稳觉，每天夜里要起来三次左右，因为就算再困，也不能饿着小宝贝呀！我一直不敢躺着喂奶，怕不小心压到女儿，她那么小，一点儿反抗的力量都没有。每次我都是坚持着爬起来，坐在椅子上喂奶，常常是宝贝一边吃，我一边打瞌睡。可有的时候，当我喂完奶后疲惫地再次钻到被窝儿里时，却怎么也睡不着了。这个时候我最大的心愿就是能一觉睡到自然醒，哪怕一次也好啊！

当我也成了过来人后，我每次见到快要临产的准妈妈，都会语重心长地提醒她们：趁现在好好睡觉吧，等宝宝生出来后，就别再想好好睡啦！

● 苦中有甜

可是，每当我抱起女儿小小的软软的身体时，我心底里的母爱便油然而生，这所有的苦都变得微不足道了，望着女儿甜美的睡脸，我的心里只剩下甜了！原来这就是母亲，当她为孩子付出时，是什么苦都可以承受的；原来这就是母爱，当她面对宝贝时，永远有蜜一样甜的心情！

3.我坐月子的法宝：艾草

　　潇潇外婆从老家来京照顾我们的时候，带了一些艾草，说是给我坐月子时用的。记得小时候，爷爷奶奶每逢端午，都会把艾草挂在门口，说是辟邪；夏天还用它来驱蚊，怎么生孩子也用上它了？

　　妈妈告诉我，艾草可是女人的"养生草"呢！经常做美容的姐妹们也许知道，时下美容院流行用艾条熏灸，可以排毒养颜、促进血液循环、增强肌肤的免疫功能。不过妈妈给我带艾草可不是这个目的，而是为了给我在产后使用。艾草有驱寒除湿、活血化淤的功效，是妇科良药，产后使用可以促进子宫收缩、恶露排出，并且以后再来例假时，会缓解肚子的疼痛呢。怀孕之前，我也一直有痛经的毛病，既然艾草有这么好的功效，当然要试一试了！

　　一出院回家，妈妈就每天晚上都取一些艾草，煮好一大锅滚烫的艾水给我熏蒸。熏蒸的器具是木盆，我们老家那边，家家都有木盆，高度刚好可以坐在上面，妈妈早就给我准备了一个。其他地区的大超市一般也会有木盆卖的，需要的姐妹们可以去找找。把艾水倒在木盆里面，架上两块木板，中间留空。妈妈还用一块大大的布给我像穿裙子一样围上，这样我坐上去后，水蒸气就不会从周围冒出来了，能起到保温的作用。每次熏个十来分钟，的确感觉浑身暖烘烘的，那股热气都直往肚子里面钻呢！熏完之后，再用旁边留下的一些艾水清洗下身。要提醒姐妹们，产后洗下身的时候，就算不用艾水，只用白水，也必须是烧开过的水哦，放在旁边稍微凉一凉再洗，千万不要掺生水，因为生水毕竟有细菌，为防感染，还是用温开水比较好。

　　我坚持用艾水熏蒸了一个月，每天晚上屋子里都弥漫着一股淡淡的中草药味儿，让人感觉很干净很清爽。而如今，我来例假的时候的确感觉肚子不那么疼了。也有人说女人生过孩子之后肚子就不会再疼了，但是我更相信是这一个月使用艾草带来的效果。推荐给各位准妈妈们，提前准备一些吧，一般中药房就会有卖的哦！

Part 4.坐个好月子到底有多重要

坐月子对于中国女人来说,似乎是天大的事。妈妈也一直对我说,一定要让我坐个好月子,她自己再苦再累,都要服侍好我。如此受到重视,到底坐个好月子有多重要吗?

一方面,坐个好月子,能带走老病根儿。俺这身子骨还算不错,不过也有些老毛病:痛经、手脚凉、便秘。细细想来,生过孩子之后,这些毛病还真好多了!

◯ ● 痛经

以前我每次来例假,第一二天肚子都疼得很厉害,从腰开始到大腿,全都酸疼酸疼的,稍微走一会儿,肚子就好像要掉下来似的坠得难受。还常常夜里疼得惊醒过来,最好笑的是,以前常常一来例假,夜里睡觉就会梦见自己生孩子了呢,那一定是肚子疼引起的幻觉!月子里我从饮食到穿衣、睡觉、洗浴都十分注意,不吃太凉的食物,穿衣睡觉注意保暖,洗下身都是用温开水,再加上我的法宝——艾草,如今来例假的时候肚子疼痛真的减轻了不少,而且出血量也没有以前那么多了,真的是轻松了许多。现在有了孩子,身体再不舒服也没法儿停下来休息,宝宝一哭闹,就得箭步冲上去。肚子不太疼了,真是让我轻松了很多!

◯ ● 手脚凉

我原先一到冬天,就算穿得再多,手脚也总是冰凉的。妈妈跟我说,月子里一定要注意保暖,别把手和脚冻着,手脚一直暖暖的,以后就不会有手脚凉的毛病了。于是我一直是穿着厚厚的棉袜,还有奶奶生前为我做的棉鞋。睡觉的时候就算再热,我也尽量不把胳膊和手露在外面。潇潇是冬天出生的,当第二个冬天到来的时候,我的手和脚还真不像从前那样总是冰凉冰凉的了。

○ ● 便秘

便秘似乎跟坐月子没有太大的关系，不过对我来说，还真就自打坐完月子后，这烦人的毛病就很少出现了。我从小就容易便秘，自从怀孕中期便秘严重时采取了各种方法后，这种状况就逐渐好转了。而且我每天都坚持吃蔬菜、水果，便秘的情况也就越来越轻了。生产后也是一样，我是剖腹产，排气后才能进食，一旦可以吃了，我就开始吃青菜，用青菜煮面条，或熬菜粥。粥煮得软软的，很适合产妇吃。三四天后我就开始用热水温香蕉吃，西瓜在微波炉里转一下暖了也可以吃。让我庆幸的是，我最担心的产后便秘竟然根本就没有发生。剖腹产后好几天刀口都很疼，根本就不能使劲儿，万一再便秘，那可真是痛苦万分了。因为我的月子饮食搭配得好，所以我少遭了这份罪。而从这往后，我也很少便秘了，窃喜窃喜！

另一方面，坐个好月子，不会落下月子病。

我娘家家族中的女人，似乎都有浑身疼的毛病。奶奶、外婆、妈妈、舅奶奶，都是一到刮风下雨天就浑身不是这儿疼就是那儿疼的，这些多少都跟坐月子没坐好有关系。在过去，生活条件差，女人生孩子真的是很辛苦，哪像现在这么注意啊！常常是还没出月子就下地干活儿，甚至还用冷水洗东西。妈妈也因此下定决心一定不让我落下月子病。月子里，虽然有百般辛苦，但我仍然过着皇后一般的生活，除了给女儿喂奶，什么都不用干，该吃就吃、该睡就睡，衣服穿得暖，被子盖得严实。虽然热得很、出汗多，可是我安慰自己：这点儿热总不会中暑的，出点儿汗怕什么，还美白皮肤呢，哈！其实怕热的新妈妈可以盖薄一点的被子，只要不着凉就没关系，但是身体尽量不要露在外面，否则吹了风真的会浑身疼的。如今我的身体恢复得很好，没有身上疼的毛病。除了有颈椎病之外(在那时候由于喂奶时总是一个姿势，因此得了颈椎病，现在劳累后还会发作)，其他都好好的。

另外，我一定要强调一个问题——补钙！其实这不仅仅是月子里的事情，从怀孕中后期开始，妈妈们就应当开始补钙了，一直补到哺乳期结束。因为女人在孕期和哺乳期，是体内钙流失最严重的时期，一定要补充才行哦！为什么中老年的女性容易骨质疏松，摔倒后很容易骨折，就与这时候的钙大量流失有关系。所以我整个哺乳期一直在吃钙片。

对于坐月子的种种说法，我是"宁可信其有，不可信其无"的，为了自己将来的身体，咱就娇贵这一个月又有何妨?有个好身体，不但自己受益也是对家人的负责哦！

Part 5.曾与我擦肩而过的产后抑郁

虽然月子里我被照顾得无微不至，可我就是提不起精神来，动不动就想哭。

刚生下宝贝女儿的那几天，我浑身哪儿都不舒服，说实话，俺这辈子还没遭过这么大的罪。一开始还没有母乳的时候，我因为伤口疼，下床也不方便，所以看到女儿的机会也少，照顾宝宝的担子都落在老公和爸妈身上，我是"泥菩萨过江自身难保"，哪有精力去管孩子？母乳喂养刚开始的几天很不顺利，跟宝宝接触的时间仍然不多。有的时候我甚至觉得我只是患了一场大病而已，而旁边那个小家伙不知道是从哪里冒出来的，似乎跟我没多大关系。而当母乳喂养正常进行起来后，我每次给潇潇喂奶时都想哭，自己也说不清为什么。当然我平时更是受不得一点委屈，稍有一点不如意，心情就落到了谷底。

我不禁联想到了产后抑郁症。早就听说过这个病症，一位好姐妹曾经告诉过我，她的表姐就因为产后抑郁严重引发了精神病，不但不给孩子喂奶，还常常拎着孩子的两条腿，把孩子倒挂着玩。也听过好多人说医院产房里有打人的产妇，听起来还真是恐怖。临产前我就时不时给老公打预防针："我生了孩子后，体内激素会急剧变化，肯定容易心情不好，你一定得担待着点儿哦！"老公那时候总是一笑说："放心吧，我会照顾好你的！"

没想到，我生了孩子后还真是情绪不佳，产后的我是看什么都不顺眼，总闷闷不乐。一天，我不禁问老公："你说我是不是真的得了产后抑郁症？这可怎么办？"

老公正用热水给我温着苹果，他立刻拿起一片苹果堵住我的嘴："别瞎说，你哪儿来的抑郁症！"

随后，老公很认真地给我分析了一番：我目前的状况，除了有产妇们都不可避免的体内激素的剧烈变化外，最主要的问题就是感觉到了母乳喂养的艰辛。一开始的乳腺不通和母乳不足，让我又担心又着急，再加上生产过程大伤元气，产后很长时间浑身都很不舒服，这人一不舒服，哪会有精神呢？我那几天总跟老公唠叨说，如果我以后不得什么大病的话，这也许就是我一生中最难受的时候了。老公说："你呀，就是心思太重，总这么想就老觉得自己很可怜，当然心情好不了。你应该多想想我们可爱的女儿，从怀孕到现在受了那么多苦，不就是为了她吗？现在她健健康康的，不就是最幸福的事情了吗？"

别看潇潇她爹平时大大咧咧的，这段时间却细心得很。虽然每天上班很辛苦，可一回到家总是要先给我一个温暖的拥抱，然后又是端茶送水，又是嘘寒问暖的。然后再抱抱我们的小宝贝，每当看到他这个七尺男儿逗宝宝时滑稽的样子，我总忍不住扑哧一笑，心里的烦恼也散到九霄云外了。

产后抑郁不仅对产妇的身体恢复和精神健康有很大的危害，更对婴儿的健康和安全不利，最直接的后果就是导致婴儿没有足够的母乳吃。妈妈们在哺乳期有个好心情，奶水才会充足。的确是这样，我健康，女儿才健康；我快乐，女儿才快乐！幸好我只是与产后抑郁擦肩而过，在老公的开导下，在爸妈的精心照顾下，没过多久，我的心情便豁然开朗，我又重新有说有笑了。

我从心底里感谢老公的宽容，感谢父母的关爱。前面说的那位朋友的表姐就是因为产后不但没有得到更好的照料，反而被老公和婆婆毒打，才导致精神失常的。虽说女人生孩子是天经地义的事，但这毕竟是个特殊时期，良好的家庭氛围是多么重要啊！当然，作为子女、妻子、母亲，女人在这个时候也应该及时调整自己的心态，体会到身边每一个亲人在这个特殊时期的辛苦。特别是老公，面对需要照顾的妻子，面对嗷嗷待哺的宝宝，家庭和工作的压力都压在他一个人的肩上，作为善解人意的老婆，也应该多多关心自己的老公哦。姐妹们，千万不要吝啬这只需动动嘴皮子的几句甜言蜜语哟，简单的几句话却可以哄得你的老公心甘情愿为你"当牛做马"哦！

Part 6.终于出月子了

经历了种种酸甜苦辣,我的月子生活总算熬到了头,一想到马上就可以出门溜达,可以看看电视,可以上上网,可以每天洗澡……我真想欢呼!

满月那天, 给潇潇拍照纪念, 宝贝儿似乎也知道这天是她满月的大喜日子,特别开心,特别配合,总在笑。中午吃过午饭,按老家的习俗,我该回娘家了。可这一千多公里的娘家还真是有点儿远,妈妈说只要出个门就算数了,于是抱着潇潇到楼下阿姨家坐了一会儿。阿姨一见潇潇那小模样就喜欢得不行,一个劲儿地夸道:"这么小的宝宝就长得这么好看呀! 还好乖呢!"

婆婆在我满月的前两天打电话来告诉我一个土方子, 说满月的那天用益母草熬一碗水喝,在被子里捂上一天,可以驱除体内的寒气,带走月子里所有的毛病。我心想这招肯定有用,益母草也是治妇科病的良药呢,我闭上眼睛一股脑儿把一大碗苦苦的药咽下了肚,也把月子里各种各样的辛苦咽下了肚。

再次感谢老公和父母对我们母女俩的细心照顾, 我和小妞儿都被养得白白胖胖的了。而从现在开始,我不再过衣来伸手饭来张口的生活了,我要与你们一同分担。

四、

将母乳喂养进行到底

奉献

每次哺乳的时候
襁褓中的你
那么弱小无助
妈妈湿润了眼眶
想要用一生的心血
去爱护你

你是妈妈的女儿
生命的续读
可爱的小天使哦
妈妈多么地爱你
直到幸福的泪水
显示出一脸无助

祈祷你一生平安
没有疾病
没有灾难
快乐幸福
祈祷你长大成人
性格开朗
充满欢笑
人帮神助
祈祷你聪明智慧
为你和你爱的人
创造生活的财富
祈祷你美丽善良

拥有甜蜜的爱情

轻舞飞扬

青春永驻

祈祷一切美好的东西都降临在你的身上

我的宝贝

因为你是

妈妈一生的所有

——潇妈之慷慨陈词

我几乎没有考虑过该不该给宝宝吃母乳的问题，我觉得婴儿吃母乳是天经地义的事情，没什么需要犹豫的。我也没怎么担心过自己会没有母乳，因为我自己的妈妈、奶奶当年奶水都很充足，从遗传角度来说，我的奶水应该也会充足的。因此我一直认为，我一定会给孩子吃母乳的；也因此，我没有思想准备，没料到其实实现母乳喂养也是一个艰难的过程。

　　潇潇出生后第一天，我并不着急还没有初乳。因为我是剖腹产，麻药的作用会抑制母乳的分泌。而且听说很多产妇要到第三四天才会有初乳。头两天又不能吃东西，加上做手术元气大伤，我觉得没有乳汁分泌也不奇怪。可是有一件事情我们却做错了，新生儿一出生后就要吃东西，因为我没有乳汁，所以就给宝宝用奶瓶喂了奶粉，而没有让女儿先来吮吸乳头。这都怪我自己怀孕的时候没有特别关注母乳喂养方面的知识，总认为这是顺其自然的事情，而大意了。其实在妈妈还没有分泌乳汁的时候，更需要让宝宝来吮吸，吮吸动作会刺激乳汁的分泌，而且让宝宝习惯吮吸妈妈的乳头，也不至于当妈妈真的有乳汁时宝宝却不会吃。

　　我们娘儿俩就遇到了这样的麻烦。生下女儿第三天，我开始分泌乳汁了。可是潇潇已经吸了两天多的奶嘴，有了不需要费劲儿吃奶的经验，她怎么也不愿意吃这费劲儿的母乳了。

　　我第二天排气后，妈妈便开始给我熬鲫鱼汤、猪蹄汤下奶。到了第三天上午，我就感觉乳房有一点开始发涨了。实在是没有经验，我根本没想到让女儿来吃，还想着等涨得厉害了再给她吃呢，一整天都是喂的奶粉。到了晚上感觉涨得硬硬的了，我还挺高兴的，觉得自己的初乳来得不算晚。那天晚上是爸爸妈妈"值班"，老公不在医院，我还专门发了信息告诉他这个好消息，而且打算过一会儿潇潇肚子饿了就让她吃母乳。

　　第一次喂奶真是非常失败。潇潇饿醒了后，妈妈便抱过来让她吃母乳，可小家伙怎么也含不住乳头，好不容易含住了一次，却又因为力气小加上乳腺不通，总是吃不着。我的伤口还疼着，却也不得不忍住疼痛靠在椅子上喂她，抱着她的胳膊都快麻木了，潇潇还是吃不到。这第一次喂奶进行了一个多小时，潇潇却几乎没怎么吃到，急得直哭，我们也就没有再坚持，仍然给她喂了奶粉，我也上床休息了。

谁知这初乳到来的第一夜，竟成了我彻夜难眠的一个晚上。我刚迷迷糊糊要睡着，就被涨得疼醒了。感觉胸口就像要爆炸一样，碰都不能碰，侧身更是不行，再加上伤口疼、腰疼，简直是太痛苦了。无奈，只得把小妞儿从睡梦中叫醒，再让她吃。仍然是吃不到，女儿饿得哭，我也急得哭。爸妈只好先把潇潇喂饱哄睡，我继续坐在那里，想用吸奶器吸出一些来。可终究还是乳腺不通，再怎么吸也就只吸出来了一点点，乳头都快被吸肿了，还是解决不了问题。躺回到床上，根本无法入眠，只好再起来吸。这一夜就这样来回折腾了几次，总算熬到了天亮。

一大早就找来护士，我已经涨得快要受不了了。护士一摸，说里面有好多硬块，是因为涨得时间太长了，要全部揉开才行，不然是很容易得乳腺炎的。我连忙让她帮我揉，涨奶的滋味真不好受。这位护士小姑娘可厉害着呢，还真是下得去手，揉得那个疼呀，我的眼泪一瞬间就哗哗地流了下来。护士问我："你能忍受吗？要不行过一会儿再揉。"我一边哭一边说："你不用管我哭不哭，帮我揉吧！"揉了一阵子，总算感觉松快了点儿。不过刚才被挤出来的都是初乳，全都浪费掉了，我还挺心疼的，这初乳对宝宝来说可是非常宝贵的食物呀！

再给潇潇吃的时候，她能耐心地吃一会儿了，虽然没能听到咕嘟咕嘟往下咽的声音，但是我感觉她多少是能吃到一点儿了。硬块还没有完全消失，护士说还得再揉两次，并且要用热毛巾敷，帮助硬块化开。

真没想到，母乳喂养刚开始竟然就给了我一个下马威，我甚至觉得这种感觉比生孩子还要痛苦。不过在给女儿喂奶的时候，我才真正有了做母亲的感觉。前两天，她在自己的小床上躺着不动，我远远地看不清楚，总觉得这个小人儿跟我没什么关系。但是当她躺在我的怀里吃奶，那么依赖我、那么信任我、那么需要我的时候，我才开始觉得，这是我的女儿，我的心里有了种莫名的感动。

2.是什么让我下定决心做一头"奶牛"

接下来的母乳喂养之路依然艰辛。出院回家后,我两侧乳房里的硬块还没有完全消失,虽然很少像第一天那样涨痛得难以忍受了,但是对于这些硬块我还是有点担心。以前单位体检的时候就查出我有轻微的乳腺增生,我一联想起来,总害怕别是里面有什么问题。另外一个令我头疼的事情就是每次喂奶的时候都很疼,乳头上已经掉了一层皮,露着嫩肉,潇潇一吮吸我就一阵钻心的疼。奇怪的是潇潇吃完奶之后,我从胸前到后背似乎有一根筋被绷得紧紧的,疼得都不能侧睡。因为整个胸部总疼,我走路都不敢直腰,总是弓着背,那地方连碰到衣服都很不舒服。

这些疼痛,再加上母乳一直不充足,不够潇潇吃,真是让我有点心灰意冷,情绪也很不好。老公看我这么难受也劝我:"实在不行就把母乳断了吧,吃奶粉的孩子不一样健健康康地长大吗?"说实话,那段时间,当各种疼痛袭击我,我真的也有想给女儿断奶的相法。可是每当女儿张着小嘴四处寻找,每当她快乐吮吸着的时候,我心里的那份母爱便油然而生,因此无论如何也舍弃不下了。

其实母乳喂养的诸多好处,我早就了解。我想每一位母亲在得知母乳喂养的意义和作用之后,应该都不会轻易说放弃的:

○ ● 母乳的营养最适合宝宝的需要

一些怕身材走样儿或是嫌母乳喂养太辛苦太麻烦的妈妈们也许会说,现在反正有各种各样牌子的奶粉可以选择,营养也不差,何必非要给孩子喂母乳呢?但是我想说,人是如此高级的动物,难道人奶还不如牛奶吗?

其实相对于牛奶来说,母乳更易于被婴儿吸收。母乳就是为婴儿制造的,它的成分是最适合宝宝生长需要的。而且母乳在各个时期都含有丰富的营养,并不是说六个月或恢复例假之后就没营养了，不能吃了。宝宝完全可以继续享用母乳，现在母乳协会提倡妈妈们给宝宝喂奶喂到两岁呢！至于身材，当我们渐渐老去，谁又能抵挡得了地球引力的作用呢？

● 母乳给宝宝带来无尽的快乐

给女儿喂奶让我深深感受到，这不仅是在给女儿提供生长所需的营养，更是连接我和女儿情感的纽带。每当这个可爱的"小精灵"躺在我的怀抱中时，我如此近距离地看到她安静的小脸，抚摩着她柔嫩的肌肤，同时也能感受到女儿正在享受的幸福和快乐，这种感觉真的是无比美妙的。

姐妹们要知道，吸吮动作对于婴儿来说还是一种镇静剂呢。可能细心的妈妈都会发现，小宝宝就连睡觉的时候小嘴都在一动一动的，那是他们在做吃奶的动作呢。每次潇潇哭闹时，只要让她含住乳头，吃上点儿母乳，她就能立刻安静下来。我总感觉给宝宝用安抚奶嘴不好，不应该让宝宝从小就依赖某个物品寻求安慰，如果可以用母乳来安慰宝宝，何乐而不为呢？

● 母乳喂养方便安全

我有个朋友，宝宝刚七个月，就独自带着宝宝外出旅行了。她之所以如此潇洒，就因为她是用母乳喂养宝宝的妈妈。无论何时何地，只要宝宝需要，母乳就已经直接"消毒"好在等待宝宝了。由于一开始的奶水不足，我们每天都要给潇潇喂一些奶粉，那个费事劲儿我也是深有体会的，奶瓶要消毒，冲的水不是怕烫了就是怕凉了，而且有一段时间，潇潇非常抵抗奶瓶，每次喂她喝奶粉总要抱着她一边跳着蹦着，一边唱着她才能喝，把一家人都累得不轻。而母乳不但没有细菌，还含有对外界病毒的免疫抗体，真的是宝宝最安全的食物。

当然妈妈夜里起来喂奶也是很辛苦的事情，不过这也是作为母亲应当尽的责任。而且这样做，家里其他人都能好好休息了，老公要上班很辛苦，爸爸妈妈身体不好，母乳喂养也使我能够让家人夜里睡上安稳觉。

● 母乳喂养对妈妈自身也有好处

其实想尽快恢复身材的妈妈更需要母乳喂养的帮助，因为婴儿吮吸可以刺激子宫回缩,使产妇产后身体快速恢复;母乳的分泌需要消耗大量能量,妈妈们不容易发胖;母乳喂养还能延缓排卵时间,对避孕有一定的作用(当然还是要尽量采取更安全的措施为妙)。另外,我听说母乳喂养的母亲与非母乳喂养的母亲相比,乳腺癌的发病率要低。我想,任何事情都不能破坏自然规律,女人生了孩子就应该喂奶,如果一开始就强行把乳汁给憋回去,一定对妈妈自己的身体没什么好处。

虽然一开始我的母乳不是很充足,但我还是庆幸最终我实现了纯母乳喂养。母乳喂养对女儿、对我都有重要的意义,我当然要下定决心坚持下去,就算再辛苦也值得!在潇潇九个月左右时,轰动世界的毒奶粉事件的发生,更坚定了我的信心,为了宝贝的健康成长,我心甘情愿做一头"奶牛"!

3.将母乳喂养进行到底

光有决心还不行，要想实现纯母乳喂养，还真是要下点工夫的。

月子里面，潇潇每天基本上要吃七八顿，因为怕光吃母乳吃不饱，每次喂完母乳后，我们都给潇潇再喝点牛奶。可是发现这样下来，潇潇似乎每次都对后面吃起来更容易的牛奶充满了期待，而不会尽全力去把母乳吃干净。也因此我乳房里的硬块迟迟不能完全消退，虽然每天都按摩加热敷，但宝宝每次都不能吃空，乳腺总无法完全畅通。这样就形成了恶性循环，越不通畅吃起来就越费劲儿，越费劲儿潇潇就越不好好吃。

索性吃母乳的那顿就只吃母乳，喝牛奶的那顿就单喝牛奶，我把潇潇一天的七顿饭作了个安排，上午十点左右和下午四五点钟这两次母乳分泌量最少的时候让潇潇只喝牛奶，其他的几顿就只吃母乳。没想到这样一来还真有效，几天下来，潇潇吃母乳的时候也就不再指望后面还有牛奶来补充了，会认真地每次都把母乳吃得干干净净。硬块逐渐消失了，我自己也感觉乳汁分泌越来越多起来。都说母乳是越吃越多，越不吃就越少，还真是这样。在这之后我慢慢地把这两顿牛奶减掉，代替以母乳。小妞儿还挺好说话的，每次不管母乳多或少，她似乎都无所谓，多了也吃光光，少了也不哭闹，看来只要让她吃母乳，她就很满足了。

当然，除了在喂奶次数和方法上动了脑筋，我自己也为下奶费了很多心思。我曾经一顿早饭要吃这么多：早晨醒来四个水煮荷包蛋，洗漱后一大碗粥、一个汉堡、一个面包夹鸡蛋！现在想起来都觉得恐怖，真想象不出，我的胃伸缩性竟然有这么大，能装下那么多东西！每天夜里喂奶后还要吃一碗面或喝点银耳汤什么的。而鱼汤、猪蹄汤也是喝了个够儿！我们打听到通草是下奶的良药，便从药店买回来跟鲫鱼、猪蹄一起熬汤。

这样狂吃之后，我的体会是，要想奶水充足，多吃一定是有用的，而且不是仅仅喝汤而已，要连熬汤的鱼啊肉啊的都吃掉才有用。为此，我也付出了体重在一个月内长了十斤的代价！显然这个时候我已经毫无身材可言了，比生产之前还要胖。不过，姐妹们，为了宝宝有口饭吃，咱这当妈的牺牲几个月的身材又有何妨呢？

母乳喂养还有一点很重要——信心。虽然潇潇每次不管母乳多少都吃得挺开心的，可我总觉得自己奶水还是不够多，总怕把宝贝饿着。在与前辈妈妈们交流后，听她们说可以常常用吸奶器吸一吸，这也是遵循了母乳越吃越多的原理。我试着做了一次，第一次吸就吸出了80毫升，那时候潇潇喝牛奶基本上一顿也就是喝80毫升左右。这下真是让我信心大增，原来我一次也能有这么多母乳呀！而随着宝宝食量的增加，母乳的分泌也会越来越旺盛的，只要宝宝每两顿母乳间隔的时间不少于两到三个小时，吃完后不哭闹，就不用担心宝宝吃不饱了。

潇潇满两个月前，我终于实现了纯母乳喂养。为此我一直很自豪，每当别人看到潇潇长得又结实又可爱，问起来"你们家宝宝吃什么"时，我都会骄傲地告诉他们，潇潇吃的是母乳。而我和女儿也在这样的亲密接触中感受到了很多快乐！

Part 4.小插曲

　　好事多磨，这之后也有过一段小插曲：潇潇五个多月时，有一天晚上她吃左边的母乳，吃了一会儿就不耐烦，不肯再吃了。我以为她不饿，就没再喂她。夜里左边的乳房不知怎么回事，涨得特别厉害，我心想等到早晨让她吃空就好了，并没有在意。谁知早上她还是吃了几口就不再吃了。我只好决定把里面多余的母乳挤掉，却挤不出来，用手一摸，发现里面又有了硬块。告诉妈妈之后，我们都很紧张，我担心是乳腺炎引起的堵塞，而妈妈更怕这硬块是瘤子。

　　去医院看过后，医生见我不发烧，说这应该不是乳腺炎，可能就是涨奶引起的，还是得回去按摩揉开才行，否则总这样堵着，就容易感染发炎了。想起以前按摩的痛苦，我真是害怕，但不按摩不行呀。回家后妈妈帮我一边热敷一边按摩，可折腾了半天只挤出来很少的乳汁，吸奶器也吸不出来，而硬块仍然在里面。

　　真是奇怪，以前按摩的时候乳汁都往外冒个不停，这回是怎么了？无意中，我发现乳头中间有一个小白点，便怀疑是不是跟它有关系。因为这几天潇潇每次吃得时间比较长时，吃完之后我都有一点疼，疼的位置正是这个小白点所在的地方。我用热毛巾反复擦洗，竟然擦掉了，再一挤，乳腺竟然畅通了！我这才恍然大悟，一定是乳头表皮被吮吸得太用力了，就有点脱皮了，这小白点应该就是皮屑没有掉下来，正好把那几个乳腺口堵上了。难怪潇潇不肯吃，原来她是吃不到呀，都是这个小白点在作怪呢。

　　后来又发生过一次这样的情况，有了这次经验，我没有再害怕，及时清洗了乳头，潇潇照旧吃得美滋滋的。

Part 5.母乳喂养的妈妈生病怎么办

　　身为一头"奶牛"，我一直提醒自己要注意身体，千万不能生病，否则多少会给宝宝带来影响。可潇潇十个月左右时，是十月中旬，天气转凉，每年都逃不过一次重感冒的我，终究这次也未能幸免。

　　有一天傍晚，我觉得自己有点头重脚轻，拿起温度计一量，有一点低烧，回想一定是午睡着凉了。

　　俺心里真是郁闷啊，在此之前，潇潇刚生过一场病，那时候爸妈刚好回老家，老公又出差在外，我一个人在家累死累活的身体都没累垮，怎么如今爸爸妈妈来了，我反而病了呢？这可能就是人一旦轻松下来，抵抗力也放松了，使得病菌有机可趁。

　　郁闷归郁闷，得赶快想办法呀！因为根据往常的经验，我每次发烧都得持续三天左右，而且每次都得持续两天39摄氏度以上的高烧，如果这次还这样，就不得不吃药了，我的宝贝女儿吃奶就成问题了，而且如果感冒传染给孩子就更麻烦了。

　　我这种情况到底要不要吃药，能吃什么药，吃了药还能不能给潇潇喂奶呢？我咨询了一位妇产科的医生朋友，她告诉我如果只是低烧，多喝水就行了。如果要吃药的话，喝点柴胡冲剂是没什么问题的。

　　本想听医生的，低烧就不吃药了。可晚饭后我感觉更不舒服了，体温在渐渐升高。我估计这次生病的过程又得走我一贯的路线了，不吃药估计好不了。于是我决定吃药！但是一般妈妈吃什么，母乳里面就会有什么，我不想让身体好好的女儿接触这些药，"是药三分毒"呀！所以我又决定，给潇潇停两顿母乳。那段时间潇潇每天吃四顿母乳，也就是给她停夜里醒来后的那顿和第二天早上的一顿。我心想一定要把病情尽快控制下来，尽早恢复潇潇最爱的母乳。

　　晚上给潇潇洗澡后，让她饱餐了一顿。在女儿嘴角留着醇醇的奶香甜蜜入睡后，我开始吃药了。感冒药、退烧药都吃了，又喝了很多水，便盖上厚厚的被子睡了。可能到了发作的时候，一开始怎么也睡不着，根本就不出汗，而且感觉越来越烧得厉害，再一量，已经 38 摄氏度了。于是我不管三七二十一，起来又吃了一颗退烧药，坚决要在最短的时间内消灭疾病！这次再躺下，总算迷迷糊糊睡着了。

夜里潇潇醒后，是外公照料她，给她喂了些水就哄她睡了。我怕传染给她，睡在另外一个房间，听到潇潇在哼哼唧唧地哭，一定是原以为喝完水还有妈妈的乳汁喝，可是却发现什么都没有觉得很委屈吧，当时我的心里可真不是滋味。

幸好到了第二天早上，我出了一身的汗，烧退了，虽然浑身都没力气，但感觉没什么大碍了。也不知道是吃了药的作用还是这次感冒本来就很轻，反正我很庆幸终于不用让女儿受苦了。早上已经涨奶涨得很厉害了，衣服都湿了一大片，我赶快用吸奶器吸掉，我觉得这些奶水里有了药的成分，是不能给女儿吃的，等到下一顿，就可以让潇潇继续享用美食了。

中午，终于要给潇潇喂奶了，看着女儿在我怀里快乐又幸福的样子，我心里对自己说，为了女儿，我一定要保重好自己的身体，这样才能有精力照顾好宝宝！毕竟，身体是革命的本钱呀！

当然，对于母乳喂养的妈妈来说，生病也是在所难免的事情，事后我发现，其实我的做法也不是最科学的。那母乳喂养的妈妈生病了到底应该怎么办呢？

◯ ● 感冒

如果只是轻微的感冒，可以不吃药，采用多喝水的方法，因为小便会把体内的热量带走；还可以喝一些生姜红糖水，去寒发汗。如果发高烧必须吃药的话，就要咨询医生了，一定要选择对宝宝没有影响的药物，像中药性质的感冒冲剂。普通感冒一般没有必要断奶，病毒性感冒可以适当停几顿。同时在生病期间要注意卫生，勤洗手，尽量少对着宝宝说话或亲热，喂奶时最好戴上口罩。

其实感冒后给宝宝喂奶反而是好事，因为母乳中已经含有了妈妈体内对抗病毒的免疫因子，吃了母乳的宝宝即使被传染生病了，也比妈妈的症状要轻。所以感冒的妈妈给宝宝喂奶反而能增加宝宝的抵抗力呢！

● 乳腺炎

如果不是感冒引起的发烧,就要考虑是不是患了乳腺炎。母乳喂养的妈妈稍不注意,就非常容易得乳腺炎,这时候的处理方法应当有:热敷、按摩、频繁哺乳(或者是用吸奶器吸)、多休息。很多情况下,乳腺炎并不需要使用抗生素。如果只是发烧的话,建议妈妈多补充水分,注意休息。实在需要吃抗生素的话,可以选择对母乳喂养的妈妈安全的药物,比如头孢等等。

另外,我觉得有一点需要注意,当母乳喂养的妈妈感觉不舒服的时候,一定要在生病初期就想办法缓解症状,并尽快恢复健康,而不应该因为担心会影响哺乳,就拼命顶着,直到病情严重到不看医生、不吃药,甚至不做手术就不行了的状态,这是绝对错误的,因为这样反而更耽误哺乳了。我想这次能让自己的病情得到控制,没有发展成发三天的高烧,跟一开始就及时吃药治疗的作用还是分不开的。但是自作主张给女儿停了两顿奶好像还是没有太大的必要的,因为我吃的药医生说是没什么问题的,只是我自己太过紧张了。

所以,立志做"奶牛"的姐妹们,一定要注意照顾好自己,这样才能照顾好宝宝哦!

Part 6.断奶，心狠的竟然是孩子的爸爸

老公常常问我："你到底打算什么时候给潇潇断奶呀？"

我总是不假思索地回答："等到她自己不想吃了为止。"

终于有一天，潇潇她爹忍不住对我抱怨道："现在你心里就只有女儿一个人啦！为了方便给她喂奶，你工作也辞了。你想想，母乳喂养让你自己的生活受到多大的影响呀，一点儿自己的时间都没有，有的时候晚上想带你唱个歌吃个饭都不行，到了点儿你又要喂奶！我们都多久没有出去浪漫一下了？潇潇已经快一周岁了，现在她吃饭吃得又多又好，而且以后还可以喝牛奶呀。你的功劳已经不小了，看你一直这么辛苦地坚持母乳喂养，你也不想想我心疼不心疼！"

听了老公的一番话，我才意识到自从有了女儿，自己的确是有点冷落了他，可是他还时刻惦记着我的辛苦，看来我真的应该考虑一下老公的建议了。说实话，从我内心出发，并不想马上就给女儿断奶，真想要让她吃到自己不想吃了为止。不过"心狠"的潇爸和潇潇外婆都心疼我，觉得我给孩子喂奶太辛苦，劝我喂满一年就给孩子断奶。虽然心中有百般不舍，不过女儿总是要长大，要独立的，断奶也许就是她人生中走向独立的第一步吧。于是给潇潇断奶的事也就被提上了日程，我们商量着，打算在潇潇过完周岁生日后开始给她断奶。

Part **7.断奶，我和女儿都准备好了**

　　小妞儿这几天吃母乳比以前有耐心多了。潇潇大概是个急性子，好长一段时间每次吃母乳，她都等不及把一边吃干净，就一扭头，哼哼唧唧地要换另一边。可是这几天，她都非常有耐心地吃到最后，还要再用力吸几口试试，确认确实没有了，才心满意足地换过来，还真是不浪费粮食呀！我心想，难道小人儿知道自己没几天母乳吃的了，所以要珍惜这最后的每一滴乳汁？

　　提起断奶，之前还真是很担心，因为听潇潇外婆说，断奶对大人和孩子来说都是一道关，是个很痛苦的过程。在过去的年代，妈妈们采取的都是传统的方法，说断就断，绝不拖拖拉拉。妈妈在给我和哥哥断奶的时候，前一天还要喂四五顿母乳，第二天突然就不给吃了。这样做的结果是，我们在突然没有母乳吃的情况下因为不适应而哭闹，妈妈自己虽然涨得要命却还要忍受心理和生理两方面的痛苦。后来为了让我们断了要吃奶的念头，把我们送到奶奶家，跟妈妈暂时隔离。不用说，我们几天见不到妈妈自然是哭闹不休，爷爷奶奶也十分辛苦地带着我们，哥哥在他断奶之后还生了一场病。而妈妈两次断奶都遇到这样的情况：涨奶涨得腋窝下面都起了硬块，现在想来可能是乳腺炎引起的淋巴肿大。

　　每当听到妈妈的讲述，我心里就有点发怵，做女人还真是辛苦，想当初为了下奶，千辛万苦都忍了，以为苦尽甘来了，却又要面临断奶的痛苦。俺就不信没有更好的方法，通过学习，我的顾虑被打消了。给孩子断奶，要循序渐进，逐步断奶，也就是一顿一顿地减少喂宝宝吃母乳的次数，这样宝宝能慢慢地适应从少吃母乳到不吃母乳的过程，达到最后彻底断奶时宝宝也不会不习惯的目的。而这样做对妈妈来说也很有利，"奶牛"妈妈们都知道，母乳是越吃越多，越不吃越少的，这样一顿一顿减少喂奶次数，妈妈的乳汁分泌也就自然会越来越少了，最后断奶的时候就不至于涨得无法忍受了。

　　我跟潇潇外婆说了这个方法之后，她感叹道：还是现在讲究科学好，要真是这样，我也不用担心你和孩子难熬了。

于是我打算在给潇潇断奶的时候就用这个方法，现在随着潇潇吃的辅食越来越多，每天吃母乳的次数已经不像一开始那么多了，基本上每天三四次，分别是早晨醒来时、下午午睡前、晚上睡觉前、夜里醒来时。我打算先减下午的那顿，一周后减去早晨的那顿(用奶粉代替)，然后再过一周减夜里的那顿(用水代替)，最后再过一周减去晚上睡前的母乳(用奶粉代替)。这样前后大概需要将近一个月的时间。

　　当然除了以采用这样逐步断奶的方式为主导外，还需要配合一些辅助措施。

◯ ● 关于宝宝

　　首先是要提前选择一种合适的奶粉。为了宝宝能够吸收到全面而足够的营养，在取消母乳之后，还是要添加一些牛奶的。考虑到鲜牛奶没有配方奶粉的营养全面，而且也相对不易消化，所以我还是决定给潇潇吃奶粉。我初步选择了一个奶粉品牌，打算先买一盒让她尝尝，如果她不喜欢这种口味再换别的牌子。

　　其次是辅食。在断奶之前要培养孩子吃好吃饱辅食的习惯。幸好潇潇的胃口一向比较好，什么都爱吃，每天三顿饭就基本上能吃饱了。看来小妞儿还是挺为妈妈着想的，不给我添麻烦呀，呵呵。当然俺也会考虑到营养的搭配，给女儿做各种各样可口的饭菜的。

　　还有一点很重要，断奶的过程中，妈妈千万不要跟孩子分开，因为本来失去了吃母乳这个跟妈妈亲密接触的方式后，宝宝就有可能不适应，又突然见不到最喜欢的妈妈了，对宝宝来说无疑是火上浇油，该多么痛苦啊！虽然没有母乳可以吃，但是有妈妈温暖的怀抱、有妈妈温柔的笑脸、有妈妈亲切的声音，对宝宝来说总是一些补偿呀！

◯ ● 关于妈妈

　　尽管逐渐减少喂奶次数，但到最后彻底断奶之后，涨奶还是不可避免的。以前也听说过要想回奶可以喝大麦芽熬的汤，但又听说喝了大麦芽汤后会影响生下一个孩子后的母乳分泌。虽然咱也没有生二胎的打算，但是总感觉这个方法有点冒险，还是别用了。这其间要尽量少喝汤水，毕竟没有水的来源，乳汁也没法儿多起来了。

过去的做法是断奶后无论涨得多难受都不能挤，我了解到的方法却截然相反，那就是每过一段时间就要把涨满奶的乳房清空一下，这样也是为了防止乳腺炎的发生，最终慢慢地达到不再分泌乳汁的目的。

○ ● 关于爸爸

这听起来似乎有点文不对题，不过断奶期间，爸爸的作用的确不可小视。宝宝在断奶的过程中可能会对妈妈产生更多的依赖，这个时候爸爸多跟宝宝接触，转移宝宝的注意力，并且让宝宝知道，爸爸跟妈妈一样，都是与他关系最为亲密的人，使得宝宝在心理上有一个依靠。当然，家里如果还有其他人，都可以上阵，给宝宝更多的关怀和安慰。

有了这些准备，我相信在给女儿断奶的时候会顺利很多，虽然在这个过程中难免会遇到一些问题，但是我还是有信心的，希望我和女儿共同度过这一关，而且能轻松、自然地度过。而现在，就让我和女儿都充分享受这最后几次母乳喂养带给我们的幸福而甜蜜的时光吧！

Part 8.断奶以后

有了充分的准备,断奶的过程的确很顺利,我和潇潇似乎都没有什么很不适应的地方。潇潇自从断了夜里的那顿母乳后,就不怎么起夜了。而我这将近一个月的时间里,也没有出现涨奶很严重的现象。只是每当看到女儿时不时地来拉拉我的衣服说"吃吃"的时候,我心里感到一阵阵的辛酸,喂最后一顿母乳时,我的眼泪几乎要掉下来了,眼前一直浮现着潇潇每次吃母乳的快乐表情:每个清晨宝贝醒来吃完母乳后,都在我脸上亲昵地亲吻;每当她烦躁的时候只要被妈妈抱在怀里,吃到母乳就会立刻安静下来;记得第一次生病,她什么都不肯吃,只吃母乳……而潇潇小朋友却似乎更洒脱些,自从开始给她喝奶粉后,她每次一见到奶瓶就激动不已,断奶后没过几天,好像就已经忘记吃母乳这回事儿了。

很多人说,其实断奶时妈妈更难受,我相信这个说法。小妞儿是没的吃就不吃了,根本无所谓。而我终究还要经历最后几天涨奶的过程。因为有了科学的方法,涨奶不算厉害,一直到第三天才有了比较涨的感觉,我也没有挤,想过两天再说。但是到了第四五天就已经开始回奶了,涨得硬硬的乳房渐渐开始从根部变软了。奇怪的是,前面的部分一直还是涨涨的,第八天我忍不住用吸奶器吸了一下就不再涨了。

我一开始还以为过不了多久,乳汁就会彻底消失呢。谁知这以后,虽然摸起来乳房并不发胀,也丝毫没有难受的感觉,但是只要一挤,总会有乳汁流出来。后来才知道,回奶是个漫长的过程,我差不多到断奶后五个月才挤不出来奶了。当然这也是因人而异的,有的人断奶后一个月左右就没有乳汁了,有的人一年后如果需要,还能再下奶呢。

历经一年零一个月,我的母乳喂养之路总算大功告成了,给女儿喂了这么久的母乳,这一直是让我觉得很骄傲的一件事。

五、

好妈妈的温柔呵护

宝贝

我的宝贝、宝贝

给你一点甜甜

让你今夜很好眠

我的小鬼、小鬼

捏捏你的小脸

让你喜欢整个明天

啦啦啦……我的宝贝

倦的时候有个人陪

哎呀呀……我的宝贝

要你知道你最美

——《宝贝》的歌词

五、好妈妈的温柔呵护

1.宝宝需要安全感

　　无论是顺产还是剖腹产,每位妈妈的生产过程都很辛苦,大耗体力。月子里,特别是在医院的那几天,新妈妈们因为身体的种种不适,都会被照顾得无微不至,而对于宝宝,只要让他们别饿着、别尿湿了,似乎就可以了。姐妹们可曾想过,宝宝刚刚从那个生活了几个月的温暖小窝来到这个陌生的世界,又经历了出生的艰难过程,会是多么无助、多么辛苦。其实新生宝宝是需要安全感的,让他们从一出生就感受到周围人的关爱很重要,虽然这时候他们并不会真的理解"关爱"的意义,但是从他们一出生,新手爸妈们就应该为宝宝创造这样的条件,毕竟我们是宝宝一生中最值得信赖和依靠的对象。

● 营造安静的环境

　　俺也是这么个糊涂娘,刚生下潇潇的那几天,浑身没一块儿舒服的地方,是"泥菩萨过江自身难保",哪还顾得上孩子。在医院里,只要我醒着,一家人都大声讲话,咱家可都是大嗓门儿。月子里亲朋好友来了一拨儿又一拨儿的,大家听说这个喜讯,自然都想来瞧瞧,一见到可爱的小人儿,不管她在睡觉还是清醒着,都忍不住这个抱抱、那个摸摸的。我看到大家都这么喜欢女儿,也顾不得那么多了,反正小孩子嘛,被抱抱怕什么。

　　后来,我发现其实潇潇对声音特别敏感,只要稍微有一点动静,她就会一下子惊醒。看来我女儿听力没问题哦! 不过这也是挺烦人的,不是说新生儿每天要睡22个小时以上吗,那时候的潇潇似乎根本就睡不到这么长时间,好不容易被哄睡了,一会儿就又醒来了,可真是累人呀。

　　我这才意识到,应该为宝宝营造一个安静的环境。宝宝在肚子里的时候多舒服呀,外面再大的声音,也被厚厚地隔了一层呢。再说,还这么丁点儿的小娃娃,哪经得起乱七八糟的噪音,和你抱他摸的折腾呀! 把自己放在宝宝的角度想想吧,如果是我们自己,愿意在这样的环境中待着吗? 谁不喜欢安安静静地睡觉？于是这之后，我们拒绝了朋友们的来访，满月酒也改成了百岁宴，毕竟宝宝大一点，适应能力会更强一些。

不过爸爸妈妈们也不必过分担心，相反可以利用宝宝对声音的敏感来刺激宝宝的听力和大脑的发育呢。宝宝的这种听觉反射只是简单的"惊吓反射"，是很正常的神经反射。听力没有问题的新生宝宝都能听到声音，但是分辨不出各种声音是怎么回事。一般来说宝宝对柔和、缓慢的声音更为喜爱，对尖锐、嘈杂的声音会表现出烦躁和不安。所以可以在宝宝醒着的时候放一些轻柔的音乐，音量不要大，时间也不要长。另外家人最好能跟宝宝多说说话，亲切而温馨的话语，会让宝宝感受到他周围的环境是安全的。当宝宝睡着的时候则要尽量保持安静，给宝宝一个优质的睡眠，才能使他们快快长大呀！

○ ● 柔和的光线

对于刚出生的宝宝来说，强烈的光线也是让宝宝非常不舒服的。怀孕的时候我就听说，当有一道强光照过肚子的时候，胎宝宝就会本能地用小胳膊来挡眼睛呢。这一点我们还是很注意的，在医院的时候，白天光线强时会拉上一道窗帘，夜里也尽量开床头灯而不开屋顶的大灯，实在不方便要开大灯时就用一块布挡在潇潇的小床上。

○ ● 温暖的怀抱

记得潇潇出生后的第二天夜里总是哭，检查了也没尿没拉的，奶又刚喂过，真不知是怎么回事。那天老公"值班"，实在没办法了，他就一直把女儿抱在怀里睡。也奇怪了，只要她爹一抱，小妞儿就踏实地睡了。老公自己也困得不行，靠在床边打起了瞌睡，猛一惊醒时，被吓了一大跳：真是危险，万一把宝宝掉到地上可怎么得了！不过爸爸妈妈温暖的怀抱，的确是宝宝喜爱的安全的港湾。后来我们就猜测，女儿刚来到这个世上，一定是对这里的环境不适应，当爸爸抱起她，在爸爸温暖的臂弯里，她有了安全感，自然也就不哭闹了。

○ ● 舒适的环境

潇潇出生在雪花纷飞的季节，虽然室内有暖气，可我们还是觉得她那么小，没什么热量，所以总给她盖得严严实实的。有一次护士到病房来一看，立刻给潇潇掀掉了一层被子说："不能盖这么多！"原来宝宝不能冻着也不能捂着，爸妈们摸到宝宝的小手小脚凉凉的其实不用奇怪和担心，那是因为小宝宝的末端血管还不发达，所以手脚总是偏凉的，如果手脚摸上去热乎乎的，宝宝其实就嫌热了。

因为有暖气，北京的冬天特别干燥，老公后来还从家里拿来了加湿器。想想宝宝原先在妈妈肚子里的时候，周围可都是水，这一出来哪经得起这么干燥的环境呀！不过用加湿器的时候也要注意，别直接对着宝宝，那样太潮湿了也容易使宝宝感冒的。

说到感冒，潇潇刚出生那几天，经常打喷嚏，我们总担心是不是着凉感冒了。问了医生才知道，由于新生宝宝对环境比较敏感，空气中悬浮的尘埃、丝絮等都有可能让他们打喷嚏。这么小的宝宝一般是很少生病的，所以新手爸妈们不用太紧张哦！

其实说到底，也就是要给新生宝宝创造一个像妈妈子宫一样舒适的环境，让宝宝慢慢地适应、认识、接受、融入这个五彩缤纷的大千世界！

Part 2.宝宝的胎便

潇潇出生后的第一夜可真不轻松，虽然我一直躺在床上不需要下来亲自动手伺候，但小妞儿这一夜无数次的哭闹，真让我怀念怀孕的日子，那时候虽然辛苦，却不会有人来打扰我睡觉呀！

要问小妞儿为何总是哭呢？原来是胎便惹的祸。半夜，刚喂过牛奶，睡了一会儿潇潇就大哭起来。"值班"的老公和妈妈按惯例先检查小屁股，一拉开尿布，他们便笑道："拉臭臭了！"我忙问："是胎便吗？"老公也是第一次见这玩意儿："应该是吧，黑黑的，还黏糊糊的。"

以前我看过一个电视剧里演一个宝宝出生后不排便导致死亡，说实话我也有点小担心呢。如果24小时内都没有胎便排出，就要注意了，应该检查宝宝是否有消化道畸形，也就是因为肠道堵塞而排不出胎便，尽早发现尽快治疗才能挽救宝宝的生命。当听老公和妈妈说潇潇开始排胎便了，我心里的一块石头也算落地了。其实一般来说宝宝都是健康的，看来这当妈的就是担心的事情多呀！

潇潇的胎便还挺正常的，直到第二天，一共排了四五次又黑又黏的便便，总算把胎便排得差不多了，听他们说，每次的量还不少呢。我心想，潇潇出生时的体重是六斤四两，要是把这些胎便的重量都减掉，岂不是只有五斤多！不过这可不是随便能减的哦，胎便还是留着宝宝出生后再排才正常。

我在做手术的那天一大早，医生先给我破了水，目的就是想看看羊水是否还清澈，如果羊水混浊，就说明胎宝宝已经在排胎便了。准妈妈怀孕20周后，胎儿就开始有了肠道分泌物，主要成分是肠壁上皮细胞、胎毛、胎脂、胆汁黏液及宝宝吞咽的羊水中的部分固体成分。墨绿色，很黏稠，越往后就越多。由于我当时过了预产期七天了，又已经用了两天的催产素，医生担心会引起宝宝在子宫里排便。不过检查之后发现羊水还是清澈的。幸好是清澈的，不然还是挺危险的，有一种新生儿的疾病叫做"胎便吸入综合征"，就是胎宝宝吸入了羊水中的胎便引发的,有引起死亡的危险。所以过了预产期的准妈妈还是要注意一下这个问题的。

胎便的尽快排出还有个好处呢,胎便当中含有胆红素,排得快可以减少新生宝宝胆红素的再吸收,能减轻黄疸程度并缩短黄疸发生的时间。小妞儿排得算快的了,之后黄疸很轻,消失得也快,我想应该跟这有点关系。要想让宝宝的胎便尽快排出也有办法,母乳能促进宝宝的排便,所以吃了母乳的宝宝会排得快一些。当然像潇潇这样前三天没有母乳吃的宝宝就要注意适当补充水分,每两顿牛奶之间喝一点水,促进排便,而且多排小便也能减轻黄疸。

顺便说一说黄疸,姐妹们也不用太担心,大部分新生宝宝都会发生黄疸,一般第二三天出现,第五六天达到高峰,然后就逐渐下降,一般都会自行消失。有的宝宝是因为吃母乳,所以黄疸更严重,这是因为母乳会使肠道重新吸收胆红素,停上两三天就会明显减轻。我有个好朋友的女儿比潇潇小三天,就是母乳性黄疸,后来停了几天的母乳才恢复正常了,那几天朋友不得不用吸奶器解决涨奶之苦。不过如果黄疸出现过早,持续时间过长,就应该注意是否是病理性黄疸了,要及时治疗才行。

胎便很黏,时间一长就发干粘在宝宝的小屁股上,很不容易擦掉。我们一开始准备了不少湿纸巾,可是总擦不干净。于是妈妈在小盆里倒上一些温水,用纱布给小妞儿轻轻地擦洗,总算洗干净了。其实无论是粘在宝宝小屁股上的胎便还是以后的便便,都应该用水洗干净,只用湿纸巾擦可不行,不容易彻底擦干净,脏东西会刺激宝宝幼嫩的皮肤。而女宝宝就更应该注意清洁卫生了,擦的时候应当从前往后擦,尽量不要弄脏女宝宝的生殖器部位哦,然后再用水清洗干净。

Part 3.小小肚脐保护好

住院的那几天，护士过来推荐我们用一种除黄疸的药，是一个小肚围，在肚脐的部位有药，说是围在宝宝的肚子上就能起到治疗的作用。这药到底有没有作用我们就不得而知了，但是想到这个小肚围可以保护宝宝的肚脐，还不错，我们就买下了。

小小肚脐作用大，这里可曾经是妈妈给胎宝宝提供营养的必经之路呢。宝宝生出来后脐带被剪断并结扎，就形成了肚脐。其实对于新生儿来说，这里就是一个伤口，需要被小心护理才是。

◯ ● 防止发炎

肚脐处有很多褶皱，而且又凹陷着，很容易滋生细菌，引发炎症，严重的话还可能发生败血症。在医院的时候有护士每天给小肚脐清洁、上药。第七天小妞儿的肚脐就结痂脱落了。这时还需要继续护理一段时间，我们专门买了一瓶碘酒，以便出院回家时给潇潇洗澡后擦肚脐用。

姐妹们要记得经常检查宝宝的肚脐哦，保持小肚脐的清洁干燥，不要被大小便污染了。如果是用尿布的宝宝，不要把尿布盖在宝宝的肚脐上，把尿布多余的部分往下折叠；用纸尿裤的宝宝，妈妈们可以选择新生宝宝专用的纸尿裤，超市里就有这样的纸尿裤，在肚脐的部位有个凹槽，防止小便流到肚脐上。

◯ ● 不能受风

虽说如今流行露脐装，可从中医的角度来说，还是不要露着肚脐为好，从小妈妈就告诉我们肚脐不能着凉，否则肚子会疼。当然小宝宝就更经不起凉着了，肚脐着凉容易拉肚子。在医院买的那个除黄疸的肚围是一次性的，用了几天就被我们扔掉了，回家后还是得护着点小肚脐才行呀。

我买回来几个三角形的肚脐带，绳子分别系在宝宝的脖子和腰上，可是不太好用,宝宝稍微一动,肚脐带的位置就偏了。后来我又买了两条肚围,好一些,如今夏天给小妞儿穿小裙子的时候,肚肚那里空空的,我还给她围上一道,只是长度不太够,被我加了一截。

○ ●一次小状况

虽然我比较注意对潇潇肚脐的保护,但在她14个月的时候,还是发生了一次让人担忧的小状况。有一天我给潇潇换纸尿裤的时候闻到潇潇身上臭臭的,一开始还以为她拉"臭臭"了,结果不是,仔细一看,才发现小妞儿的肚脐有点发红,还湿湿的。我用毛巾一擦,竟然擦下好多脏东西。难道小肚脐发炎了?我有点小紧张,还带着潇潇到医院检查了一下,医生说没什么大问题,注意清洁,实在不行可以擦点红霉素。

回家后,我倒了些温开水,用纱布轻轻地给她擦洗,然后给她抹了点眼药膏,两天后就不红也不臭了。我一回想,可能是上次给潇潇洗澡,忘记把肚脐擦干,残留在褶皱里的水把里面的皮垢泡烂了引起的气味和发红,看来以后一定要注意保持宝贝肚脐的干燥了。不过也不能随便在上面抹爽身粉、痱子粉什么的,一般用柔软的毛巾轻轻擦干就行了。

Part 4.宝宝的眼睛有毛病吗

剖腹产手术后第二天下午,拔掉导尿管后我便可以下床活动了。虽然刀口很疼,但我总算可以好好看看我的小宝贝了。正好当我站在小床边的时候,潇潇醒着,眼睛使劲儿地想睁大看看妈妈呢!可是让我大吃一惊的是,我发现小妞儿的两个眼珠子常常不是往同一个方向看,难道是斜眼儿?

我有个亲戚就有一只眼睛是斜眼儿,你觉得他在看你的时候他其实在看别处,你以为他看别人的时候其实他在看你。这眼珠子斜斜的,不但影响美观,还影响视力,对他自己来说也是一种心埋上的创伤。我女儿要是也这样,那可怎么办?我连忙问妈妈,她说那个亲戚是因为他小的时候,家在农村,家人都要忙着下地干活儿,没人顾得上他,把他放在小床里,他就总是朝着门口有亮光的地方看,结果就成了现在这个样子。小宝宝都喜欢朝着有亮光的方向看,一般居室的房间都会有一边亮一些,一边暗一些,所以一定要记得把宝宝的小床两头的方向经常换一换,宝宝就不会只朝一侧斜着眼睛看了。于是从那开始,我们每隔三两天就给潇潇的床调换一次方向。

过了一段时间,新的担心又来了,潇潇已经能经常注视着前方的物体或人了,但是看上去似乎又有点像对眼儿了。不过当我把手上的玩具移动的时候,她的目光会跟随着移动。我突然想到,该给小妞儿买个音乐床铃,挂在小床上方,不但有好听的音乐,还会转动,这样潇潇就不会总盯着一个物体看了。于是,我就买回来一个,伴随着动听的音乐,床铃上的小兔子来回旋转,潇潇特别高兴,而且我看到她会随着小兔子的移动而转动眼球呢!

新生儿的眼球发育还没有成熟,双眼无法相互配合完成运动,缺乏用双眼注视物体的能力,大多数新生儿都会出现暂时性的两眼斜视。妈妈们一旦发现宝宝的这种情况,不必惊慌,只要积极采取预防措施,就可以避免宝宝发生斜视了。除了经常变换宝宝睡觉的方位、多角度悬挂玩具,还应当经常把宝宝抱起来四处走走。小宝宝对周围的世界充满了好奇,在他注视身边这些新鲜事物的时候，其实也在锻炼自己的眼球。

　　但是也不要以为新生儿斜视是正常现象，长大了自然会好的，就对其不管不问，一定要及时预防和治疗。眼睛是心灵的窗口，漂亮的眼睛、良好的视力对每个人来说都是非常重要的。如果不及时采取措施，像我那位亲戚一样，真的就会给宝宝留下终身的遗憾呢。幸好我们注意到了这个问题，潇潇的眼睛很快就不斜也不对了，看东西时很正常，虽然小妞儿迟迟不变双眼皮，让俺有点小郁闷，不过小妞儿的眼睛还是很有神也很好看的呢。

Part 5.我的宝宝不吐奶

月子里的某天夜里，我迷迷糊糊听到潇潇在小床上有动静，一看时间，刚喂完母乳被哄睡没多久，她怎么就醒了？打开灯走到小床前一看，潇潇枕头上湿了一大片，还有白白的东西，是吐奶了！虽然我知道新生儿吐奶很常见，是因为他们的胃贲门部位不能很好地闭合，吃进去的东西容易往回流造成的，并非什么疾病，但当我真的看到自己的宝宝吐奶时，还真是有点不知所措。我赶紧抱起潇潇，一边给她清理"战场"，一边心里可惜着：本来那时候母乳就不是很充足，好不容易让她吃了点儿，又被她全部吐出来了。

其实潇潇平时很少吐奶，这次吐奶有两个原因：

一是喂完奶后我没有给潇潇拍后背让她打嗝。因为这顿母乳是晚上睡觉之前喂的，当时我自己就很困，再加上潇潇吃完的时候已经睡着了，我怕一拍又把她弄醒了，所以就直接把她放在小床上睡了。所以小妞儿吐奶后，俺那个自责呀！

喂奶后给宝宝拍嗝是预防吐奶最好的办法了，在医院的时候医生就是这样教我们的。宝宝在吃奶的时候，容易把空气同时吃进去，特别是用奶瓶喂时，空气很容易从奶嘴的孔里一起进入宝宝的嘴里(市面上有防吐奶的奶瓶卖，实际效果如何，由于我后来实现了纯母乳喂养就没试验过，如果是喂奶粉的宝宝，妈妈可以买来试一试)；喂母乳还好一些，因为宝宝的舌头紧紧地裹着乳头，口腔里形成真空，但是有时候也难免会有空气被吃进去。吃完后，把宝宝竖起来，一只手抱着宝宝，一只手轻轻拍宝宝的后背，让宝宝打嗝，把空气排出来，再躺下时胃里的食物就不容易随着空气一起被吐出来了。

还有一点要注意，刚吃饱的宝宝如果没有睡，很多父母喜欢逗孩子玩，抱在手里忽悠来忽悠去的，这样可不行，试想一下，就是我们大人刚吃饱饭也经不起这样折腾呀！最好是把宝宝直立着抱一会儿。

第二个原因，有可能这次潇潇吃的母乳太多了。虽然那时候母乳还没有完全够吃，但是我每天下午给她增加了一顿牛奶，母乳攒到晚上睡前吃的时候还是挺多的，记得那天喂奶之前就感觉很胀，小妞儿也不知道饿饱，一口气吃了个精光。吃得太多了，身体自然会作出反应，那就是把多余的部分吐出来。因此姐妹们可要注意了，宝宝吃奶也未必是越多越好，要适量才行。就是以后吃辅食也是这样，并非多多益善。

这之后我一直很注意，潇潇几乎没再吐过奶。

不过对于大多数宝宝来说，再怎么小心，也难免会遇到吐奶的情况，毕竟这是宝宝的生理条件决定的。为了防止宝宝吐出来的液体被吸进鼻子导致窒息，要尽量让宝宝侧躺着睡，也可以把宝宝的上身稍微垫高一点。另外对刚吐完奶的宝宝，不要立刻就喂水或再次喂奶，得容宝宝的胃缓过劲儿来呀，过上这么二三十分钟再喂水就没问题了。

还有一点让爱干净的姐妹们很是烦恼，那就是宝宝一吐奶把衣服、被褥弄得哪儿哪儿都脏兮兮的，而且奶渍是很不好洗的。俺也是有点洁癖的，不过我想了个办法，那就是把潇潇不用的尿布再利用上，在她的脖子上围上一圈，再在头下面垫一块儿，这样就好多啦！

6.宝宝爱洗澡

在医院的那几天，每天上午护士都会来把宝宝们抱过去洗澡，那时候我们就发现潇潇小朋友很喜欢洗澡，别的宝宝从头到尾一直在哭，潇潇却似乎很享受洗澡的过程，直到离开水才开始哭。不过看到护士娴熟的动作，我们都有点担心，怕回家后自己不会洗，新生儿那软绵绵的身体洗起来还真是个技术活儿呢，要认真仔细做好每一个步骤。

出院后这个艰巨的任务就落到了潇潇外公外婆的身上。俺这身子骨不是还没恢复嘛，潇潇她爹白天又不在家。因为潇潇出生在寒冷的冬天，我们都会选择一天中最暖和的中午给宝贝洗澡。我们家的暖气一直不太好，除了开浴霸，老公还专门买了一台红外线的取暖器，卫生间的温度就能达到24~26摄氏度的样子了，这样才能保证小妞儿洗澡不会着凉。

洗澡前不能喂奶，要在宝宝吃奶后一个小时左右给宝宝洗澡，否则宝宝的胃会不舒服的，也容易吐奶。我每天午饭前先给潇潇喂奶，然后她小睡或玩一会儿。我们吃完午饭再做做准备工作，也就差不多一个小时过去了。

准备工作要充分，因为从脱衣服到穿戴好抱出来，都要在温暖的卫生间进行，防止出来着凉。抱被、浴巾、内衣、纸尿裤、润肤霜（北京的天气实在太干燥，潇潇刚出生的时候小脚丫都有点裂了，所以每次洗澡后都会给她擦一点润肤霜）、爽身粉，一开始的几天还要准备碘酒擦小肚脐。

东西拿好后，开始往浴盆里放水，水温控制在37~38摄氏度。为了安全起见，我还买了一个小鱼形状的水温剂，不但实用还可以当宝宝的玩具呢。如果洗的过程中水凉了，加热水的时候一定要把宝宝抱起来，这么小的宝宝被烫伤了可不是闹着玩的。另外，新生儿实在是太软了，为了洗起来方便一些，最好在浴盆上装个沐浴网，这样宝宝躺在上面，大人手稍微扶着点儿就可以了。

给小宝宝洗澡的过程中也有一些需要注意的地方：洗澡的动作要轻柔且

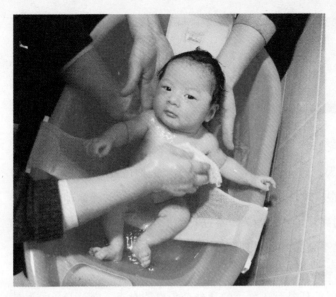

敏捷，时间不要太长；洗头的时候一定要注意不能让水流进耳朵里，防止引发中耳炎；宝宝的小手总爱抓得紧紧的，要轻轻地使小手张开洗干净；给女宝宝洗小屁股的时候要从前往后洗；在冬天不必天天洗澡的情况下，每天也是应该洗屁股的哦，同样也是采取这样的顺序；大部分新生儿身上都会掉一层皮，不能用手撕，防止伤到宝宝的皮肤，潇潇满月以后这层皮才掉干净，每次洗澡的时候，我们都会轻轻地把皮快脱落的地方洗干净。

宝宝身上有胎垢，有一些传统说法，说囟门处的胎垢不能洗，可是那多脏呀！其实胎垢还是应该洗掉的，不过这东西很难洗。怀孕的时候妈妈从老家带了些皂角过来，用来给宝宝洗胎垢。把皂角敲碎用水浸泡一天，过滤后的水洗胎垢非常好用，不过也要注意一点，皂角水是有刺激性的，一定要避开宝宝的眼睛哦。另外还可以买一瓶婴儿润肤油，给宝宝全身抹上，软化胎垢，洗的时候也就容易多了。而囟门处的胎垢洗的时候只要注意动作轻柔就没什么问题。

给潇潇洗澡的时候，我看到宝宝的乳头是凹进去的，想起在医院的时候曾听隔壁病房的老人说起给女宝宝挤乳头的事情。似乎有这样的说法，给新生的女宝宝挤乳头，以后她们长大了就不会发生乳头凹陷的问题。我们当时觉得挺玄的，没理会。后来听医生说，宝宝的乳头是不能挤的，容易引起炎症，而且挤完以后不会凹陷的说法也不科学。

每次给潇潇洗澡，爸爸妈妈都累得大汗淋漓，实在是费劲儿。我负责在旁边当小工。终于洗完了，要赶快把宝宝用浴巾包起来擦干，下一个步骤是擦粉。前面提到过，女宝宝最好不要用爽身粉，对卵巢不好，我给潇潇买的是松花粉，植物的就没问题啦,当然给宝宝擦小屁屁的时候尽量不要擦到里面去。

　　穿戴完毕后,要给宝宝补充一些水分,母乳喂养的宝宝吃一点母乳也可以。别以为这个过程只有大人辛苦,其实宝宝也很累哦,要消耗不少体力呢,特别是要流失很多水分。喝点水或母乳,浑身干干净净的宝宝会甜甜美美地睡上一觉哦!

Part 7."小小美人鱼"

潇潇出生第六天,我们就在医院让她游了一次泳。护士阿姨将婴儿泳圈套在潇潇的脖子上,上下两个搭扣扣好,缓慢地把小家伙放进满满一池子水里,游泳圈上有个小按钮,一按还能放音乐呢。小妞儿第一次下水就一副很享受的模样,一点儿都没有哭。漂浮在温暖的水里,小人儿还时不时地伸伸胳膊踢踢腿,有一会儿竟然还睡着了。护士轻轻拉拉她的小手,她又活动开来。一刻钟后结束了第一次游泳,抱起来时潇潇却哭了,似乎是舍不得离开水呢!小宝宝喜欢水还真不假,想想他们在妈妈肚子里的那段时间不就一直在水里泡着嘛,婴儿可是天生的游泳健将呢。

游泳后的那天下午,小妞儿竟然拉了三次"臭臭",我们心想难道是着凉了?不过游泳室里的温度有26~28摄氏度,水温也有36摄氏度左右呢。问了医生才知道这是游泳的"后果",游泳可以促进宝宝肠胃蠕动。

◯ ● 婴儿游泳还真是好处多多

1.刺激婴儿大脑神经的发育:经常游泳的宝宝更聪明,游泳时水对宝宝皮肤的冲击以及宝宝全身的运动,能促进大脑对外界环境的反应能力及对身体运动的控制能力;

2.增加婴儿的肺活量:游泳时水对胸廓的压力能促进胸廓的发育,增加肺活量;

3.锻炼婴儿的心脏:在水中,水的浮力减轻了重力对血液循环的影响,为心脏的工作提供了有利条件,而且水对皮肤上血管的压力又能起到类似按摩的作用,促进宝宝全身血液的循环;

4.促进婴儿骨骼发育:有经常游泳的宝宝长得快、长得高的说法,这也不是没有道理的,宝宝在水中全身的关节、肌肉和韧带都能得到舒展,而游泳这种全身运动也锻炼了宝宝的骨骼,促进了骨骼的发育;

5.增强婴儿的消化吸收功能:宝宝在水中要消耗大量的能量,水对宝宝身体的压力会促进肠道的蠕动,这样自然就促进了宝宝排便并增强他们的食欲了;

6.提高婴儿睡眠质量:游泳消耗体力,出水后宝宝会感到疲劳,当然会睡得很香很沉了;

7.帮助婴儿形成健康快乐的情绪:水的压力、浮力,水波和水流的冲击力温柔地抚触宝宝的身体,使婴儿产生一种愉悦的情绪。

既然婴儿游泳有这么多的好处,那可得经常让潇潇游才行。可是出院后怎么办呢?我考虑再三,觉得经常带小妞儿到外面游泳,一是天气太冷路程太远不方便,二是游一次泳要好几十元钱也太贵了,还不如自己备一套设备!于是出院后我就从网上订购了婴儿游泳池、泳圈。如果作长远打算,游泳池可以稍微买大一些,不过有点费水;游泳圈则需要根据宝宝年龄大小来买,不能太大也不能太小。

◯ ● 宝宝游泳的注意事项:

1.给宝宝游泳与洗澡一样,要作好充分的准备,而且要在喂奶一个小时后再进行。

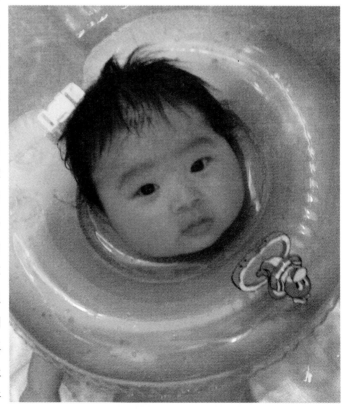

2.这么大的一个游泳池要放满水,每次前后都得放上半个多小时,我们家的电热水器容量不够大,刚放一点就没了,还要用锅烧,烧开了再加凉水。往游泳池运开水和倒开

水的过程,一定要注意安全,这滚烫的开水无论是烫着宝宝还是大人都是很危险的。水温在 36~38 摄氏度,用水温计测就可以啦。

3.室温尽量保持在 24~25 摄氏度,夏天没什么问题,冬天可以开空调,北方有暖气就不冷了。

4.游泳圈每次用之前都要充好气,检查是否漏气,给宝宝套上后把安全搭扣系好。

5.宝宝下水前可以先用毛巾把宝宝身体擦湿,让他们先适应一下,再慢慢地把他们放下去。

6.宝宝游泳的时候大人一定不要离开哦,以防特殊情况的发生。有的时候宝宝游着游着,泳圈和宝宝的下巴之间会有水,要注意不能让水进入宝宝的耳朵和鼻子。

7.每次游泳的时间为 15~20 分钟,时间太长了宝宝会太累受不了的。对于新生宝宝来说,大人可以在旁边时不时地拉拉他的小手小脚帮助他活动,大一些的宝宝自己就知道运动了。

另外,为了增加宝宝的兴趣和乐趣,还可以在水里放一些小玩具,我买的小鸭子和洗澡书每次都陪着潇潇在水中一起玩耍,小妞儿在水里游得可起劲儿了,要不是出于安全考虑,还真想让她在水里多玩会儿呢,每次游 20 分钟就把这条"小美人鱼"给捞出来了,小妞儿都不太情愿呢。

不过在潇潇七个多月的时候,刚从老家回到北京,因为隔了一段时间没游,第一次游泳时小妞儿竟然很害怕,也许是在水中失去平衡没有安全感了吧。于是我不得不下水当起了陪练,幸好买的泳池大,两个人也能活动开。不过这种感觉真是不错,看来游泳还能增加父母与孩子的感情呢!

自己在家游泳唯一的缺点就是太浪费水了,每次游完后看着那一池子水哗哗地流掉真让人心疼。俺这抠门儿娘便每次都在小妞儿游完后跳进去洗个澡,然后这些水还可以洗衣服(第一遍),还可以拖地,哈哈,节约水资源,时刻不能忘呀!

Part 8.五花大绑

　　每次洗澡或游泳后,给小妞儿穿戴完毕,用抱被一裹,潇潇外婆都会用两条红带子把小妞儿五花大绑起来。传统观念认为,把婴儿的腿拉直绑紧了,婴儿长大以后腿才直,不会形成罗圈腿。我总感觉这种说法有点玄,每次都会在一边嚷嚷:"绑松点儿,绑松点儿!"

　　到底该不该包裹婴儿呢?潇潇刚出生的那几天,每次洗完澡擦粉穿衣服的时候都会哭,但是只要护士一给她包好,她就会安静下来。看来把新生儿包裹起来会让宝宝感到有依靠,有安全感。而且新生儿太小,穿裤子也不方便,用抱毯、抱被包起来就方便多了。不过系带子的时候一定不能系得太紧,否则不但对宝宝将来的腿形没有任何好处,还有很多副作用:

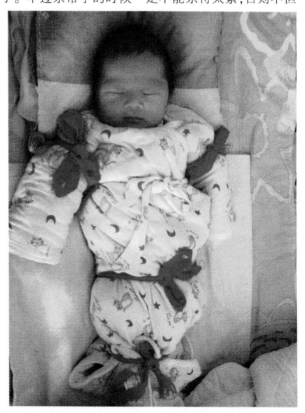

　　1. 不利于血液循环:用带子紧紧地把宝宝绑起来,难免会勒着宝宝的身体,外围的血管如果正好被带子勒着,血液循环就会受到阻力,从而影响宝宝的身体健康;

　　2. 影响肺的发育:宝宝胸部被绑得太紧了,会使呼吸受到影响,特别是哭的时候肺的扩张受到限制,影响肺的

114

天啊！我该拿你怎么办

发育；

3.容易造成宝宝髋关节脱位：把宝宝的腿拉直绑紧了，不但不会制造美腿，还会使大腿骨肌肉处于紧张状态，容易使股骨头错位，不利于臼窝的发育，也容易引起髋关节脱位。

我把这些危害告诉潇潇外婆后，她也不再给小妞儿捆绑了。冬天怕被子盖不住，就给潇潇穿上睡袋，潇潇的手脚都可以自由活动了。其实在妈妈肚子里的时候，胎宝宝就是四肢蜷缩着的，出生后他们还是习惯这样的姿势，妈妈们就由宝宝去好了，给孩子自由，要从穿衣睡觉开始哦！至于腿直不直，我想更多取决于遗传吧。

Part 9.宝宝需要睡头形吗

新生儿的头的形状似乎都不太好看，特别是顺产的宝宝，经过产道的挤压，脑袋往往会被挤得长长的、尖尖的。潇潇是剖腹产出来的，还好些，不过后脑勺也凸起来好高，看着怪怪的。老公很多次语重心长地提醒我："一定要注意潇潇睡头形的事儿，很多五官不正的人都是因为小时候把头睡偏了。"不知道老公是从哪里得出的这个结论，不过一开始我还真为了小妞儿的头形问题大费脑筋。

原先买的定型枕，中间有一点弧度凹进去，如果宝宝真的睡成这样的形状那就太完美了。可是这枕头太软了，根本就没有用。而且潇潇每次睡觉的时候，头总是侧向一边，任凭我们怎么摆正了，她总是不听话。

买这个枕头的时候，我还看上了一个茶叶枕，这个枕头气味清香怡人，闻着特别舒服。而且听说茶叶枕有助于睡眠，所以也买了下来。于是我又用这个枕头试试，我把中间摁进去一个小坑，与那个定型枕的形状看起来差不多了，再把小妞儿的脑袋枕上去。不过人家仍然我行我素，把头侧向一边，才不管将来头偏不偏、五官端正不端正的大事呢！

再试试朋友送的蚕沙枕，得到与用茶叶枕一样的结果。

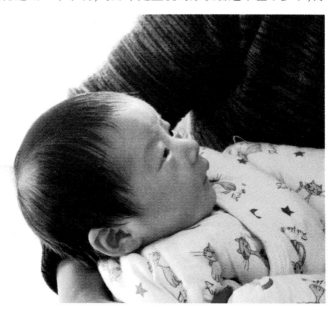

　　无奈，我向孩儿她爹求教，这头形到底要怎么睡呢？老公说用小米做枕头，小米的塑形效果好，把中间摁个坑，两边稍微弄高一点，可以固定住潇潇的头，不让她来回动。据说他小时候就是用这样的方法睡出了一个完美的头形。于是潇潇外婆连忙赶制了一个小米枕头，到底效果如何呢？哈哈，自然也是白费工夫，任凭小米的塑形效果如何好，小妞儿还是会侧过头把枕头两边被弄高的地方压垮。其实我心里还担心呢，一是小米枕头太硬，怕潇潇枕着不舒服，二是万一小米生了虫，那多恶心呀！

　　就这样折腾来折腾去，似乎没有什么好方法。不过小妞儿很争气地自己长了个好头形。后来我才明白，这头形不是睡出来的，宝宝一周岁以内，头长得非常快，头形很容易因为内力作用不匀称，后脑勺两侧长得不一样高，看起来有点偏。不过大部分婴儿的这种现象会随着年龄的增长慢慢消失，这就像腿直不直不是绑出来的一样，头偏不偏也不是睡出来的。所以姐妹们不用费劲儿地去找各种各样的枕头来给宝宝睡头形，枕头关键是要让宝宝睡得舒服才行。现在由于潇潇小朋友睡觉的姿势非常"野蛮"，枕头不是被压在肚子下面就是到了脚底下，所以我干脆不给她用枕头了。我想，我跟老公的五官都算端正，小妞儿的也不会歪到哪里去吧！

Part 10.宝贝，为什么爱哭的总是你

月子里潇潇留给我最深的印象就是爱哭，一睡醒就哭，哭起来那叫一个"惨烈"，小脸涨得通红，气都快接不上来了。我有位好友，她女儿比潇潇小三天，听她说她女儿几乎不怎么哭，就算肚子饿了也只是哼哼几声，吃饱就满足了。我真是羡慕呀，我女儿这如此刚烈的性格真是让我抓狂！

要解决这个烦恼，还得"对症下药"，小妞儿到底为何这么伤心，总是哭个不停呢？

每次我都先检查她的小屁股，这小家伙拉了"臭臭"就哭，有时候还没开始拉就大哭起来，也不知道是不是小肚子疼。

换洗干净后如果她还在哭，那就是饿了，这小宝宝真是受不得一点委屈，忍不得一点饥饿，连冲牛奶那一会儿工夫也等不了，只要稍微慢一点儿她就气得不行。所以那时候我真是着急啊，母乳不够吃就是这点麻烦，不然随时供应，也不至于把小妞儿气成这样。

可是吃饱喝足了，潇潇小朋友还是会不满意，经常莫名其妙地大哭一阵子，害得我时不时就给她量体温，担心她是不是发烧或哪里不舒服，有几次差点去医院！不过听说新生儿很少生病的，事实上月子里潇潇也没有发过烧。

潇潇外公查了书，说宝宝突然大哭有可能是肠套叠，不过对比了一下，症状也不完全一样，肠套叠的情况下，宝宝会突然大哭，哭几分钟后就自己安静下来玩，过一会儿又突然大哭，潇潇哭完就好了，不会这样反复突然大哭。还有一种病，宝宝经常哭得憋气，满脸通红，有可能是疝气，但是检查了小妞儿的小肚子、大腿内侧，都没有硬块儿，也排除了这种情况。

我想来想去，潇潇这时的哭闹也许就是性格所致吧，每个婴儿都有自己的个性，朋友的女儿属于脾气好的那一类，而我的女儿却是个火暴脾气。当她躺得累了想起来活动活动，当她对大人抱她的姿势感觉不舒服了，当她饿了、累了、困了，不会用语言表达的她只能用哭闹来发泄情绪。

听很多过来人向我传授经验：宝宝哭的时候不要理他，让他哭几次以后就不会哭了。这个方法对于潇潇是绝对行不通的，如果不理她，她会气得上气不接下气，哭得死去活来的。

其实到底应不应该理会宝宝的哭闹呢？我还是觉得应该作出回应才对。如果宝宝哭的时候妈妈不去抱他，也许脾气好的宝宝一会儿就不哭了，但是脾气坏的宝宝会越哭越厉害，这对宝宝的身心健康是没有好处的。这么小的宝宝，他并没有多少意识，不会说因为一哭就抱而养成要人抱的习惯的。其实我们应该作个换位思考，宝宝成天躺在小床上，自己又不能活动身体，肯定会累的，假设是我们大人每天一个姿势地躺在那里，怎么能受得了！所以就算宝宝不哭，也应该在他醒着的时候把他抱起来活动活动，跟宝宝说说话，在家里四处走走。让宝宝感受到关爱，这对他的成长才是更有利的。

还好那段时间我们家人手多，潇潇的外公外婆和我，白天轮流抱着她跟她玩耍，晚上她爹回来后更是抱着她舍不得放手。虽然这样下来，大人会比较辛苦，但是事实证明，潇潇现在挺听话的，并没有动不动就要人抱或任何时候都黏人的毛病，而且也很开朗快乐呢！

姐妹们，如果你也摊上这么个爱哭的宝宝，也不用烦恼，首先排除是宝宝有身体疾病的原因，如果宝宝只是想要妈妈抱，那就抱一抱吧，毕竟妈妈是宝宝最温暖的依靠呀！

Part # 11.别把宝宝喂成小胖子

其实在应对潇潇爱哭的问题上,我们也曾走入过误区,那就是在她哭闹不休,实在没辙了的时候,不管她是饿还是饱,我们都给她喂牛奶,这样能让大家安静一会儿。可是这样做的结果是,潇潇一下子吃成了个小胖子!出生时只有六斤四两的她,满月那天一称竟然长到了九斤,一个月体重增加了二斤六两。按照第一个月里婴儿体重平均每天增加30~35克的标准,那么一个月体重增长应该是不到两斤,潇潇的体重比标准体重增量多了不少,从原先那个皮包骨头的小不点变成了肉嘟嘟的小胖子。

我可不希望女儿今后长成个胖丫头,影响美观不说,对身体健康也不利呀!人们都认为小宝宝越胖越可爱,从年画上的胖娃娃就可以看出来,从古到今都是这样的观点。当然小宝宝运动少,没什么肌肉,身体里的脂肪相对来说多一些也是正常的,但是如果过于肥胖就有问题了,预防儿童肥胖的形成,从婴儿时期就要注意。

意识到这个问题后,我们采取了相应的措施:

○ ● 不按厂家的配比冲调奶粉

一般情况下,厂家为了证明自己生产的奶粉好,能把宝宝吃得壮壮的,都会把配比写成奶粉量相对较多,奶粉含有大量的热量,吃得太多了自然会引起肥胖,通常我们见到的吃奶粉的宝宝比吃母乳的宝宝更胖些就是这个原因。而且很多奶粉都会上火,吃的量太大了也不好。所以我每次给潇潇冲奶粉的时候,要求是两勺的我就会每勺都不很满,要求三勺的我就装两勺半。

○ ● 两顿之间喂一些水

如果还没有到吃奶的时间,潇潇就哭闹着想吃东西,我就给她喂点水。如果宝宝不肯喝白开水,可以在水里面稍微放一点白糖,但是千万不要放太多了,宝宝可精着呢,喝甜水喝惯了的宝宝以后会不愿意喝白水的。

○ ● 实现纯母乳喂养

母乳比牛奶更容易消化,母乳里含的水分也更多,吃母乳的宝宝不容易变得很胖,就算是小的时候被养得胖乎乎的,不吃母乳后也会慢慢瘦下来。潇潇一个多月后,通过不懈的努力,我终于达到了这个伟大的目标。

○ ● 辅食也要控制量

对于胃口特别好的宝宝来说,开始吃辅食后也会吃得很多。那些宝宝不好好吃饭的妈妈就特别羡慕胃口好的宝宝能大口大口地吃饭。可是我细细想想,这样也未必很好,宝宝越能吃,妈妈越高兴,尽量让宝宝吃个够儿,这样不长成小胖子才怪！所以能吃的宝妈们也要注意给宝宝控制食量,如果宝宝实在是饿,就多喝点汤吃点水果吧。潇潇在这方面还没怎么让我发愁过,她乐意吃各种美食,但只要吃饱了,是不会再多吃一口的。

如今一岁半的小妞儿,身上虽然小肉肉也不少,但是身高体重都十分正常,是标准身材哦！我想,只要喂养方法得当,就一定会喂出健康宝宝的。

Part 12.与奶瓶的较量

　　吃奶嘴比吃母乳更省力更快，潇潇一开始是宁愿吃容易吃的奶嘴而懒得吃母乳的，那时候我们愁的是母乳不足，小人儿不吃。没想到一个月后，小妞儿开始拒绝奶瓶了，甚至到了奶嘴一碰到她的嘴就开始大哭的地步，实在是令人费解。

　　于是，一场与奶瓶的较量开始了。由于母乳还不是完全够吃，每天除了五顿母乳，还要给她加两到三次的奶粉，分别在上午十点左右和下午四五点钟这两个母乳分泌最少的时间。有时到了晚上八点半左右小妞儿也会饿，为了下一顿能饱餐母乳睡个安稳觉，八点半给她喝点牛奶。可不知为何，没过多久，一到八点半，潇潇就开始了对奶瓶的强烈反抗。而我们总担心饿着孩子，为了让小妞儿喝下这瓶牛奶，无论她是睡着还是醒来，我们都会弄醒她硬塞给她吃。小妞儿一碰到奶嘴就大哭，还用舌头拼命往外顶，可是她才是多大点儿的人儿呀，终究还是抵挡不住我们硬塞进去的奶嘴。老爹老妈轮流抱着，一边蹦蹦跳跳一边喂奶，小妞儿也只好无奈地一边哭一边喝，一瓶牛奶喝完，大家都累得筋疲力尽，真不知是在喂奶还是在打仗。

　　有一次无论怎样努力潇潇都不肯吃，大家都劝我给她吃点母乳哄哄她。我有点犹豫，担心这会儿要是吃了母乳，下一顿又会不够吃(那时候还没有完全意识到母乳越吃越多的道理)。但是女儿哭得一副惨样，我实在不忍心了，心想吃一顿算一顿吧！谁知潇潇一到我怀里就安静了下来(还是母乳好呀)，吃了几口就睡着了，看来也是哭得太累。到了下一顿的时间，小妞儿似乎并没有吃不饱的迹象，吃完后也是安然入睡。

　　第二天晚上八点多，小妞儿正熟睡着，我没再叫醒她，竟然也撑到了快到下一顿的时间，就这样自然而然又减少了一顿奶粉。我把给女儿喂奶的时间表又作了一下小调整，而纯母乳喂养也离我们又近了一步。

　　可是潇潇到底为何如此抗拒曾经钟爱的奶瓶呢？毕竟在这之后奶瓶还要

起到重要的作用,除了每天要加的奶粉外,还要喂水、喂果汁,如果小妞儿真的不肯用奶瓶了还是有点麻烦呢。我仔细想了想,宝宝拒绝奶瓶大概有这几个原因。

·不喜欢奶粉的味道:可以给宝宝多试几种奶粉,市面上有各种各样的品牌,总会有一种宝宝爱吃的吧。但是也一定有就是不喝牛奶的宝宝,那就想办法给宝宝吃他最爱的母乳吧,只要坚持,就一定能达到目标。幸亏潇潇还肯喝牛奶,也幸亏我不久后实现了纯母乳喂养。

·讨厌奶嘴的口感:这种情况一般也是会发生在混合喂养的宝宝身上的,一般奶瓶的奶嘴都相对来说比较硬,肯定没有含着妈妈的乳头舒服。那就去买母乳质感的奶嘴吧,好好找找就能找到,有卖的哦,尽量缩小宝宝吃牛奶和吃母乳时口感的差异。实在不行,只好用小勺喂了,只是更麻烦些了。

·也许根本就不饿:看来我们家小妞儿就属于这种情况。虽然小宝宝的饮食要定时,但也要根据实际情况来按需供应,不能按喂养时间表调整宝宝的作息时间,而应该按宝宝的作息时间来调整喂养时间表。因为小宝宝长得很快,每天都在发生变化,当然他的作息时间也不是一成不变的。另外,只要宝宝没什么特殊情况,睡觉的时候尽量不要叫醒他喝牛奶,他饿了自然会醒过来要吃的,不醒就说明没饿到那份儿上,尽管让他睡吧,多睡才能长大呀!

13.还是排便让人烦

如今小妞儿拉"臭臭"很正常,基本上每天一到两次。可是想当初,这排便问题还真是让人烦恼呢!

● 一天好几次

月子里,小妞儿一会儿就拉,一天要给她洗无数次小屁股。最烦恼的是每次拉"臭臭"之前都要大哭一阵子,真让人不知所措。掌握了她这个规律后,潇潇外公总是一边抱着潇潇一边非常耐心地安慰她:"潇潇好宝宝,要拉'臭臭'肚子疼,不怕不怕不要哭。"无奈小妞儿根本就听不懂,依旧哭她的。

我们担心她是不是真的肚子疼,可是卫生和保暖一直很注意,问题出在哪里呢?后来我想到还是在奶粉上,一开始我们总是用手触摸奶瓶感觉冲奶粉的温度,但是在用了热奶器之后才发现我们冲的奶粉温度有点低了。热奶器上有一个刻度是给宝宝喝的奶粉的温度——42度,摸起来是稍微有点烫手的,宝宝喝刚好。而且小宝宝吃起来很慢,往往吃到最后,奶粉都凉了,所以可以用两个奶瓶各冲一半的量,其中一个凉了就放进热奶器热一下,吃另一瓶。

还有一个原因,吃母乳的宝宝大便的次数会比较多,质地比较稀软,这是正常的,不用担心。潇潇那时候还是以吃母乳为主,所以一天有几次大便也不奇怪。

● 好几天一次

没想到,大便慢慢正常起来以后,新的烦恼又来了。小妞儿常常好几天才拉一次"臭臭",最多的一次隔了五天!怕她便秘,担心得以至于我们整天谈话就围绕着大便这个话题。看到书上说宝宝可以喝稀释的果汁,潇潇外公专门买了清热去火的梨回来榨汁,再对上凉白开,各一半,一次20毫升给潇潇喝。第一次还真起了作用,喝过果汁第二天一下子又拉了好几次。后来还试过酸奶,也是促

123

进排便的。

不过隔了五天的那次,我们从第三天就开始给潇潇喝果汁、酸奶,都没有见效。真是把我急坏了,生怕等真的想要大便的时候却又干又硬拉不出来。结果到了第五天,小妞儿不费吹灰之力就拉出了很正常的便便。

后来我才了解到,两个月左右的宝宝容易出现这种现象,这不是便秘,而是俗称的"攒肚"。吃进去的东西吸收得好,利用率高了,不像小的时候有一点就拉出来,要攒多一些一起排出来。呵呵,看来小宝宝们还挺为爸爸妈妈着想呀,怕我们一会儿就打扫战场太辛苦哦。不过从那时候起,我就养成了一个习惯,每隔一会儿就会弯腰低头去闻闻小妞儿的屁股臭不臭,老公感慨道:"也只有当妈的才能做到这一步呀!"

拉肚子

真正的拉肚子也遇到过一次,是在潇潇八个多月的时候,那时候正值夏天,别看夏天天气热,其实宝宝的肚子反而更容易着凉。因为穿裙子时肚子那里空空的,睡觉蹬被子又常常会把肚子露出来。还有个原因,我估计是那几天给潇潇喝了些排骨汤,宝宝的肠道功能还不太健全,这样油腻的汤容易引起腹泻,还是少喝为妙。这两个因素结合起来,引起了潇潇拉肚子。还好不是很严重,小妞儿自己似乎没有太大的感觉,不哭不闹的。只是大便次数有点多,而且有水样的东西排出来。我也没给潇潇吃什么药,过了两天就好了。当然,如果宝宝拉肚子比较严重,妈妈们最好还是带宝宝去医院检查一下。

这之后,只要不是太热,我虽然会给潇潇穿裙子,但会在小肚肚上围上肚围;饮食方面也注意了,尽量不给她吃太油腻的东西。

便秘

更让我忧心的是便秘。潇潇快一周岁时是冬天,北京的冬天非常干燥,人也容易上火。虽然每天都吃蔬菜水果,还是没能避免便秘。先是大便有些发干,一粒一粒的,发展到每次拉"臭臭"的时候,都能看到小妞儿在使劲儿,小脸憋得红红的。最严重的一次,我们正在吃饭(潇潇常常是一边吃饭一边拉"臭臭"),潇潇突然带着哭腔叫"妈妈",一看她满脸通红,我就知道又是拉不出来了。

我赶快把潇潇抱到床上,我们一商量,立刻决定灌肠。正好家里还有开塞露,是我原先怕生产后便秘而准备的,哪知道那时候出奇地顺利,就没用上。我和潇潇外婆都不敢上,毕竟这么小的宝宝万一碰伤了可就麻烦了。还是潇潇外公胆大心细,给潇潇上了药。一挤进去后,肚子会很疼,因为甘油会加快结肠运动,潇潇哭得很惨。不过一会儿工夫,这个难题总算解决了,小人儿也很快忘记了刚才的痛苦。

可是总这样下去也不是办法,后来我给潇潇买了些婴儿吃的秋梨膏,用水冲着喝。酸酸甜甜的味道潇潇十分喜爱,喝了几天后还真有效果,大便渐渐变软了,看来秋梨膏的去火功效还是不错的。小妞儿再大些,喜欢上了吃火龙果,火龙果也有促进排便的功效,而且营养丰富,姐妹们也可以让宝宝尝试一下哦,不过为了防止过敏,最好要到一周岁以后再吃。

14.爱上纸尿裤

还在怀孕的时候,就听很多老人提醒我:千万别给孩子穿纸尿裤,那不是好东西,不透气,捂得孩子不舒服。我自己也一直对纸尿裤心存疑虑,因为从我们女人自己的体会可以想象,纸尿裤会不会跟我们特殊时期使用的卫生用品类似,广告做得再怎么好,用上那个东西却总是别扭得慌。

可是俺现在却成了纸尿裤的忠实使用者,并且遇到准妈妈或是新手妈妈,都会很热心地建议她:还是用纸尿裤吧!要问我为什么给女儿使用纸尿裤,且听我细细道来。

○ ● 纸尿裤最方便

生产之前,我和潇潇外婆准备了很多尿布,我们估算了一下,一天得换个七八片,有两套才能换过来,要是赶上阴天下雨晾不干,就得再多准备一套,这样一来就得 30 片左右。而且宝宝一开始个头儿小,尿布要小一点,大了堆在身上不舒服;但是小宝宝长得是很快的,马上小号的又不够用了,还得再准备一些大一点厚一点的。我和妈妈专门找人买了很多做 T 恤的那种软软的棉布,自己裁剪,做了一大包尿布。

可是真的等宝宝生出来了,我们才发现原来用尿布是如此的麻烦!宝宝很小的时候每次小便间隔时间很短,一会儿就会尿湿一块尿布,问题是常常还会渗出来,把衣服、被褥全都弄湿了。小便还好洗点,要是拉"臭臭"就更麻烦了,蹭得到处都是且不说,那痕迹也是怎么都洗不清爽的。感觉那一段时间,潇潇外婆整天就被一大堆尿布困住了,总是洗啊洗啊,没个尽头。特别是月子里潇潇一天拉几次"臭臭"的频率实在是让人抓狂。我觉得有那么多时间,还不如好好跟宝宝玩呢。终于,那一大包尿布不久就被我们束之高阁了。

○ ● 纸尿裤透气性反而更好

在用了纸尿裤后，我惊喜地发现，女儿的小PP反而比原先更干爽了。以前用尿布的时候，尿了之后如果不能及时发现，湿湿的布捂在宝宝的PP上，只要一会儿工夫就会红红的，也就是所谓的尿布疹吧。但是用纸尿裤这样的情况反而少了。

用了纸尿裤之后，只要宝宝不拉肚子，小PP基本上没怎么红过。当然我也是试验了好几个牌子之后才选中了一种，每个宝宝的情况似乎不一样，有的适合用这种，有的适合用那种，妈妈们稍微做点功课就可以了。我真是佩服现在的科技，虽然纸尿裤比较费钱，可是人家做的还真是好呀！我就纳闷儿，咱们女同胞的那个东西为什么不能也做成这么透气的呢？

○ ● 纸尿裤保护了宝宝的隐私

每当出门，别人看到潇潇这么小就穿着闭裆裤时，都十分诧异，批评我为什么不给她开裆，为什么要给她用纸尿裤。

说实话，我非常反感让小宝宝露着小PP出现在大庭广众之下，再小的孩子也有尊严，虽然他自己不懂事，但是我们作为他最亲的人又是监护人，应该懂得尊重宝宝的隐私，把它保护起来。有了纸尿裤，可以不用给宝宝穿开裆的裤子，就算是开裆的裤子，也有个遮羞的东东呀。

有好多家长带着宝宝在外面玩，小宝贝们光着PP，随时随地大小便，也是我无法接受的，宝宝从小就没有公共卫生的意识，长大了也很难形成好的习惯。而且小宝宝什么都不懂，玩着玩着就光着PP坐到地上，多不卫生呀，特别是女宝宝,这样更容易引起疾病,作为妈妈,从小就应该好好保护女儿的私密部位才对。

○ ● 纸尿裤给了宝宝充分的自由

我很少给女儿把尿,一是宝宝这么大了,有了自己的意志,她不愿意大人随时要求她大小便,那姿势也很不舒服;另外一点,其实把尿对于宝宝的排便训练是没有太大的意义的。一般的小孩子都要到两岁左右才能自己控制大小便,才会知道在自己想要便便的时候告诉妈妈,让妈妈带他去厕所。在这之前给宝宝把尿其实是强迫宝宝在大人喜欢的时间排便, 这是一种剥夺宝宝自由的行为。而有了纸尿裤,宝宝无论什么时候想要排便,都可以很轻松地排出来,而我们大人要做的就是及时给宝宝清洁小 PP,这本来就是我们的任务。

当然纸尿裤也有它的缺点,一是价格比较贵,二是不环保。我认为,如果条件允许,还是可以选择使用纸尿裤的,从节约和环保的角度来考虑的话,宝宝在家的时候,在确保卫生的情况下,光 PP 就光一会儿吧,出去的时候再给他穿上纸尿裤,毕竟在家只有爸爸妈妈,总比对着外面不认识的人好。还有,如果到了晚上,还没到给宝宝洗澡的时间,宝宝却拉“臭臭”了,洗了 PP 换上干净的纸尿裤,过一会儿又要洗澡还得再换,就有点浪费了。所以我建议,可以准备几块尿布,这个时候就给宝宝换上尿布,纸尿裤节省一个是一个嘛!

那是不是用了纸尿裤就万事大吉了呢?当然不是,穿纸尿裤也要注意几点。

1.勤换:不能以为纸尿裤吸水性强就大半天也不换,再怎么透气性好,宝宝的 PP 也经不起这么捂呀!

2.勤洗 PP:宝宝只要大便,就一定要洗 PP,只用湿纸巾擦是不行的,因为脏东西会蹭在宝宝的小 PP 上,不用水冲洗很难清洁干净的,容易使宝宝的小 PP 变红。

3.根据宝宝身材选择合适的大小:宝宝生长得很快,纸尿裤如果不及时根据宝宝的身高体重变化更换型号的话,就容易使宝宝的大腿被勒出一道道的红印。有的时候腰贴硬的部分也容易划到宝宝的肚子,可能把宝宝幼嫩的皮肤都蹭破。

姐妹们,注意了这些问题,如果条件允许,那就选择使用纸尿裤吧,还宝宝一个漂亮迷人的小 PP 哦!

15.鼻塞到无法呼吸

潇潇一个多月时经常鼻塞，小鼻子发出呼哧呼哧的声音，一开始我担心是感冒了，不过证实身体没什么异样之后，看她似乎也不觉得难受，我也就没怎么在意。

可是有一天夜里喂奶的时候，潇潇吃着吃着，突然发出"哼哼"的打呼噜声，几乎没办法呼吸，奶也吃不成了。我见她那小模样很滑稽，忍不住笑了起来，可是又觉得很奇怪，怎么会发出这样的声音呢？而且吃奶吃得停下来喘气也是从来没有遇到过的情况呀！一定又是鼻子堵了，仔细一看，果然两个小鼻孔里都有黏稠的鼻涕，根本就没有缝隙用来呼吸了。

这可怎么办？我随手扯过一张纸巾擦，可是宝宝的鼻孔太小了，根本就不好擦，真让人着急，要是小妞儿自己会擤鼻涕就好了，可这要求对小宝宝来说有点太高了。我又找来棉签，想给小妞儿清理一下鼻孔，可是家里用的普通棉签有点粗，又怕碰伤了宝宝，实在是不太好用。费了半天劲，好不容易弄出来一点，潇潇勉强可以呼吸了，继续吃完母乳之后便睡觉了。但是我却劳神起来，鼻子总这样堵塞可不行呀，得想想办法。

第二天我翻了翻经常买婴儿用品的网站寄来的目录，想找找有没有什么清除宝宝鼻涕的好工具，一看还真有——吸鼻器，就是一个类似滴管的工具，说是可以把宝宝的鼻涕吸出来。我看着那样子应该挺好用的，连忙打电话订购了一个。东西送来后就打开试用，可不知道是我的技术不行还是怎么回事，怎么也吸不出来。一个小小的吸鼻器要二十多元，却一点作用也起不到。我又仔细翻了翻那本目录，发现还有两样东西可以试用一下，一个是宝宝专用的细棉签，还有一个是小镊子，一起买了吧。

宝宝专用棉签还真不错，非常细，棉签棒是纸质的，遇到水就变软了，不用担心像木质的和塑料的那么硬伤到宝宝。我先用小棉签沾上水给潇潇打扫鼻孔，比大棉签的确好用一些，不过也不能彻底清理干净，特别是有的时候宝宝的鼻涕在鼻子里的时间长发干了，就弄不出来了。这时候小镊子就派上用场了。这种小镊子前端非常细，可以伸到宝宝的鼻子和耳朵这些小孔里面，头是圆形的，可防止戳伤宝宝。不过用的时候还是要非常小心，毕竟镊子是硬的，姐妹们下手时可要又快又准，万一宝宝动，还得及时收手。有了这个小镊子，潇潇鼻子里的脏东东终于可以不费吹灰之力地夹出来了。

虽然有了这些工具可以解决鼻塞的烦恼，可是我还是觉得挺奇怪的，小妞儿又不感冒，为何总是鼻塞呢？好好学习了一下相关知识才知道，新生儿的鼻腔尚未发育完善，鼻腔短小，鼻道比较狭窄，鼻腔黏膜富含血管和淋巴管，一旦受到外界刺激后，鼻黏膜容易充血肿胀，使狭小的鼻腔更加狭窄，而且极易发生炎症，分泌物增多。新生婴儿一般不会主动张嘴呼吸，一旦发生鼻道堵塞，就容易导致呼吸困难，尤其是在吃奶的时候，鼻腔与口腔同时堵住，症状会更加明显。难怪那天夜里喂奶会出现那样奇怪的现象。

因为潇潇出生在冬季，屋子里特别干燥，这样的环境对大人来说，鼻子都会感觉不舒服，何况是如此娇嫩的小宝宝呢。如果偶尔再受到冷空气的刺激，肯定会加重鼻塞的状况了。因此整个冬天，我一直开着加湿器，家里的空气湿度总算高了一点。我还听说要经常带宝宝到室外活动，接触冷空气，也是对宝宝的一种锻炼。但是考虑到潇潇还太小，北京的冬天室外达到零下十度，就没带她出去，不过白天都会抱着她在阳台上做日光浴，同时把窗户打开，也能接触到冷空气。室内还应该经常通风换气，否则不新鲜的空气也容易让宝宝敏感的小鼻子受到伤害。

买回小棉签和镊子后，只要潇潇的鼻子堵住了，我都要及时给她清理，不然就会形成鼻痂。如果已经有了硬硬的鼻痂，可不能使劲拽出来，这样容易损伤宝宝的鼻黏膜。要用棉签蘸上水轻轻地湿润软化鼻痂，再用小镊子捏出来。

渐渐地，随着小妞儿长大，这样的鼻塞现象也越来越少了，看来小妞儿的小鼻子也锻炼得越来越坚强啦！

16.户外活动好处多

终于等到春暖花开的季节了,可以带小妞儿出去踏春喽,也不用再怕鼻塞的困扰了。

在小区楼下玩耍的时候,遇到一位小哥哥,听他的爷爷奶奶说,他都快一周岁了,还几乎没怎么下过楼,因为小哥哥的妈妈怕宝宝下楼冻着。当时是三月份,北京的天气还有些冷。自从他爷爷奶奶来帮忙带孩子,才每天中午下来活动一会儿。难怪这个小朋友很怕生呢,我们见到他都想逗他玩儿,他却一个劲儿地往后躲。我对两位老人说,一定要坚持带宝宝每天下来活动才行,他们也非常赞同我的观点。

要不是潇潇出生在寒冬腊月,我早就带她出来活动了。这头三个月也确实因为北京的天气冷,都达到零下十度了,女儿太小了经不起这么低的气温。但是如果宝宝稍大一些,只要不是太恶劣的天气,都应该每天带宝宝在外面活动的。如果天气寒冷,可以选择气温最高的中午,多穿一些,特别是手、脚、耳朵别冻着;夏天就要避开炎热的午间,选择清晨或傍晚时分外出。每天在外面活动的时间尽量不要少于三个小时,当然可以分几次,一下子出去三个小时也确实有点累人哦。

出来活动的感觉就是好呀,每次下楼,小妞儿都很兴奋,睁大眼睛看着周围的花花世界。从那以后,我就坚持每天带潇潇外出活动,有时在小区的花园里,有时在附近的公园里,有时在林荫道里散散步,这外出的时间,给小妞儿带来很多益处哦!

•呼吸新鲜空气:家里就算开窗通风,也不如小花园里空气好,这里的花花草草,还有大树可都是最天然环保的氧气制造机呀,让小妞儿每天都置身于这样的环境中,呼吸新鲜空气,真是强健体魄的好办法呢。别说她了,我每天也跟着一起做有氧运动呢,在这样的环境里是一种享受,让人心旷神怡。其实寒冷的天气宝宝更需要在外面接触冷空气呢,经常呼吸冷空气,不但可以预防鼻

塞,还能增强抵抗力预防感冒哦。

·多晒太阳帮助补钙:现在几乎每个宝宝都在喝各种牌子的钙,医生也都在强调补钙的重要性。这也许和我们中国人的体质与饮食习惯有关系,造成中国宝宝容易缺钙。可是姐妹们是否知道,晒太阳是帮助宝宝补钙最直接有效并且简单易行的好方法哦。为什么这么说呢?因为补钙的同时需要吸入维生素D,钙才会被人体吸收,而太阳光中的紫外线照射皮肤后能促进皮肤合成维生素D,有预防和治疗佝偻病的作用。紫外线还可以刺激骨髓制造红血球,防止贫血,并且可以杀灭空气里和皮肤上的细菌,增强皮肤抵抗力。当然也不能过度地晒太阳,因为紫外线照射得太多了,也有患皮肤癌的危险哦。

·充分的活动有利于宝宝睡眠:宝宝越来越大了,不再像新生儿那样从早到晚都在睡觉了,也许有的爸爸妈妈发现宝宝总也睡不踏实,而且很难入睡,其实是活动太少了,不够累怎么睡得着?每天让宝宝有充足的活动时间,宝宝醒着的时候都让他玩得尽兴,晚上宝宝一定会睡得更香甜。这一点我可是深有体会,亲们看看我后面哄小妞儿睡觉的文章就知道啦。

·让宝宝认识大自然:虽然宝宝们还很小,也许并不明白大自然是怎么回事,但是每次带小妞儿在外面活动,我都会给她讲这是鲜花、那是绿草、飞过一只蝴蝶、小狗汪汪来了……我相信潜移默化中,小妞儿一定会领会到,我是在告诉她周围的世界是怎么样的。让宝宝从小就爱上这美妙的大自然吧!

·教宝宝与人交往：潇潇在我们小区里是出了名的不认生，因为她从小就被带出来跟各种人接触，见多识广了，当然也就没什么好怕的了。再说我开头说的那位小朋友，就是因为出来得太少了，见到生人就害怕呢。

潇潇现在每天快到点儿了就会要求"下去玩"，由于小妞儿喜欢在外面疯，俺这当妈的也要做好后勤工作，装备齐全。

小推车——减轻大人孩子的负担，小妞儿不会走的时候就靠它了，不然总抱着多累人呀；如今会走了，有它也能帮不少忙，小妞儿累了就上去坐坐，要是买点什么东西，还可以放在上面，省得我提了。嘿嘿，带孩子够辛苦啦，能偷懒则偷懒呗！

水——一定要记得带一瓶水哦，宝宝在外面活动，消耗很大，要及时补充水分才行哦。

小零食——每次在外面都会遇到热心的阿姨给零食吃。我也不想当个太严肃的妈妈，什么都不许要，既然人家真诚地给，咱也就收下吧，别吃太多影响吃饭就行了。不过咱也不能光吃不给呀，所以我会准备一些小零食跟别的小朋友交换，小妞儿玩饿了自己也能吃。

纸巾——餐巾纸和湿纸巾都要备一点儿，宝宝在外面很容易把小手玩脏，及时给宝宝擦手，防止宝宝一不留神把小脏手放嘴里吃，要小心病从口入哦。

小玩具——装上一两个小玩具，宝宝自己可以玩，也可以和别的宝宝交换，同时也让宝宝学会了友爱。

这么多东东，我可是专门准备了一个包包，每次外出时专门装它们呢，以至于潇潇一见我背上这个小包就知道要出去玩了，自然也就开心极了。

17.小心那些隐形杀手

　　我是个急性子，还挺着大肚子的时候，都等不及老公回来帮忙，自己就跟潇潇外婆把宝宝的小床安装好了。一是觉得新鲜，想快点看看宝宝的小床是什么样子，一是想早点装起来散散味儿，也就是甲醛，提早让它挥发挥发。要知道这甲醛对宝宝的危害可大着呢，现在白血病在儿童中患病率越来越高，据说就与它有关系，装修材料、家具，以及宝宝的玩具都多少含有甲醛，小孩子抵抗力差，更容易受它的毒害。

　　也许有人要问我为什么不买质量合格的产品。我当然不会为了这点小利去买便宜的次品的，给宝宝用的东西都必须是甲醛含量合格的才行，但是很多样东西堆在一起，散发出来的甲醛加一块儿就不是一点儿了，这些隐形杀手，无时无刻不在侵袭宝宝的健康。所以除了挑选质量好的产品，另外，只要买回一样有可能含有甲醛的宝宝用品，我就会早早地拿出来散味儿。

　　当然，姐妹们也不要因此陷入恐慌，一般家里的甲醛要达到很高的浓度才会导致宝宝生病，但是做好治理措施才是对宝宝的健康负责呀。

　　1.减少装修污染：装修房子的时候就要注意不要买劣质材料，特别是黏合剂一类的。这是最关键的一点，因为家是宝宝每天待的最多的地方，呼吸着这里的空气，可别让宝宝整天被这些毒气包围着。装修过的房子一定要晾上两到三个月再住进去，要开窗通风，让有害气体充分散尽。我们家的房子都已经住了快五年了，这方面没有太多的担忧。

　　2.家具、玩具也要挑选质量达标的：但是像我前面说的，也难免出现很多东西聚在一起使整个空间的甲醛超标的现象。方法还是通风散味儿，甲醛在最初能挥发一大半，以后散发出来的就越来越少了，所以假以时日，让可恶的甲醛散发的差不多了，也就不用害怕了。所以我的做法就是每买一样东西就提前安装好散味儿。

　　3.汽车内也要注意：现在家庭买汽车的越来越多了，一般新车一打开门就会闻到一股难闻的气味儿，而且坐进去时间长了都会感觉头晕呢。所以新车买到后，也要开窗户通风，行驶的时候打开窗户，让风尽情地吹走车里的毒气吧！

4.甚至宝宝的衣服也有不安全的，在给宝宝选择衣服时，一定要买全棉、颜色素雅的，才不会刺激宝宝的皮肤。越是颜色鲜艳、质量低劣的衣服，越容易含有对人体有害的物质，也包括甲醛。

如果姐妹们已经不可避免地正使用着含甲醛的物品了，就要了解一下去除甲醛的方法了，除了通风散味儿外，还有两个方法。

1.在室内安装去甲醛的空气净化设备：这样的设备体积比较大，价格也贵，家庭用的比较少。我买回来一盒甲醛清除剂，样子类似冰箱除味剂，据说里面的成分可以吸附甲醛。宝宝房和车里各放了一个，一段时间后，盒子内的东西变颜色了，我也不确定到底是不是起到了作用，最起码心里踏实了点。

2.有一些绿色植物是可以去除甲醛的，像芦荟、吊兰。潇潇外婆很爱种花，这些花草早就已经在我们家生长着了，当然也都被我利用上了，在宝宝将来住的房间里摆上了几盆。这些绿色植物不仅净化了宝宝房内的空气，看着也让人感觉很舒服呢！

Part 18.第一次尝试辅食及辅食的添加原则

　　潇潇第一次吃辅食并不是计划中的事。那是四个多月的一天,潇潇外婆用粽叶熬了一锅清香四溢的大米粥,汤熬得浓浓的,看着就感觉很好吃又有营养的样子。潇潇外婆忍不住盛了一小碗,说想给小妞儿吃一点试试。本打算六个月再添加辅食的我一看这诱人的粽叶粥,心想已经四个多月了,吃一点也无妨,便跟潇潇外婆开始实施第一次的喂饭行动。

　　小妞儿除了便秘时喝过一些果汁和酸奶,还从来没吃过其他任何食物呢。给她用围嘴全副武装好后,便开始喂粥了。小勺是早就买了的,一直还没能派上用场,前面的头是软的,这样才不会伤到宝宝的牙龈。这小勺真是很小呀,每勺也就几滴的容量。盛上一勺喂到嘴边,小妞儿竟也知道张开小嘴,小舌头舔一舔、嘬一嘬,一会儿就把一勺吃掉了。当然,也流出来一些,不过没关系,这还是刚开始嘛,过不了多久,小妞儿就真正会吃饭啦!

　　第一次尝试辅食,对潇潇同学来说,也是一座里程碑,想到以后,她就可以渐渐地学会吃饭吃菜,享受人间各种美味了,我还真是挺兴奋的。不过,对于小宝宝来说,添加辅食也是有很多学问的。辅食添加的原则,我归纳了一下,有这几条:掌握好开始吃辅食的时间,由一种到多种,由少到多,由细到粗,由稀到稠, 循序渐进。宝宝不同发育阶段消化器官的能力和对食物的需求是不同的,所以食物的选择是以能满足宝宝生长发育的需求, 适应和促进消化器官的发育为依据的。

○ ● 原则一：掌握好开始吃辅食的时间

　　给宝宝添加辅食的时间应该从 4~6 个月开始,不要过早也不要过晚。4~6个月以内,母乳的营养已经足够宝宝生长发育的需要了,如果太早给宝宝添加辅食,不但由于宝宝的吞咽、消化以及吸收系统都尚未发育成熟,不能吸收消化食物,引起消化系统功能紊乱,食物还会占据宝宝胃里的空间,使得吃母乳的量受影响,反而减少营养的吸收,不利于宝宝的生长发育。而4~6个月之后,母乳渐渐不能完全满足宝宝生长发育的需要,特别是铁的含量减少会导致宝宝贫血、抵抗力降低,因此这个时候及时给宝宝添加辅食也是很有必要的。

那么到底什么时候给宝宝添加辅食最合适呢?传统的说法是从4个月开始,现在提倡前6个月都由纯母乳喂养。潇潇在4个多月开始吃辅食,其实每天也就是象征性地吃那么几口,真正开始吃也是从快满6个月开始。其实,到了一定的时期,宝宝自身的表现是会告诉妈妈要不要添加辅食的,当宝宝吃完母乳后总表现出不满足,或是体重增加不明显,就是应该给宝宝添加辅食的时候了。

◯ ⬤ 原则二:从一种到多种

给宝宝添加辅食,千万不要急着一下子就给得很丰富,要一种一种地增加,让宝宝有个适应的过程。而且有很多食物都容易引起宝宝的过敏反应,所以一种一种地添加,也容易让妈妈们发现哪些是宝宝能吃的,哪些是宝宝不适合吃的。一开始最好先给单一的谷类食物,我建议给宝宝喝粥,既方便又营养,吃起来也容易,是宝宝理想的第一种辅食。

◯ ⬤ 原则三:从少量到多量

刚开始给宝宝吃辅食的时候,切忌一下子吃得很多,从一勺到几勺,慢慢地增加量;另外每一次给宝宝添加新的辅食时,都要从一两勺开始,让宝宝渐渐地适应,再增大用量。这也是对宝宝的消化系统的一个保护。我给潇潇第一次喂粥也就喂进去一两勺,吃蛋黄也是从一小块开始。等小妞儿适应后,逐渐添加到半个或一个蛋黄。一般来说,宝宝完全适应一种食物,大约需要一周的时间。

◯ ⬤ 原则四:由细到粗,由稀到稠

宝宝没牙的时候可不能吃整块的食物哦,应该先给宝宝吃细嫩润滑的食物,比如清淡的汤水、糊糊之类的东西,便于宝宝吞咽、消化和吸收。当宝宝快出牙时,就可以添加一些稍粗硬、较稠的食物给宝宝咀嚼吞咽,同时也能锻炼

舌头的灵活性和宝宝的咀嚼能力，稍微硬点的食物还可以给宝宝磨牙，缓解宝宝出牙时的不适呢。

给宝宝添加辅食就是这样一个循序渐进的过程，另外还要注意有一些食物是要尽量避免的。

1.容易引起宝宝过敏的食物：牛奶、鸡蛋、花生、大豆、鱼虾类、贝类、柑橘类水果、小麦等。不要给一岁以内的宝宝喝鲜牛奶，而配方奶粉是去除了过敏源的，没有问题。有一些宝宝会对鸡蛋特别是蛋清过敏，所以添加的时候要由少到多，仔细观察，一旦有不良反应要立刻停止。还有豆浆也不要给一岁以内的宝宝喝，宝宝的肠胃消化不了，容易引起不适。当然，更不要给宝宝吃含有食品添加剂如人工色素、防腐剂、抗氧化剂、香料等的食物，这些东西也会引起过敏反应。给宝宝添加的食材顺序应为：谷类、蔬菜、水果、肉、鱼、蛋类。而容易引起过敏反应的食物如蛋清、花生、海鲜等，应在一岁以后才提供。这里也要提醒一下母乳妈妈们，如果宝宝出现过敏反应，却没有吃过以上这些食物，就要考虑是不是妈妈的饮食里含有了这些过敏源。因为妈妈吃什么，母乳里就会有什么，同样会被宝宝吸收到一部分。一旦发生这样的情况，母乳妈妈就要立刻停止吃这些食物。

2.盐分的摄入：宝宝一周岁之前，一定要少吃盐，过多的盐会对宝宝还未成熟的肾脏造成负担，而且吃得咸会影响宝宝将来的饮食习惯，对日后的血压带来隐患。另外，过多的盐也会影响宝宝对钙的吸收。有些妈妈们担心不给宝宝吃盐宝宝会没力气，这点完全可以放心，吃母乳的宝宝，母乳里面的钠含量就足够宝宝用了，而喝配方奶粉的宝宝，这些配方奶粉里也已经配足了宝宝对各种微量元素的需求了。

3.高纤维食物不要吃得太多：成人吃高纤维食物可以促进肠胃蠕动，对身体健康很有好处。但是宝宝吃多了，会影响对微量元素的吸收，所以一定不能吃得太多。随着年龄的增长，可以适当增加一些。

4.果汁的量：如果是母乳喂养的宝宝，是不用额外补充水的，但是可以给宝宝喝一些果汁，不过要注意量，一定不能喝得太多，一岁之前每天不要超过200毫升，而且必须稀释一到两倍再给宝宝饮用，防止引起腹泻。不过果汁是宝宝很喜爱的饮料，让宝宝每天喝一点，享受生活的乐趣也很重要哦。

19.宝宝的饭我来做

　　给小妞儿添加辅食后，我也留意了一下市面上卖的成品婴儿食品，各种各样的粉啊、泥啊还真是吸引人，忍不住买了一些回来尝尝，可是发现有的味道怪怪的，难道婴儿的口味跟我们大人不一样吗？也有的其实自己家里就可以制作，非常简单。自打问题奶粉事件发生后，我还真有点不敢随便买成品食物了，咱还是自己动手做吧，这爱心牌的自制辅食又新鲜又营养，还没有任何添加剂，对宝宝的健康更有保障呀！

　　给宝宝做辅食，没有专门的工具还真不行。因为宝宝小的时候牙还没长出来，特别是我们家这位小朋友，出牙就特别晚，为了方便小妞儿吞咽和消化，最初的食物一定要做成糊状的。为此我还专门买了一套食物料理机，有榨汁、粉碎、搅拌好几个功能，有了它们，给宝宝做辅食就得心应手多啦！有时候，我们也沾了潇潇的光，用料理机做点果汁、奶昔之类的，咱也偶尔小资一下嘛。

　　也许有的姐妹们觉得自己做宝宝的辅食太麻烦了，那一定是受了一些杂志或菜谱书籍的影响。我也曾经买过一些宝宝食谱，有的的确是把问题搞得太复杂化了。俺也是懒妈一个，做辅食追求简单易操作，同时又营养美味。潇潇吃的辅食里有各种粥(大米粥、菜粥、红薯粥等等)、面食(面条、包子、面包)，各种蔬菜(南瓜、冬瓜、土豆、青菜、豆腐等等)、鱼(清蒸为主，或熬鱼汤)、鸡蛋(一般是蒸鸡蛋羹，或是蛋黄掺在粥里)，肉食添加的比较晚，我怕不好消化。这些东西其实做起来都很简单，宝宝也喜欢吃。只要按照辅食添加的原则和顺序，就不会有什么问题了。

　　待潇潇稍大一些，可以吃的食物多了起来，每天三餐都吃一点的时候，我就很少给她做独食了。一是我觉得单独做太费工夫，有这个时间还不如跟她玩儿或是到外面去锻炼，让女儿感受到妈妈的爱，似乎比单独做点吃的来得更重要；二是让她从小就适应饭菜的味道，将来能顺利地渡过断奶期，而且不养成挑食的毛病；三是我想让她不要有这样一个意识，总觉得自己是特殊的，从吃开始就与众不同，形成以自我为中心的心态。小妞儿七八个月就开始与我们同桌吃饭，当然我会把我们每天吃的饭菜做得稍微清淡些、软和些，正好我们家人本来就吃得比较清淡，这也有利于宝宝与我们一起吃饭。基本上我们吃的东西只要她可以吃，我都给她尝一些，小妞儿很喜欢吃各种饭菜，也很享受这个美妙的时刻。每天跟我们一起用餐，让家庭里的每一个人都感受到天伦之乐，小妞儿自己也很快乐，我想这对宝宝也是很重要的。

真是自己动手，丰衣足食，小妞儿吃得白白胖胖，健健康康。而且在满周岁后断奶期间，因为平时吃惯了饭菜，潇潇一点儿也没受折磨，断奶过程极其顺利。有志于亲自动手为宝宝做辅食的姐妹们，就到本书后面的小菜谱里去瞅瞅吧。

Part 20.到底该不该给宝宝剃胎发

关于女儿的头发，潇潇她爹曾经有一个美好的愿望：爹娘俩都有点自来卷，生出的孩子会负负得正，长出一头直发。虽然我觉得不可能，但为了这个美好的愿望，我们还做过努力。

潇潇刚出生的时候，头发就长得不错，又黑又亮，虽谈不上多么浓密，但也不像有的宝宝缺一块少一点的，而且头发还长得挺长。潇潇外婆说俺落地时头发比潇潇的还长，因此一直没舍得剃过光头。据说给宝宝剃胎发，能让头发越长越好，黄发变黑、软发变硬、稀发变多、鬈发变直。难怪我的头发又细又软，还有点卷，除了挺黑挺滑，没什么好了。既然剃头有如此多的好处，那一定要给潇潇多剃几次！

满月时，很多人都开始给宝宝剃光头，叫"满月头"，不过我左思右想还是没给潇潇剃，一是感觉这头发还不错，舍不得；二是觉得宝宝太小了，怕伤到宝宝的头皮，头发对宝宝的头部能起保护作用呢；三是那时候是冬天，剃光头多冷呀，头发是天然的皮帽呢！

就这样一直拖到了夏天，小妞儿的头发又直又顺，发型也特别自然，可好看了！只是发质还是比较软、比较细。在老公和潇潇外公的"怂恿"下，其实关键也是天气太热，潇潇每天睡觉头都出汗，头发湿湿的，这长长的头发的确不舒服，再加上我们想让宝贝发质变好的心愿，我终于下定决心给潇潇剃头，在潇潇七个半月和八个半月的时候给她剃了两次。我是充当兼职理发师自己在家给小妞儿剃的，买了一个专门给婴儿理发的理发器，很好用，竟也让我这个对美发一窍不通的人把潇潇的小脑袋剃得光溜溜的，没把头发剪出豁口来。

其实给潇潇剃头的时候，心里还真不是滋味，看着那一丝丝秀发往地上飘落，我都有点想哭了，也许只有当妈的才会有这样的情绪吧。我把女儿的胎发装在小盒子里面，要把这从娘胎里带出来的唯一纪念物永远珍藏起来。

剃了两次光头之后，摸着长出来的发茬还挺扎手，我和潇潇外婆估摸着应该差不多了，而且秋天也快到了，天气渐渐转凉，光头会冷的。等到冬天来临后，潇潇也该满周岁了，我可不希望周岁写真上的女儿是个小光头。

可是剃胎发、剃光头的效果到底如何呢？小妞儿头发依旧黑亮，浓密程度没发生什么显著变化，发质依然细而柔软。最让我感到不可思议的是，如今，原先挺直挺顺的头发变成了小卷毛，她爹的愿望彻底破灭了。而且小妞儿的头发比我们两个都更卷，这完全不是负负得正，而是卷毛儿的平方呀！每次带潇潇出去玩，见到她的人都会感叹，这小姑娘头发真好，还有人以为我给她烫发了呢，俺说，俺再怎么追求时髦也没到要给这么小的宝宝烫发的地步呀，那对宝宝可是十分有害的！于是大家更羡慕了，这小卷毛真好呀，以后省了烫发的钱了。其实他们哪知道，我跟老公曾经的心愿，宁愿不省这钱，也希望小卷毛变直呢！不过现在看看这小鬈发，还是挺漂亮的，所以剃过也没什么，塞翁失马，焉知非福？

Part 21.人蚊大战

潇潇度过的第一个夏天真是"惊心动魄",整个夏天我们都在与蚊子进行战争。可别小瞧这小小的蚊子,对宝宝来说真是个可恶的威胁呢,稍不留神就被叮上了,弄得小美女脸上身上都是伤痕累累。她爹心疼宝贝女儿,又开始给我下达工作任务了:赶快想办法消灭蚊子! 一场艰难而持久的战争就这样打响了。

○ ● 首先要从预防着手:

1.纱窗:严守第一道大关,时刻棍高紧闭纱窗的意识,不给蚊子进入室内的任何机会。

2.杀虫剂:总有那么一些蚊子不知道是从哪里钻进来的,我一直怀疑是下水道。对付下水道上来的蚊子的武器是杀虫剂,使劲儿喷,喷完用盖子盖上,我就不信憋不死它们!趁这个时间带小妞儿出去溜达,别蚊子没杀到,自己被熏着了。

3.电蚊拍:一次在超市看到这种装电池的灭蚊拍便买回来一个,只要看到有蚊子在空中飞舞,我便进入一级战备,我拍我拍我拍拍拍!

4.蚊帐:潇潇的小床配了一个蚊帐,还真是作用不小呢。每天晚上小妞儿睡觉后,放下蚊帐,可恶的蚊子就别想再咬我的宝贝了,都冲我来吧!

5.防蚊贴:外出的时候就要靠这防蚊贴了,一片小小的防蚊贴贴在潇潇的后背上,让蚊子不敢靠近。

6.芭蕉扇:有些比较强壮的蚊子似乎不惧怕防蚊贴的气味儿,仍然对宝宝娇嫩的肌肤跃跃欲试。所以只要是在楼下玩耍,我一定要手持芭蕉扇,为宝宝驱赶蚊虫,俨然就是一位铁扇公主嘛!

可是无论我如何的小心谨慎,蚊子总是无孔不入、防不慎防,为此我准备了各种各样的药物。

1.花露水:我自己比较喜欢用花露水,小妞儿被蚊子叮了之后,我第一个想到的自然也就是花露水了。听说不能直接抹在宝宝皮肤上，会刺激皮肤，我就掺点水稀释一下再抹，不过效果不算很好。也许是宝宝的皮肤太娇嫩了，每次被叮了之后都会起一个大包，有时甚至肿起来，恢复得也十分慢。

2.宝宝金水：电视广告每天都在唱，咱也买回来试试，洗澡水里放上，被叮了抹上。不过看成分跟花露水也差不多，只是还加入了一些中草药，效果也差不多。但是我想抹点药消炎总是好的，而且清凉的感觉也可以缓解宝宝的痛苦。当然我也趁机试用了一下，对大人似乎倒挺有效的。

3.无比滴：看到有网友推荐这款药水，是日本的，我也从网上买了一瓶，用过之后似乎消肿真的稍快一些。

4.酒精：潇潇外婆建议擦点酒精，酒精消毒，只要不过敏，对皮肤也没什么伤害。于是在一次小妞儿被叮之后反复擦酒精，还真的好得快多了。

5.芦荟胶：以上药物在宝宝的皮肤出现破损后就不要用了，而且可恶的蚊子常常会咬宝宝的眼皮，这里可不能随便擦药，流进眼睛里就麻烦了。现在芦荟胶人气很高，我一直都用来掺在护肤品里擦脸。芦荟胶也有消炎作用，促进皮肤新陈代谢，擦伤口和眼睛周围也没关系，只要小妞儿哪里有了小伤口我都会给她擦一些，蚊子包也可以用，多少还是有点作用的。

6.大蒜：这是听院子里的老人们说的，蚊子咬了用大蒜汁擦上，给小妞儿试过，也只能缓解一小会儿，过后小妞儿还是痒，总用手去挠。不过这个倒是最天然的方法了，绝对不会有负作用。

看我这设备还算齐全吧，但愿有了它们，每年都能度过一个平静安详的夏季！

Part 22.忧心——宝宝第一次生病

　　九个多月的潇潇,有生以来第一次生病。当时家里正好就只有我和潇潇两个人,老公出差了,潇潇外公、潇潇外婆有事回了一趟老家。毫无经验的我心急如焚,不过也总算跟女儿共同努力,挺过来了。但是宝贝的第一次生病,最初竟然走进了误区。

　　原以为小妞儿是得了感冒。那两天突然降温,前几天还穿短袖,骤然间最高温度还不到20摄氏度了。生病第一天的下午,平时能睡两个多小时的潇潇只睡了半个小时就醒了,不肯再睡,而且还总要找抱,不让我离开。我心想小孩子的习性都是一阵晴一阵雨的,也就没在意。可是在跟潇潇接触的时候感觉她的小脸有点热,还有点流清鼻涕,我连忙拿出体温计,一量是37.7摄氏度,有一点低烧。我想大概是我带她出去玩的时候穿得太少感冒了吧。

　　见潇潇的精神还不错,我估计可能就是普通感冒,问题应该不大,根据我以前掌握的护理知识,小孩子感冒发烧不用立刻去医院,应该在家先观察,如果烧高了再去医院。一位做医生的亲戚电话里建议给潇潇吃点感冒冲剂,我便在附近药店买了一盒小儿感冒冲剂冲给潇潇吃。因为是甜的,一开始两口,潇潇还吃得挺高兴,可这是中成药毕竟有药味,后面她就不肯吃了,而且还开始哭闹。我因为心里担心不吃药不会好,就硬往她嘴里喂,结果潇潇竟然吐了,连中午吃的冬瓜还没完全消化,也都吐了出来。潇潇从小就不吐奶,胃应该是比较好的,今天竟然吃药吐了,真让人着急。可能因为吃药吃怕了,之后潇潇连水也不肯喝,只要把东西往她嘴里塞,她就大哭。实在没办法,只好给她喂母乳,由于一下午没怎么睡,吃了一会儿,她也就迷迷糊糊睡着了。

　　接下来的这一夜真是让我体会到了彻夜难眠的滋味。潇潇基本上每隔一个多小时就会哭醒,我不停地给她量体温,在逐渐地上升,到了38摄氏度多。药无论如何是不肯吃了,试图喂过一次,她使劲儿哭,我当时也有点慌了,因为家里没有其他人,害怕、心疼、担心、着急,我真是心都要碎了。看着女儿可怜的样子，我抱着潇潇自己也哭了，我对潇潇说："我们再坚持一会儿，天一亮就去医院。"小妞儿水也不愿意喝，只吃母乳。这个时候我暗自庆幸，幸好还有母乳可以吃，不然可怎么办才好！所以她不喝水，我就拼命喝水，总能通过母乳让她吃到一点吧。可是还是水喝得太少，加上病情的加剧，潇潇浑身滚烫，穿再多的衣服也不出汗。那时候才是九月底，我已经把棉睡袋都给她套上了，上面还盖着厚厚的棉被。后来才知道，其实宝宝发烧，不能捂得太多，那样不利于散热，反而不容易恢复。这一夜，潇潇根本不肯自己躺着睡，一放下来就哭，我只好整夜地坐在床上抱着她，靠在床头上打盹儿。

次日凌晨五点，潇潇再一次哭醒过来，已经烧到了39.3摄氏度，我立刻决定去医院。来到医院挂了急诊，可怜的小妞儿被扎了手指验血，验血的结果都是正常的。医生诊断就是普通感冒，咽喉轻微发炎，开了退烧药和消炎药，我当时最大的顾虑就是这么多药可怎么喂呀。不过这个医生真不怎么样，没精打采的样子，说话声音像蚊子哼哼，药要怎么吃我都没听清楚，再问好像也不耐烦。我想反正有说明回去看吧，结果第一天还把剂量给吃少了，我只好自我安慰，吃少了总比吃多了好。

回去后，给潇潇熬了点粥之后又经历了一番艰难的喂药过程，总算吃进去一点。退烧药(泰诺林，像草莓果酱一样)还是很管用的，吃过药后潇潇睡了一会儿，快到中午的时候烧就退了。下午潇潇又来了点精神，还玩了一会儿，但是到晚上又烧到了37.7摄氏度。我怕夜里再发高烧，这么小的宝宝把脑子烧坏了怎么办，虽然说那个退烧药是要到38.5摄氏度以上才吃的，我还是给她喂了一点，只有规定剂量的一半不到。晚上把潇潇哄睡后，她还是一会儿就哭，但不睁眼睛，可能是做噩梦吧，也许是梦见被扎手指了，也许是梦见自己发烧头痛了吧。轻轻拍一拍或抱起来摇一摇，还能接着睡。下半夜闹得厉害些，照样要抱着睡，为了宝贝女儿，我已经是筋疲力尽。

第三天凌晨时出了点汗，早上起来的时候小妞儿已经退烧了，精神状态和前两天大为不同，但是就是不肯离人，玩儿的时候一定要我在旁边陪着，还时不时要我抱，总有点想哭似的。而这两天小妞儿的胃口也不是太好，吃得明显少了，平时吃饭的时候看我们吃，她都是叫着嚷着要吃，这两天，她就没精打采地自己坐在餐椅上，一副小可怜的模样。下午给小妞儿换纸尿裤的时候，突然发现她身上有很多小红点点，我怀疑是出汗捂出来的，心想等明天好利索了，给她洗个澡应该就会好吧。

第四天总算恢复了以前的平静，潇潇能自己坐在地垫上嘴里叽里咕噜地玩了，我也有时间休息了。这几天都没敢洗澡，晚上给潇潇洗了个澡，仔细看了看，胸部、腹部和后背全是小红疹子，脸上也有一些，我吓了一跳，还以为是湿疹呢。可是我突然想到以前在书上看到过"幼儿急疹"这种病，症状就是发高烧并且身上出小红疹子，会不会是这种病呢？潇潇睡觉后，我立刻查阅了有关资料，才恍然大悟，原来小妞儿根本不是感冒，而是出疹子引起的发烧。

对"幼儿急疹"这个病不了解的人都不容易想到，但是两岁以内的小宝宝大部分都会患一次，病原体为人类疱疹病毒6型，无症状的成人患者是该病的传染源，通过呼吸道飞沫传播。胎儿通过胎盘从母体得到抗体，出生后六个月之内一般不会感染，之后由于从母体中得到的抗体减少了，容易发病。只要得过一次的宝宝就不会再得了，一般两岁以内没有得过的，以后也不会得。春秋的雨季发病比较多，最初患病会与感冒十分相似，发高烧39~40摄氏度，有流鼻涕、咳嗽、食欲较差、恶心、呕吐、腹泻或便秘等症状，还会咽喉轻度充血，枕部、颈部及耳后淋巴结肿大。发烧持续3到5天，同时宝宝身上会出现大小不一的淡红色小疹子，腰部和臀部比较多，皮疹在1到2天内消退，无色素沉着或蜕皮。肿大的淋巴结消退比较晚，但无压痛。由于一开始的症状和感冒很相似，所以宝宝一旦得了幼儿急疹发高烧，大人通常都会着急地带着孩子去医院，很多都会误诊为感冒。但是这么小的宝宝一般不会连续3到4天发高烧，所以在第二天仍然高烧的时候就应该想到得幼儿急疹的可能性。幼儿急疹不需要作特殊的护理，因为不会引起并发症，所以没必要给宝宝吃药，让宝宝自然痊愈最好，因为不管是什么药物都会对人体有一定的伤害。

我一对照，还真是这样，当时医生就说潇潇咽喉发炎，其实是幼儿急疹引起的咽喉充血，流鼻涕也是这种病的症状。还是平时储备的知识太少了，如果早点了解幼儿急疹，我也不会带潇潇去医院受扎针之苦，还白白费劲吃了几天的药。两天后，潇潇身上的小疹子真的消退了，也没留下什么斑点。

看着小妞儿和往日一样活泼可爱，我悬了几天的心终于落下来了。这几天的辛苦也让我越来越体会到"养儿才知父母恩"这句话的含义了。我小的时候是个病秧子，三天两头的住院，可以想象我的父母为了我是怎样的操心！现在轮到我为女儿付出了，也许人生就是这样，生命在一代一代地往下延续，这种爱也是这样延续下去的。

23.让宝宝吃药也不难

潇潇第一次生病，除了忧心，给我最大的感受就是喂宝宝吃药实在太难了。在这以后，小妞儿倒确实感冒过几次，也免不了吃药。几次下来，我给宝宝喂药也长了些经验，再回头想想，其实让宝宝吃药也不难。

首先要讲究方法。

虽然厂家都在努力尽量把小孩子的药做得好吃一些，可终究避免不了有那么一股药味儿，特别是中成药。为了给潇潇喂药，我真是绞尽脑汁，试过了各种各样的方法，先说说第一次给潇潇喂药使用过的各种方法以及成效吧。

○ ● 用滴管喂

潇潇第一次生病时，我给她吃的退烧药里面配有一个滴管，是专门给小宝宝用的。可能这个退烧药味道比较好，闻着有一股草莓味儿，所以潇潇吃退烧药的时候还啧啧嘴，好像挺喜欢吃的。于是我就继续用滴管喂其他的药。可是有一种清咽冲剂，就像我们平时喝的柴胡冲剂一样，黑糊糊的，一股中药味儿。一开始两管还没什么状况，再喂的时候，小妞儿就不肯吃了，而且开始大哭起来，后来还吐了，吓得我也不敢再喂了，她也死活不肯吃了。

○ ● 用奶瓶喂

滴管失败后，我换成奶瓶喂药。看来这个清咽冲剂的味道实在是不讨人喜欢，潇潇吃了两口之后又开始大哭，无论如何也不肯再吸。

○ ● 用勺子喂

我又改用勺子，心想只要倒进她嘴里，她也只能咽下去。可是仍然不奏效，小妞儿拼命地哭，而且吃了两口之后又吐了。

◯ ● 掺在粥里面喂

这时候我真是感到似乎生病给女儿带来的痛苦都没有吃药更厉害。记得我小的时候经常生病,也很害怕吃药,潇潇外婆就把药捻碎,跟白糖掺在一起用勺子喂给我吃。不过那时候吃的是小药片,捻碎了也没多少,一口就吃掉了。现在医生给潇潇开的药是冲剂,量比较多,那得吃多少糖呀。最让我郁闷的是,用了这几种方法之后,小妞儿连水都不肯喝了,因为不管是用奶瓶还是用勺子喂水,她都以为又要给她喂药,只要看见这些东西递过来了,她就开始拼命地哭。

我突然想到小妞儿还愿意喝粥,不如把药掺在粥里试试。我专门用粽叶熬了很清香的粥,一开始没有掺药,她吃粥吃得挺香的。到最后还剩几口的时候,我把药末儿倒在勺子里,尽量每次多倒点,再舀一点粥盖在上面,小妞儿就这样稀里糊涂地吃了三四口,到最后,她终于发现味道不对了,最后两口不愿意吃,用舌头往外顶,流掉一些,不过总算喂进去一大半,而且最关键的是潇潇没有哭,也没有吐!

可是掺在粥里的方法也只是对潇潇很小还不太懂事的时候能起一点作用,再大些就无济于事了。而且一旦需要吃药的话,剂量也比以前多,滴管容量太小不方便。用奶瓶、勺子更是骗不了这个机灵的小丫头了。无奈,要想喂药,只得来强硬的,我想到了针管。

◯ ● 用针管喂

把药吸进针管(要拔掉针头哦),分几次打进宝宝嘴里,注意打进去的时候要沿着腮帮一侧,否则宝宝一哭闹容易呛到。我给潇潇喂的时候她自然是极不情愿的,左躲右闪,大哭个不停,不过最终还是吃了下去。其实,只要宝宝不吐,还是这种方法最方便快捷有效。不过当宝宝哭得一副小可怜的惨样儿时,就是考验爹妈心理承受能力的时候了。

其次,我要说的就是作为父母,给宝宝喂药时的心态。我也听说有些宝宝爱吃药,大概是喜欢甜甜的味道吧。不过我相信这绝对是很少的一部分,那药味儿连大人都不喜欢,更别说挑剔的宝宝了。小宝宝吃药没几个不哭的,爸爸妈妈们一定要狠下心来，毕竟良药苦口利于病呀，不吃药身体怎么好？宝宝一时的哭闹没什么大不了的，这个时候心软其实是害了宝宝。而且不要总想着给宝宝喂药是多么困难的事情，要充满信心，喂药的时候下手一定要快、准、狠，让宝宝把药吃下去，早日康复，才是上上之策哦！

Part 24.几次遭遇感冒后的思考

都说宝宝六个月之后容易生病，因为从母体中带出来的免疫能力逐渐消失了，如此弱小的婴儿，抵抗能力差，稍不留神就会被疾病侵袭。的确是这样，潇潇在第一次生病得幼儿急疹后，到一岁半之间又遭遇过三次感冒，虽说小孩子生病是很正常的事情，但我还是对自己的疏忽十分自责，如果再注意些冷暖就好了。不过另一方面，我也在思考，宝宝生病了，到底要不要去医院？我想这也是很多父母拿不准的问题。

先回顾一下每次潇潇生病后我的处理方式吧。

第一次，潇潇九个多月，幼儿急疹，发高烧至 39.3 摄氏度后我带小妞儿去了医院。结果医生误诊为感冒，显然经验不足，而且医生工作态度很不热情，本来不需要用什么特殊药物治疗的幼儿急疹，却害宝宝痛苦地吃了几天的药。是药三分毒，本不需吃药的情况下却吃了，总归不是什么好事。

第二次，潇潇十四个月时，由于着凉患了一次感冒，发烧至 38 摄氏度，因为有些咳嗽，还是去医院了，打了一针消炎针、吃了三四天的消炎感冒药。其实 38 摄氏度属于低烧，问题不大，但是咳嗽说明有点炎症，吃些消炎药还是有必要的。

第三次，潇潇十六个半月，说不清是什么原因又患了一次感冒，发烧一天一夜，最高时 38.8 摄氏度，超过 38.5 摄氏度就属于高烧了。我观察小妞儿精神还算好，并且没有其他不良症状，便自己做主给小妞儿吃了很小剂量的退烧药，并且让她多喝水，第二天便痊愈了。这次没有去医院，只是在高烧时吃退烧药降温，防止宝宝由于高烧引起昏厥等现象，小妞儿通过自己的免疫能力把疾病打倒了。

第四次，潇潇快满一岁半时，又因为气温骤降感冒了，本来都快好了，却传染给了我，等我恢复了却又再次传染给她了。巧的是这次家里也只有我们母女俩，所以更增加了这种互相传染的机会。之前两个人都没有发烧，只是有一些感冒症状，鼻塞、打喷嚏，当潇潇再度被传染后终于发高烧了，这次持续了两天，最高体温 39.2 摄氏度。因为我能判断出小妞儿是纯粹的感冒，所以仍然只在高烧时给她吃了些退烧药。我当时的想法是尽量在家观察调养，一旦病情加剧，还是要去医院检查的，幸而吃退烧药后，小妞儿又自行好转了。只是由于发烧没有胃口，潇潇不愿意喝水也不好好吃饭，睡觉却不像小的时候那么闹腾了，只要依偎在我身边，就能自己安静地睡了。但是小妞儿自从这次生病后不愿意自己咬东西吃了，说"牙牙疼，咬不动"。也许是发烧引起口腔溃疡了，我想方设法让她多吃蔬菜水果，尽快痊愈。

这几次的经历之后，对于孩子生病要不要去医院，我有了新的看法。

首先我自己要根据宝宝的症状作一个初步判断，如果是自己所不了解的严重并且痛苦的病情，那显然要立刻送去医院；如果能确定只是普通感冒，体温在 38.5 摄氏度以下，完全可以在家自行处理：让宝宝多喝水多休息，小便和发汗会带走体内的热量，起到降温的作用。不要随便吃药，应该让宝宝的身体从小就建立起自己的免疫系统，而不是总依赖药物。

然后要密切观察病情，如果是轻微的感冒很快就会好的；但如果发高烧，一般都是由于炎症引起的，必要时就应该去医院检查一下，对症下药。

在跟一些妈妈们的交流中，听到很多妈妈指责医生不负责任，医院人又太多。其实我想我们也不用太偏激，要相信大多数医生都是有医德的，无论孩子还是大人，生病了自己无法解决，还是得信赖医院，与医生好好沟通治疗，否则耽误了宝宝的病可就麻烦了。

真希望我亲爱的宝贝以后都健健康康的，不过今后总还是难免会有个小病小痛的。每次孩子生病对大人其实也是一场考验，通过小妞儿这几次生病，我想以后宝贝再生病的时候我们大人自己也需要注意这几点。

1.平时就要积累丰富的知识，在孩子生病的时候能作一个基本的判断。

2.孩子生病的时候不要惊慌，要冷静，因为孩子本来就很痛苦，会哭闹，如果大人再跟着紧张，手忙脚乱，那家里就真是一团糟了。不但不能正确处理问题，也没法让孩子好好养病。

3.照顾生病的孩子是十分辛苦的，大人在照顾孩子的同时自己也要注意身体，不能自己也累垮了，否则不但自己受罪，更无法照顾好孩子。

4.孩子在哭闹发脾气的时候，要有充分的耐心，这个时候只有爸爸妈妈才是宝宝唯一的依靠。

5.喂药要讲究方法，小孩子怕吃药，这是人人都知道的，一定要开动脑筋，摸索出最适合自家宝宝的喂药方法，让宝宝吃到药，才能尽快治好病。

25.奇怪的小瘤子

在潇潇得过幼儿急疹之后的某一天,我无意中摸到潇潇右耳外侧下方,脖子上面,有一个小瘤子,轻轻一按似乎还能活动,小妞儿倒是没有任何疼痛难受的感觉。我心里咯噔一下,天哪,这是什么东西呀,这么小的宝宝怎么会长瘤子?老公下班一回家,我就让他也摸一摸。这种情况可从来没听说过,为了不耽误事儿,我们想了想还是决定第二天去医院问问,千万别大意了。

第二天一大早我们便带着小妞儿来到医院,向医生说明情况后,医生摸了摸便问我们宝宝前一段时间有没有生病。听说潇潇刚得过幼儿急疹,医生说这是淋巴结肿大,估计跟宝宝生病有关系。现在摸到这个淋巴结不是很大,比较软,又无压痛,应该没什么大问题,不用太担心。但是医生也要求我们回家后要注意密切观察,如果淋巴结不增多并且逐渐缩小,就继续观察下去;如果肿大的淋巴结增大、增多,就要立即到医院来检查治疗了。

原来这奇怪的小瘤子是这么回事。我突然就想起当时判断出潇潇是患的幼儿急疹之后,我还专门仔细学习了一下关于这个病的知识,当时了解过这个病会引起枕部、颈部及耳后淋巴结肿大的情况,咋这么快就给忘了呢,还大惊小怪地担心了半天。不过这次也不亏,向医生问清楚了我们也就放心了,而且还了解到与淋巴结肿大相关的一些问题。

医生说小宝宝耳朵后面出现淋巴结肿大很常见,引发的原因很多,那除了幼儿急疹,还会有什么情况会引起颈部淋巴结肿大呢?

最常见的原因就是炎症,颈部淋巴组织来自鼻、咽、喉、口腔和面部的淋巴回流,这些部位的炎症会侵袭颈部的淋巴结,所以当宝宝感冒生病后,常常会摸到颈部、耳后有肿大的淋巴结,这种情况下的淋巴结肿大一般会自行消失,当然也要注意观察,确保不发展成严重的结果。

另外,如果肿大的淋巴结较大较多,尤其是成串的,增大速度快,摸到与周围组织有粘连,其他部位如腋下也有淋巴结肿大,并且伴有发热、贫血、消瘦等其他症状者,就应该引起高度重视了,很有可能是结核病、转移性的恶性肿瘤、恶性淋巴瘤等,要立即到医院作相关检查,甚至淋巴结活检,以达到及时诊断和治疗。听到这里,我打了个冷战,还真是感觉有点可怕了。幸好俺们没遇到这样的情况!

从医院回来后,我时不时就摸摸小妞的耳朵后面,确认一下这个淋巴结没有发生不良变化。一直到现在,还能摸到一点,不过医生说过,有的人这样的淋巴结消失得很慢,反正只要没变多变大,我们也就不害怕了。

在这里要提醒各位姐妹,要经常检查宝宝的身体(包括自己和家人的身体哦),一旦发现异常情况,就要引起高度重视哦!

Part 26.种类繁多的疫苗

宝宝一出生,就要开始接种各种各样的疫苗,并且社区医院会发给宝宝一个小本本——《免疫预防接种证》,上面还写着"入托、入园、入学必备",看来给宝宝注射疫苗是受到国家政府重视的,为了下一代的健康嘛!最初拿到小本本时,我也没仔细看,心想只要按照医生的规定,按时来把这上面罗列的疫苗一个个给潇潇都打完不就万事大吉了吗?

可是有一次在电视上看到一条新闻:一位活泼可爱的小姑娘,竟然由于某种疫苗被医生不负责任地提前接种而引起了耳聋,这让我不由得对打疫苗的事情重视了起来。首先对照小本本上各种疫苗规定注射时间和潇潇实际注射时间,看来我们这个社区的医生还是工作负责的,基本上都是略推迟几天(可以推迟,不能提前)的。其实每打一针都会有一份协议由家长签字的,为了孩子,这些协议一定要看清楚再签字,而且要保存好。当然,电视上播的这种现象毕竟是极个别的,虽说是医生的责任,但只要爸爸妈妈多留心,还是可以避免的。

仔细看过小本本上的内容后,引起我疑虑的却是另外一件事:这上面有一类是免费疫苗,也就是国家规定必须要打的疫苗,俗称计划内疫苗,包括卡介苗、乙肝疫苗、脊髓灰质炎疫苗、无细胞百白破疫苗、麻疹疫苗、麻风腮疫苗、乙脑减毒疫苗、流脑疫苗,这些疫苗只要按时间去打就行了;还有一类是自费疫苗,包括B型流感嗜血杆菌结合疫苗、水痘疫苗、肺炎疫苗、流感疫苗、甲肝灭活疫苗、出血热疫苗、狂犬疫苗、轮状病毒疫苗,这些是自愿接种的,俗称计划外疫苗,这些疫苗到底要不要打呢?

我再翻看后面的注射情况,发现潇潇在第十四个月已经打过一针水痘疫苗了,当时并不了解这是自愿注射的疫苗,医生让我交钱,我二话没说,为了孩子的健康,这点钱算什么?可是这回细细看过之后,我却发上愁了,既然是自愿接种,到底是打还是不打,怎样才是对孩子更好的选择呢?

这些个疫苗都是专业术语,咱也不懂呀,在咨询过一位做医生的朋友后,

五、好妈妈的温柔呵护

155

我才弄明白了。

· 计划内疫苗不必多说,自然是必须接种的,如今幸而有了这些疫苗,才使得许多可怕的流行性疾病得以消灭。

· 计划外疫苗中有两种最好接种:B型流感嗜血杆菌结合疫苗和水痘疫苗。B型流感嗜血杆菌主要通过空气飞沫传染,5岁以下儿童很容易被传染,患病后会出现高烧、肺炎甚至脑膜炎,病情比较严重,因此最好接种预防;水痘病毒具有高度传染性,尤其是在儿童中,经常在幼儿园、小学中爆发,预防水痘最理想的方法就是接种水痘疫苗。看来社区医生没忽悠我,这水痘疫苗还是很有用的。

· 肺炎疫苗和流感疫苗可以根据实际情况来选择,对于身体比较健康结实的宝宝来说,打不打就无所谓了,因为引起肺炎和流感的病毒种类比较多,单靠打某一种疫苗未必有用,关键还是平时要注意锻炼和保持卫生。而体弱多病的宝宝可以适当考虑来选择。

· 其他几种是需要的时候才打,看当地是否流行此病再选择是否需要注射,而狂犬疫苗,被犬类动物咬伤才要打。

· 注射疫苗也并非多多益善,因为疫苗在生产过程中要使用某些人体细胞或动物蛋白,疫苗提纯过程中,难以完全去除这些蛋白。接种疫苗后,人体在产生对某种疾病抗体的同时,也会产生异体蛋白抗体,有可能造成过敏反应。也有的疫苗毒减得不好,灭活也不好,还会造成感染,引起宝宝身体不适。

· 在进口疫苗和国产疫苗的选择上,也不必崇洋媚外,进口疫苗的价格昂贵,有些医生为了自己的利益,建议家长使用。其实国产的疫苗也是严格按标准执行并通过国家卫生部门检查的,因此完全可以使用国产疫苗。

· 预防传染病,除了注射疫苗,最好的办法还是让宝宝锻炼好自己的身体,拥有自己的抵抗力,多吃多运动,才能保持健康。

Part 27.看我哄宝宝睡觉的绝招

　　自打有了潇潇小妞儿后，最让我崩溃的事情莫过于每当我哄她睡觉哄到自己都快睡着的时候，她却还精神抖擞地冲我笑，或是扯开嗓门使劲儿哭！不过这一年半的妈妈也不是白当的，且看我练就的这一身哄睡绝活儿吧。

◯ ● 摇摇晃晃、蹦蹦跳跳法

　　月子里的潇潇睡觉总不老实，每次睡一会儿就醒，醒来就大哭。放在摇篮里摇，人家根本就不买账，必须得抱起来，而且还得一个劲儿地摇啊、颠啊，如果能连蹦带跳的话就更好了！小人儿在这样一个摇晃的状态下，却能睡得安安稳稳的。我真是晕，如果换作是我，胃里早就翻江倒海了。不过为了能耳根清净，更为了潇潇能好好睡觉，全家人只好不辞辛苦轮番上阵，小宝宝要多睡觉才长得快呀，累就累点吧！

◯ ● 催眠曲哄睡法

　　眼看这样下去可不是办法，俺不得不发挥特长，给小妞儿唱催眠曲，在潇潇外公的协助下，一首《潇潇摇篮曲》诞生了，潇潇外公作词，俺谱曲：摇摇摇啊摇，潇潇不哭闹；摇摇摇啊摇，潇潇好宝宝；摇摇摇啊摇，潇潇要睡觉；摇摇摇啊摇，潇潇好宝宝；快乐潇潇、漂亮潇潇、聪明潇潇、健康潇潇……从那之后，每次哄潇潇睡觉，把她放在摇篮里一边轻轻地摇一边温柔地唱，效果还不错，潇潇真的很少哭闹了，常常伴着妈妈的歌声进入甜蜜的梦乡。

◯ ● 数羊法

　　三个多月的时候，潇潇经常夜里醒来，喂过母乳之后，一点睡意也没有，任凭我怎么摇，她总自顾自在摇篮里"嗯嗯啊啊"地"说话"，有时候觉得她好像睡了，我停下来刚躺下，她又说了起来。说真的，当时真是要疯了，因为每天夜里这样折腾两次，我实在是困到不行，常常摇着摇着自己睡着了，一会儿又被潇潇说话给说醒了。实在没办法，我只好每次摇到潇潇不说话好像睡着了之后，自己心里又默默地数羊继续摇，一定要数到一百只羊才停下来，实在不行就两百只、三百只……这样继续推摇篮，总算让潇潇睡熟了，而我这替女儿数羊的方法弄得我自己睡不着时数羊都没用了，我只好数潇潇：一个潇潇、两个潇潇……一个可爱的潇潇、两个可爱的潇潇……

● 兜风逛街法

四个多月开始，潇潇有时能睡整夜，白天也是到点就能睡。可是到了七个月，这睡觉问题又出现了。特别是白天，在家里哄她睡觉，是怎么哄都不成，而摇篮又因为空间太小被束之高阁了。七个月的宝宝，体重已经不轻了，抱在手里还真是累人。正当郁闷，有一次推着小推车带潇潇去楼下散步，小人儿却在热闹非凡、人声嘈杂的大马路上睡着了。于是这之后，只要潇潇不肯睡觉，我就带她出去兜风，逛超市、商场，越是吵闹的地方，她睡得越香，真是让人纳闷儿！有的时候直接开车出去，潇潇坐在自己的宝座（安全座椅）上，睡得不知有多踏实！

● 生病时的哄睡法

九个多月潇潇得幼儿急疹的那次，最让人伤脑筋的是，发着烧的小妞儿一刻也不能离开妈妈的怀抱，只要一放下，就开始大哭，抱起来就会昏昏沉沉地睡去。生着病的女儿本来就很难受，如果睡不好，就更不容易恢复了。为了宝贝，我就这样坐在床上，整夜地抱着潇潇，自己也耷拉着脑袋打盹儿，不过这滋味真是不好受，也是从那一刻起，我才更加意识到作为一个母亲肩上的责任和重担。

● 恐吓威逼利诱法

快满周岁，潇潇越来越调皮了。午睡时间到了，看潇潇那表情其实已经很困了，问她"潇潇是怎么睡觉的呀"，她会往妈妈肩膀上一靠，小脑袋耷拉下来，做出睡觉的姿势。可抱着她摇着她哼着催眠曲，她就是睡不着，还时不时用小手摸东摸西的，甚至把小脚丫伸到妈妈脸上，自己开心地笑个不停；或是抓耳挠腮、辗转反侧，难以入睡；有的时候在我怀里睡着了，刚一放到床上，她一打滚，就爬了起来。对她的这些举动，我不得不采取了"恐吓—威逼—利诱"三部曲的方法，颇有成效：乱动一气时先恐吓"再动手动脚要打啦"，然后威逼："快睡觉！"其实这时小妞儿已经很困了，有时候会因为闹困哭起来，赶紧利诱"好潇潇，不哭不哭，赶快睡觉就是好宝宝"，再拍拍摇摇很快就会睡了，哈！

○ ● 疯玩法

　　有一段时间，潇潇夜里睡醒后总要玩上个把小时才肯接着睡，如果硬逼她吃完母乳立刻就睡，她准会耍脾气。我琢磨着是不是白天活动太少了，一岁左右的孩子每天睡眠时间明显减少了，白天如果活动量不够或睡得太多，晚上自然就睡不着。想想我们大人不也一样吗？于是我尽量多带着小妞儿出去活动，让她白天醒着的每时每刻都玩得尽兴，果然这样疯玩了一天，到了晚上自然又累又困，一边吃着母乳一边就睡着了，夜里也醒得少了。

○ ● 吃喝法

　　给潇潇断奶后夜里很少醒了，但也有时夜里醒来想让她接着睡她却使劲儿哭，怎么哄也不行。我突然想孩子是不是渴了，北京的冬天很干燥，屋子里有暖气更干，我自己夜里醒来都要喝口水，孩子不一样也会渴吗？于是起床给潇潇冲水，白天不肯喝白开水的潇潇，夜里竟然咕嘟咕嘟能喝半奶瓶，看来真的是很渴，喝完后很快就能睡着了。有时候光喝水还不行，还得喝点牛奶。以前夜里都得吃一两顿，现在不吃母乳了，夜里渴了或者饿了也是很正常的。

○ ● 唐僧念经法

　　我还有这一个绝招，不论白天晚上或夜里都能用，哄潇潇睡觉的时候，一边抱着她摇啊摇，一边像唐僧念经一样嘴里轻声念叨着：潇潇好困啊，潇潇要睡觉啦，妈妈抱着潇潇哄潇潇睡觉呢，潇潇快点睡觉就能长大了，潇潇快快长大吧！潇潇真是太困啦，潇潇就要睡着了，妈妈的潇潇马上就要睡着了……就这样重复地絮絮叨叨地念着，我想要是真有《大话西游》里的孙悟空，见到我这样念经也会发疯吧！哈哈，当然我那可爱的女儿也经不住我的哄睡真经的无边法

五、好妈妈的温柔呵护

力,迷迷糊糊地就真的睡着啦!

其实总结了这么多方法, 我觉得哄宝宝入睡, 除了给宝宝一个舒适的环境,更重要的是妈妈要有耐心。如果妈妈情绪急躁,宝宝会感觉得到,自然不能平静下来睡着。要让宝宝感受到妈妈的爱,他才会有安全感,才能放心地在妈妈温暖的怀抱中安然睡去。

28.宝宝睡眠的误区

很多姐妹们在宝宝睡眠的问题上都会走入一些误区,让我们赶快来纠正吧。

◯● 误区一:摇晃宝宝

其实就在我的这些哄睡绝招里,就犯过一些错误,那就是用摇晃的方法哄潇潇睡觉。据说剧烈摇晃宝宝容易损伤宝宝的大脑,使宝宝的大脑在颅腔内震动并与颅骨相撞,有可能引起轻微脑震荡、颅内出血,十分危险。幸好幸好,我们摇得还比较温柔,俺们家小妞儿也没被摇出什么毛病来,谢天谢地!不过这种侥幸心理可要不得,还是注意点的好。

◯● 误区二:开灯睡

每次小妞儿睡着后,我都会把房间的灯关掉。家人都曾质疑,这样潇潇会不会害怕? 我当然有我的道理:夜间宝宝睡觉开灯危害很大,宝宝的大脑通常在夜晚分泌生长素最为旺盛,如果房间内灯火通明,会给宝宝的大脑一个错误的信号,一直以为是白天,势必会影响宝宝的成长。而且睡觉时无论开着大灯还是小灯,都对宝宝的视力有一定的伤害。

◯● 误区三:搂着睡

老公经常对我的做法不解:"你为什么不搂着潇潇睡呢? 你们俩一个被窝,又不用担心她蹬被子,醒了随时能哄,多好!"不只是俺们家孩儿她爹,很多爸爸妈妈都会觉得搂着宝宝睡觉好。其实不然,妈妈搂着宝宝睡会增加很多安全隐患,一旦妈妈熟睡后,很容易压到宝宝或是堵住宝宝的鼻子,十分危险。宝宝的头如果被盖住了,呼吸到的都是不新鲜的空气,也容易生病。而且宝宝一直靠着妈妈睡,容易养成一醒来就要吃奶的毛病,对定时喂养造成影响,妨碍宝宝的食欲和消化功能的发育。再说,搂着睡这个姿势对大人孩子来说都不舒服。我是从来不搂着潇潇睡觉的,而且都是她小床、我大床,有的时候夜里喂奶后实在懒得抱回去了,也是一人一个被窝各睡各的。我想我不陪潇潇睡,对以后她往自己独立睡觉的过渡一定也会有帮助的。

○ ● 误区四:睡前做游戏

白天要上班的爸爸妈妈,常常晚上回到家时,小宝宝已经快要睡觉了。一天没见自己的心肝宝贝,这个时候难免想亲热亲热,共度一段快乐的亲子时光。于是便跟宝宝躺在床上疯玩起来,可是这样一来,宝宝的大脑又开始兴奋起来,接下来再想哄宝宝睡觉就难上加难了,不但大人辛苦,宝宝的生物钟也容易被打乱。我每天晚上哄小妞儿睡觉都会营造一个良好的氛围,幽暗的灯光,安静的环境,说话也更轻柔了,这样的环境下,倦意自然会马上就爬出来的。

○ ● 误区五:夜里叫醒把尿

我一直给潇潇穿纸尿裤,自然不会这么做。但是很多爸爸妈妈不愿意给宝宝穿纸尿裤,为了不把被褥弄湿,夜里便叫醒宝宝为其把尿。此时的宝宝正处于深度睡眠中,突然被打断,这对宝宝来说是多么痛苦的事。

○ ● 误区六:冬天捂夏天裸

热水袋、电热毯我从来不给潇潇用,我自己就被热水袋把手上烫出过水泡,这种危险的事情可不能发生在女儿身上,何况她这么小还不知道避让;而电热毯就更不舒服了,本来冬天就很干燥了,再用电热毯一烤,还不把宝宝烤脱水呀。关键是大人要做到时不时查看宝宝有没有蹬被子,不然就用睡袋。夏天我最热的天气也只给潇潇铺草席,身上最少也得穿个小背心小短裤,特别是小肚肚得保护好,冻着了可要拉肚子的。另外,就算我自己热也忍着尽量不开空调睡觉,空调的风凉飕飕的,对关节很不好呢。

让宝宝拥有一个优质的睡眠,对宝宝的成长起到关键的作用,所以姐妹们,赶快对照一下自己的做法吧,你家的宝宝在睡觉的问题上有没有遇到过这些红灯,要是有,那就赶快纠正吧!

Part 29.妹妹你大胆地往前爬

　　都说七坐八爬,也就是说宝宝们一般都是七个月会坐,八个月会爬。小妞儿坐得可不晚,刚满六个月就能不需要任何依靠独自坐着了,可是这爬,一直到十一个月却还迟迟学不会。虽然我一直自我安慰,没关系,很多宝宝会走了还不会爬呢,潇潇这不是还没会走嘛!但我其实还是祈祷小妞儿早点学会爬的,因为爬行对宝宝来说是非常重要的一个过程。

　　1.爬行可以促进宝宝中枢神经系统的发育,使身体各部分的肌肉越来越灵活、动作协调能力越来越强;

　　2.爬行能促进大脑的发育,爬行活动需要用到身体的很多相关部位,能调动与训练大小脑的运用与配合;

　　3.爬行运动可以锻炼宝宝身体各部分肌肉,为以后的站、走都打下良好的基础;

　　4.对于运动比较少的小宝宝来说,爬行过程中要消耗能量,促进宝宝的食欲;

　　5.宝宝会爬后,对探索周围世界有了更强的欲望,爬行对宝宝好奇心、学习能力、独立能力、自信心的培养都有帮助;

　　6.爬行会给宝宝带来很多乐趣,从在原地无法移动,到可以爬到任何地方去接触自己好奇的事物的这个过程,对宝宝来说是多么的快乐呀!

　　爬有这么多好处,可我们家小妞儿就是不爱爬,她宁愿赖在那里不动,只玩她跟前的玩具,也懒得往前挪动身子。其实这也不能全怪小妞儿,还是我们给她练习得太少了,方法也不得当,没能完全调动起她想爬的积极性。那要如何帮助宝宝练习爬行呢?在我意识到该赶快给小妞儿加紧练习后,还真是动脑筋琢磨了一番。其实这个过程也是一个游戏的过程,不要让宝宝觉得学爬又辛苦又枯燥无味,一定要让他在快乐中学习。

　　1.力量的锻炼:让宝宝先练习趴,会趴了才能爬呀。可以将宝宝俯卧,在他的前上方用镜子、玩具等引逗宝宝抬头,这个过程中宝宝会不自觉地使用上臂支撑起上半身,同时双腿也需要配合使劲儿才行。这些工作应该在宝宝很小的时候就开始做了，当然这些动作对潇潇来说已经是小 case 了。

2.工具准备：在床上爬毕竟活动范围有限，也有掉下来的危险，最好在地上铺上地垫，让宝宝在地上练习爬行。地垫要选择防滑且容易清理的，厚度相对厚一些，材料一定要安全。我早为女儿创造了一个快乐小天地，地垫上摆放了她喜爱的玩具和图书，只是由于没有经验，我买的地垫太滑了，这也不利于宝宝学爬，因为太滑手脚使不上劲，姐妹们在给宝宝选择地垫的时候就要注意这个问题了。

3.抵足爬行：让宝宝趴着，爸爸妈妈在宝宝身后双手推动宝宝的脚底，宝宝会有个自然往后蹬的反应，每天练习几次。我把这个工作权当减肥运动，每天跪在地上，推着我的小妞儿往前爬。

4.四肢协调爬行：找一个宝宝最喜爱的玩具放在宝宝的前方，诱导宝宝向前爬行去拿玩具，这个时候宝宝会逐渐自我协调四肢，达到往前移动的目的。潇潇当时最喜欢的是一个音乐娃娃，打开音乐，娃娃的耳环还会发光，小妞儿就会使劲儿往那边奔呢。

5.健身操：这个看起来跟学爬似乎没有太大的关系，但是如果妈妈们从宝宝很小的时候就坚持给宝宝做一些促进身体协调能力发展的健身操，在宝宝学爬和学走的时候，就能起到很好的作用了。这些操并没有什么墨守成规的格式，基本上就是给宝宝伸展胳膊、弯腿抬腿之类的，在网上就可以找到很多，感兴趣的妈妈们不妨去找一找。

6.安全措施：宝宝会爬后，就会带来一些安全隐患，一定要及时把家里一切不安全因素清除，比如一些细小的物品像硬币之类的，防止宝宝爬过去抓到放进嘴里吞下去；还要注意关好大门，万一爬了出去从楼梯

上滚下去可不得了。这个工作对于爱收拾的我来说一点也不麻烦，我早就把家里的客厅创造成潇潇安全的练习室了。

通过刻苦训练，小妞儿终于在满周岁前学会了爬，也终于没有落在独立行走之后。不过由于爬得晚，对后来会走了之后的身体协调性还真是有影响的。小妞儿一开始每次摔倒都不知道要用手撑地，因为她爬得少，没有这个意识。所以刚学会走那阵子，我都是紧跟其后，一旦身体发生倾斜，立刻上前扶住。一直到会走一个月后，摔倒时才开始用手撑地，不会再摔个嘴啃泥了，我们也终于轻松了不少。为了小妞儿协调能力的锻炼，我到现在还会每天都让她在床上爬一会儿，有时我也躺在旁边，跟女儿一同玩耍。

30.该放手时就放手
——小妞儿学走九阶段

十一个多月才学会爬，看起来潇潇的大动作似乎发育得有点慢。其实不然，潇潇是那种热衷于走而不喜欢爬的宝宝。学会爬之后不到一个月，小妞儿就能够不依靠任何外力独自行走了，应该算是走得挺早的宝宝。

潇潇学走的过程大致分为以下几个阶段。

第一阶段，迈步意识：八个多月的时候，小妞儿就有了往前迈步的意识。从那时候起，我就每天搀扶着她在客厅里走上两圈。我双手半抱着她的上身，用脚带动小妞儿的脚往前跨，她很乐意进行这个练习，比练爬积极多了。

第二阶段，学步车宝宝：九个多月给潇潇买了学步车，一坐进去，小妞儿最初是倒着走，不一会儿，就能灵活自如地四处活动了。在学步车里，小妞儿非常开心，因为她终于可以去每一个她想要去的地方了，她对行走的兴趣也就更浓了。

第三阶段，学步带练习：其实用学步带没练几天，我觉得不是很好用。宝宝要摔倒时用学步带扯着一定很不舒服，而且似乎对宝宝练习走也没太大作用，所以我用了几天就扔一边儿了。

第四阶段，放手太早的教训：一天晚上，她爹搀着小妞儿练习走，突然想试试潇潇能自己走几步，便放开手，在前面引逗她。小妞儿颤颤巍巍地往前迈步，走了两三步，突然往前一趴，因为身体协调能力不好，根本不懂得要用手撑地，一下子摔了个嘴啃泥。老公没来得及抱住。潇潇这一跤摔得可不轻，嘴唇被磕破了，鼻子也出了好多血，幸好是摔在平地上，前面没有尖锐物体，小妞儿没有大碍。而从那以后，我们也意识到凡事不能急于求成，安全第一！

第五阶段，搀扶行走：还是搀着小妞儿走吧，一开始是在小妞儿身后握住她两只胳膊往前走，后来慢慢地可以只拉着一只手走了。由于用过学步车，潇潇走路时上半身有点往前倾，坚持一只手拉着她走了一段时间后，总算好多了。

第六阶段，扶着沙发走：我在沙发的一端放上潇潇喜爱的玩具，让她从另一端走过来，小妞儿从两只手扶着沙发慢慢走，到一只手扶着走，有时候从一个沙发走到另一个沙发，之间很短的距离没法手扶，她竟然也能控制住平衡走过来。这个过程对小妞儿独立行走也是很关键的，因为在这个阶段，她学习到的是不依赖别人的力量，虽然是扶着沙发，但也是她靠自己的能力来完成行走的。

第七阶段，放手：本来我以为真正能放手让小妞儿独立行走还是遥遥无期的事情，可是也就是不经意间，就可以放手了。那天一个朋友过来玩，饭后我们俩蹲着让潇潇在我们之间来回走试试，刚开始她有些害怕，但见我们保护得很好就放心地走着。我们逐渐拉大中间的距离，小妞儿竟然就能走起来了，身体一点儿也不前倾了，而且走得还很稳，她自己似乎也小心翼翼的。就这样，小妞儿终于可以不依靠任何外力独自行走了，那天是满周岁后零九天。没多久，她就能在各个房间里来回走了。最厉害的是还能一边走一边踢球，当然我们还是得在旁边随时保护的。

第八阶段，反复：按说到了第七阶段就应该结束了，可是半个多月后的一天，潇潇午睡起床后，突然又不肯自己走了，非要我拉着她的一只手一起走。我逼着她自己走不肯拉她时，她自己也走得挺好的，只是一副很害怕的样子，要么就边走边用两只手拍脑袋，要么就双手抱在胸前非常紧张想哭的表情。会走之后基本上没怎么让她摔过，为什么会这样呢？潇潇外婆说有的宝宝就是这样的，会走之后又会有时候突然胆小起来，过一段时间就好了。果然几天之后，她又突然之间不再害怕了。看来作为父母，也要经得起宝宝的考验呀，对这样的反复现象不需要太担心和着急，给宝宝时间，他们自己会适应的。

第九阶段，摔倒后的反应：只是能自己走还不能算完全学会走了，还得能自己处理各种问题才行。一开始小妞儿常常摔倒，可能是腿脚还不那么有劲儿和利索吧。每次摔倒，都要人扶，不然小妞儿就给我们颜色看——发脾气。这样可不行，我要锻炼她勇敢独立的性格，在每次摔倒后，潇潇刚想哭，我连忙制止，并告诉她哭对她没有任何帮助，只有靠自己的力量站起来才行。一开始她还不会自己站，我就拉住她的一只手，让她抱着我的胳膊爬起来，渐渐地她不再害怕了，摔倒后不但不哭，还笑着自己站起来。每当见到她的一点进步，我都要及时表扬，给她更多的信心和勇气。

如今，小妞儿已经走得很好了，特别是出去玩儿，潇潇一见到小朋友们，就兴奋得连跑带跳的。真心祝福我的女儿，今后的人生路上，一路走好！

31.为小脚丫选对鞋了吗？

宝宝会走路了，一双合脚舒适的鞋很重要。别看潇潇才一岁半，她的鞋前前后后已经有了二十来双！买过这么多鞋，我还真买出了点经验，跟姐妹们分享一下吧。

一、学走路之前穿的鞋

宝宝还不会走路，干吗要穿鞋？要知道潇潇是生在寒冬腊月，如果要出门，没双鞋还真不行。就算是在家里，抱起来玩耍，只穿双袜子也难免有点凉。这段时间潇潇穿的鞋是姨婆婆为小妞儿钩的鞋，其实跟袜套差不多，但是更厚实保暖些，穿着也很舒服可爱。

二、学步鞋

渐渐地，天气转暖，潇潇开始下地活动了。八个多月就有迈步意识的她，让我想到该给小妞儿买双学步鞋了。买了两双，样子都十分可爱，其中一双鞋底带防滑颗粒，不过两双鞋的底都很薄，只适合在家里的地板或地垫上行走，反正也不会走，出了门都是坐车，也无所谓。但是这样的鞋有个缺点，虽然面料是帆布的，但是仍然有些闷脚，小妞儿每次穿上一会儿之后脚就会出汗。天气炎热的夏天，索性就让她光着脚在游戏垫上活动了。

后来我又在网上看到了这样的鞋，鞋面鞋底全是软皮的，介绍说是外贸产品，最适合学步宝宝穿。我喜欢它们漂亮可爱的样子，便买了两双回来。这两双鞋最大的优点就是透气，的确是全皮的，穿多久都不会闷脚。但是随着小妞儿在地上活动的时间越来越长，我发现这样的软底鞋并不好，底太薄，常常穿着穿着就歪了，而且出去玩都不敢让小妞儿下地，怕地上的坑坑洼洼和小石头硌着脚。我剪了两块毡子做鞋垫垫进去，反正鞋也买得大，这样稍微好一点。但是潇潇外婆总说这么薄的底，天气一冷再穿就太凉了，宝宝受不了。

169

　　家里还有两双早就备着的棉学步鞋,也是防滑底的,很薄的那种,穿着总掉,大概鞋做得不合脚,看着很可爱,却不好穿。

　　天气转凉,我赶快再搜罗,买回一双小棉鞋,牛筋底的,有一定的透气性,也比较软,厚度半厘米多点,对于学步宝宝来说也适中。潇潇穿上后,走路很利索,我满心欢喜,忍不住又买了一双。这两双鞋还真是起了不小的作用呢,整个冬天,基本上就靠它们了。

　　潇潇生日,外公外婆的礼物之一,是一双机能鞋,相对于宝宝鞋来说,这双鞋的价格比较昂贵了。不过在穿过这双鞋之后,我才发现,这样的鞋的确对学步宝宝很适合。以前一直以为宝宝鞋的底越软越好,其实不然,这款鞋的底部设计刚好符合宝宝的足底曲线,软硬度有利于宝宝走路用力,对宝宝的足弓发育也有好处。不过这鞋的透气性不够好,而且价格太高,咱这普通人家,如果都买这样的宝宝鞋还真有点心疼。

○● 三、会走后穿的鞋

　　潇潇会走后,春暖花开,可以给小姑娘好好打扮打扮了,我一口气又买了好几双:小皮鞋、运动鞋、帆布鞋、凉鞋……女宝宝就是好呀,这些宝宝鞋做得可真漂亮,不过都有一个通病——闷脚。一次带潇潇去姨婆婆家玩,阿姨一摸小妞儿潮乎乎的小脚丫,连忙提醒我,小孩子千万不能闷着脚了,会捂出脚气来的,那该多遭罪呀!听她这么一说,我还真有点担心。没过几天,阿姨送过来两双布鞋和一双布凉鞋，让我给潇潇试试。穿上后正合适，而且全棉透气，软硬正好。虽然这手工缝制的布鞋没有买来的那么时尚，但是最适合宝宝穿着。于是从那以后，我就一直给小妞儿穿布鞋，至于那些漂亮的宝宝鞋，就留着拍照用吧！

如果家里没有人会做布鞋，其实也不用发愁，很多地方都有卖宝宝布鞋的。今年夏天我在一家超市就买了两双布凉鞋，买回来的样子更漂亮一些，鞋面和鞋底与脚接触的部分都是布的，而鞋底最外层是牛筋。

四、鞋码的选择

会理财的妈妈都想给宝宝买大一点的鞋，可以多穿一阵子。可是要知道，给宝宝买鞋，可不同于买衣服，衣服买大点没关系，只要穿着不掉就行，但是鞋太大了，宝宝走路不方便容易摔跤，走姿难看，而且还不利于宝宝足底的发育。那应该买多大的鞋才合适呢？姐妹们可以量一量宝宝的脚长，一般宝宝的鞋码都是内长，宝宝的脚有多长，再加上1厘米左右就是应该选择的鞋码。比如潇潇现在的脚长是13厘米，我给她买的鞋就是14码的。当然也会有一些鞋的尺码不是很准，如果是在商场或超市买鞋，最好还是给宝宝试一试吧。

Part 32.让我又爱又恨的学步车

小妞儿学会走不久后,她的学步车终于坏了。这么说好像有点盼着它坏似的,说实话,之前还真希望它快点坏掉,那样我就可以有充分的理由不用它了。可是当它真的坏掉了,又觉得有点可惜,毕竟这是潇潇用了三个月的东西呢。说起这个学步车,真是让我又爱又恨,有了它确实帮了我不少忙,可它的负作用也很多。

◯ ● 学步车的作用

1.满足宝宝的好奇心

随着年龄的增长,宝宝对周围的世界充满了好奇,可是无奈于行动能力很有限,不能随时到达每个他想要去探索一番的地方,又不会说话,无法很清楚地告诉大人自己的意图,往往大人凭着想象抱宝宝去的并非是宝宝想去的目的地。有了学步车之后,宝宝能自由行动,一旦发现目标,便可以立刻过去看个究竟。要知道,培养并满足宝宝的好奇心,对他将来的学习和生活是很有必要的。有了学步车,让宝宝有了自主权,我们当爹妈的要做的只是把不安全的隐患排除,让宝宝所到之处都没有危险。

记得潇潇第一次坐进学步车里那个高兴劲儿就别提了,一会儿往东一会儿往西,摸摸这个,看看那个,嘴里还念念有词地说着潇氏语言,说真的,学步车的确给潇潇带来了很多快乐!

2.减轻大人的负担

如果想用学步车来学走路,好像作用并不大,但是绝对可以减轻大人的负担,特别是对于一个人带孩子的姐妹们来说,不管你如何科学地安排时间,总有在宝宝醒着的时候必须要做的事情。

我平时白天都是趁小妞儿睡觉的时候打扫卫生、洗衣服、准备做饭的材料,但是菜不能提前炒,提前做好再热肯定不好吃,而且有的时候活儿还没干完,潇潇就睡醒了,让她自己待在床上她肯定是不干的。有了学步车,可以把她放在里面,让她自己玩一会儿,我就可以炒菜了,一般情况下,潇潇也很乐意在里面玩,毕竟自由嘛!当然也有坐烦了不高兴的时候,不过学步车总算为我解决了不少问题。

3.本身也是一个玩具

潇潇的学步车上有可以放音乐的按钮,还有推拉时发出"咔嗒"声的开关,而且颜色鲜艳,很吸引宝宝。到后来潇潇会走了,有的时候会自己主动走到学步车跟前,说"车车",示意想坐进去玩。坐进去后开心地跑上一会儿,累了就坐着,很是自在呢!

◯ ● 学步车的缺点

1.对宝宝学走路的负作用

因为在学步车里走路,一直有依靠,在让宝宝独自行走的时候,宝宝就会觉得害怕。潇潇那个时候就是这样,每次想放手让她自己走走试一试,她总是害怕地缩到我们的怀里,非要我们扶着她走才放心,哪怕只是揪着衣服领子,她就是习惯了走路时需要有一点依靠才行。

另外,由于学步车用了一段时间后,轮子里缠了很多头发和灰尘,怎么也弄不出来(轮子都是铆钉铆上的,无法拆下来清理),所以越来越不灵活了,走起来也越来越费劲,

小妞儿得上半身略向前倾使点劲儿才行。这样就导致没有学步车走路的时候，她也习惯性地往前倾着身体走。那时候我们都是双手从背后抓着她的两个胳膊练习走路的，明显感觉出她身体前倾，让我很是发愁。后来让她练习自己扶着沙发走，以及我一只手拉着她的一个胳膊走，她可能也发现再往前弯着腰就不稳了，才渐渐改掉了这个毛病。

2.有可能使宝宝腰肌劳损

据说有些国家已经禁止销售学步车了，就是因为学步车有可能使宝宝腰肌劳损。我猜想可能是有些爸爸妈妈让宝宝每天坐学步车的时间太长了，再加上像我上面一点所说的学步车不灵活了，需要费很大力气才能走动，才导致宝宝腰肌劳损的吧。如果按照说明上每次使用学步车不要超过半个小时，发生这种状况的应该还是少数。不过看到这个信息后我也有点担心，幸好潇潇还没什么事，一般我们也是没空抱她或领着她走时才用的，时间也都不长。

3.也不是绝对安全的

学步车看着四平八稳，周边都是软塑料，似乎挺安全的。可是自从潇潇的学步车不灵活之后，竟然有了翻车事件！每次都是小妞儿着急想去什么地方，在里面跑起来，可是学步车的轮子转不动，车子又很轻，潇潇上半身的冲力太大，一下子就翻过去了。有一次竟然连着三天，一天摔一个跟头！我当时就气得想把学步车砸了，幸好每次都是在客厅中间，没有什么边边角角的磕着，加之小妞儿身体协调能力也比以前好多了，摔倒的时候能用手撑住地，头和脸不会直接着地，才没受伤。

这就是我希望学步车快点坏掉的关键原因！当然经过这几次摔跤，我也更深刻地意识到带孩子时安全的重要性和自己的责任重大，不管玩什么玩具，无论孩子做什么，只要她醒着，就必须时刻陪在她的左右，一旦有危险，能以最快的速度伸出手去拉住她。

我的希望实现了，一天学步车被整理东西时不小心摔坏了。没了学步车，不再对它有任何依赖了，也没有了因为它而摔倒的隐患了，虽然带孩子会更辛苦些，但是我反而松了口气。慢慢地，潇潇走得越来越稳，能自己站着或坐着玩，能基本掌握平衡了，我也轻松了不少。

33.惊魂——女儿摔破额头缝了两针

这件事让我自责了许久,每当看到女儿额头上那道疤痕,眼前都会浮现出那惊心动魄的场面。

潇潇刚满十六个月,当时在老家。一天我带她去朋友家吃饭,朋友领着她玩,我正跟别人说着话,也就没在意。开饭了,潇潇从房间里走出来,朋友跟在后面,其实这个时候小妞儿已经走得挺稳的了,可是说不清什么原因,鬼使神差地,小妞儿突然往前摔倒了,头撞在前面的椅子腿上,朋友没来得及拉住她。我连忙起身去抱潇潇,她已经在哇哇大哭,更吓人的是,额头上流了好多血!我赶快检查伤口,似乎还挺深,加上潇潇使劲儿哭,血流得更快。我也拿不准该怎么处理,决定立刻去医院。

潇潇外公闻讯后随即赶到,那时伤口已经不怎么出血了,潇潇也停止了哭泣,但仍然一脸的委屈,只要见到陌生人或是有人想碰她,就又会哭起来。医生看了看说:没什么大问题,但得缝两针。天哪,我还真没想到有这么严重!女儿刚刚受了惊吓,年纪又这么小,怎能受得了缝针的疼痛!而且这是在额头上,根本不能打麻药,否则对大脑会有副作用的。可是医生说如果不缝的话,伤口不容易闭合,将来疤痕会比较宽比较明显。

还有什么更好的方法吗?爸爸找到医院的熟人咨询,说手术室有一种用胶粘贴伤口的技术,用那样的方法就没有针眼,也没有缝合来得痛苦。我们来到手术室,可是手术室的医生看了之后说:伤口在额头上,这里的皮肤绷得比较紧,用胶粘很容易开裂,还得加上一针才保险,而且处理伤口也很痛苦,还不如缝两针,他建议我们去眼科缝,那里的针最细。

这样一个疤将来多影响美观呀,为了不给女儿留下遗憾,我们决定就到眼科缝针。当把潇潇放在手术台上时,小妞儿害怕极了,她实在不知道要拿她怎么样,刚刚已经被吓坏了,现在又有一个陌生的白大褂在她面前舞刀弄枪的,潇潇放声大哭起来。医生要求我们按住宝宝,千万不能动弹。潇潇外公便扶着潇

五、好妈妈的温柔呵护

潇的头,我则按住她的手和身体。医生用消过毒的布盖住了潇潇的脸,在伤口处露个洞,开始进行缝合。我实在不忍心看医生在女儿额头上缝针的过程,只是死死地按着潇潇的身体不让她动弹,耳朵里传来的是宝贝撕心裂肺的哭声和一声声"妈妈！妈妈！"的呼喊,她在向我求救,此刻的我却无能为力,隐约听到爸爸的抽泣声,而我自己早已泪流满面。

说实话,这个缝针的过程比摔倒的那一刻更让人揪心,对潇潇来说也更痛苦和绝望。当医生操作完毕后,我紧紧地搂着女儿,生怕她再有任何闪失。潇潇靠在我的肩膀上轻轻地抽泣着,渐渐睡着了。还要打一针破抗,做皮试和打针的时候,潇潇又再度哭醒,不过实在是太疲劳了,一会儿便又睡了。

这之后,小妞儿总是不肯别人碰她的额头。我们买了一瓶碘酒每天给她擦两到三次,可是每次潇潇都要大哭,也难怪她,这次真是吓得不轻,她心里也一直有点阴影。五天后的拆线很快,潇潇只是哭了一小会儿就好了,再后来,慢慢地她就忘记这件事情了。我不知道这道疤到底能不能彻底消失,虽然很小,但我还是要想办法让它尽快恢复。我每天早晚都要给她擦两次芦荟胶(前面我也提到过,芦荟有促进新陈代谢的功效,我想应该能加快疤痕的恢复吧),轻轻地按摩直到完全吸收,现在看来疤痕已经没有原先那么硬了,好像也淡了点,但愿能更不明显一些吧。而小妞儿每次洗完脸都会主动跟我说"擦疤疤呀",虽然她并不明白是怎么回事,可那小模样却让我如此心疼！

这道疤痕时刻在提醒我,带孩子,安全是第一位的,如果没有了安全,其他任何东西都是空谈。再回想起当天的情景,我细细分析了潇潇摔跤的原因:去朋友家之前其实潇潇就有点想睡觉了,可我还是坚持把她一起带出来了,她之所以摔倒,一定是累了腿脚没力气。朋友家比较拥挤,如果潇潇是摔倒在空地上,绝对不会有事,但是朋友家东西摆得满满的,正巧前面就有一张椅子。我实在是大意了,在这样不熟悉的环境里,小妞儿走路肯定没有在家里那么利索,我应该尽量抱着她或牵着她的手才对,更不应该放心地交给别人看管,毕竟朋友自己没有孩子,这方面的经验是一点也没有呀。这件事情之后,关于安全问题,我总结了几条。

1.宝宝如果累了、困了,就让他休息,任何事情都要以宝宝的作息时间为准来安排,不要让他硬撑着,这样无形中就增加了安全隐患;

2.家具的摆放要注意,尽量把中间的空间空出来让宝宝活动,凡是有坚硬

的边角的家具,都应当用软的材料包起来,防止意外的发生;

3.在陌生的环境中,特别是拥挤的、安全隐患比较多的地方,爸爸妈妈要时刻跟随在宝宝的身边,或抱或牵手,随时准备着保护宝宝的安全;

4.人多的时候更要注意宝宝的安全问题,往往大人都只顾着自己聊天玩耍,或是你倚赖我、我倚赖你,都以为别人在看护孩子,结果谁都没上心,宝宝就容易发生危险,这个时候爸爸妈妈的责任最重大,要意识到只有靠自己才能照顾好宝宝的安全;

5.万一发生意外,千万不要惊慌,胆小的妈妈自己吓昏过去的可能也是有的。我想我还是比较理智的,及时准确的判断和处理,对宝宝才是最好的。整个事件的经过,都有妈妈陪在身边,我想对小妞儿也是一个安慰吧。

不过,无论如何,我都希望这样惊险的事情是第一次,也是最后一次,祝福我亲爱的女儿永远平安、健康!

34.胃口大减缘为何

每每与妈妈们谈及孩子的吃饭问题，我就满心欢喜地炫耀，潇潇同学吃饭一向不用我太操心，胃口好，表现乖。可自从十七个月以来，情况大不相同了，我几乎快要忘记小妞儿好好吃饭是什么情形了。对着一桌子丰盛的饭菜，任凭我好说歹劝的，小妞儿总是一句"不吃××呀！"好不容易骗吃骗喝，吃进去那么一点，潇潇就开始闹着要下餐椅。

人是铁饭是钢呀，不吃不喝可怎么得了！我赶紧分析原因，寻找对策。

○ ● 难道是缺锌

电视里的儿童补锌广告天天做，让我首先怀疑的就是女儿是否缺锌。不过在每次体检查微量元素时都显示很正常，当然也就不用担心这个问题了。再说之前潇潇一直都不挑食，含锌量高的蛋黄、肉类、肝也都吃，应该不至于缺锌。补锌产品怎么说也属于药，咱可不想随便乱吃。

○ ● 夏天的炎热气候影响食欲

俺自个儿一到夏天就食欲不佳，大概小妞儿也遗传了我这一特点吧。其实夏天天气炎热影响食欲是有道理的，夏天宝宝体内分泌的胃酸和消化酶都减少了，炎热的天气使宝宝免疫力降低，不能尽快清除体内毒素，而且外出活动相应减少，这些都会导致食欲降低。遇到这样的情况，姐妹们也不用太担心，多给宝宝喝水、多吃水果，清凉度夏，就算体重略有下降也没什么大碍，待到凉爽的秋天，宝宝的食欲就会又回来的。我也拭目以待，从我自己的经验出发，我相信小妞儿以后还会好好吃的。

○ ● 生病后没胃口

由于那段时间感冒了两次，每次发烧后潇潇都明显不愿意吃东西，这显然是与生病有关。我当然也有体会,发烧后嘴里特没味儿,什么都不想吃,宝宝自然也一样。于是我想办法变着花招给小妞儿换口味,做点有味儿的饭菜,尽量调动她的食欲。当然过了这几天也就好些了,据说宝宝有种"追赶生长"的现象,在生病后会长得更快,把生病时的损失给补回来。

◯ ● 出牙不适引发的食欲不振

潇潇出牙很晚,直到快一岁半才频率略高,时不时冒出一两颗小牙牙来。我猜想宝宝长牙时一定很不舒服,小妞儿竟然总说牙牙疼,吃什么都说咬不动,自然也就什么都不愿意吃了。我只好又回到从前的做法,给小妞儿做软和的饭菜,让她不用咬就能吃进去,只盼望她的牙牙快点长齐,就不耽误吃饭了。

◯ ● 自己吃饭的结果

这一点比较特别,不知道别的宝宝有没有这样的现象。小妞儿自打热衷于自己吃饭后,非要自己手抓或用勺舀着吃,可是她基本上是吃不到的,却还不让我喂,最后直接导致的结果就是越吃越少了。我只好连哄带骗,分散她的注意力,趁其不备,喂上几口。

◯ ● 逆反心理作怪

那段时间不但不爱吃饭,也不喜欢喝水。由于着急,我也犯了点妈妈们常犯的错误,就是追着求着宝宝吃喝。没想到小妞儿竟然这么逆反,我越是叫她喝水她越是不喝,就算她很口渴,也要与我抗争到底。有一次小妞儿往桌子方向走去并说着"喝水呀",我见她够不着就把杯子往前送了点,还欣喜地问"你是要喝水吗?"谁知小妞儿竟一扭头跑了,还连忙说道"不喝水呀!"我发现了这个规律,便悄悄地把水杯放在桌子边上,过了一会儿,小妞儿趁我不注意,又自己走过来,拿起杯子就咕咚咕咚地喝了个底朝天。看来真是逆反心理在作怪,以后喂饭喂水还是要顺其自然,不能硬逼,否则只会适得其反。

细细分析之后,我倒也不太担心了,处理得当,没过多久潇潇又变回了爱吃饭的乖宝宝。

Part 35.烦恼——出牙为何这么晚

都说出牙晚的孩子孝顺，为什么这么说？因为宝宝出牙的时候爱咬东西，当然吃母乳的时候也不例外，很容易咬痛甚至咬伤妈妈。要这么说，我们家这闺女可真够孝顺的，直到十一个多月才开始出牙，而一个月后就断奶了，当然也就没什么机会咬为娘我了。

其实这么点儿大的孩子哪知道什么孝顺不孝顺的，这出牙早晚都是身体发育的事儿，他们自己可控制不了。可是潇潇的牙出得也太晚了，还真是让人烦恼。眼看着跟她差不多大的宝宝牙都快长齐了，吃起东西来嘎嘣嘎嘣的可带劲儿了，可我们家的宝宝到一岁半也才出了六颗牙，而且都长得很短，貌似还没长好。

很多人关切地让我去给潇潇测测微量元素，看是不是缺钙。其实我知道小妞儿并不缺钙，而且早就了解到出牙早晚与缺钙与否并没有太密切的关系。据说还是胎儿的时候，宝宝的乳牙就已经形成了，只是有些宝宝的牙牙钻出来得早些，有些宝宝的牙牙迟迟不愿意出来。可出牙这么晚到底为什么呢？

遗传——这才是出牙晚的最关键因素。听潇潇外婆说，我小时候出牙就比较晚，也就比潇潇稍早一点儿。至于孩子她爹，听说出牙也不是太早。不要因为宝宝出牙晚就乱补钙，钙补得太多对身体也是有害的。正常情况下，宝宝一般在六个月左右开始出牙，最早四个月左右，最晚一岁左右，所以小妞儿一岁之前出牙，还是正常的呢。不过我也听说还有出牙更晚的，如果宝宝出牙时间超过这个范围，出牙过晚或出牙顺序颠倒，可能会是佝偻病的一种表现。另外，严重感染或甲状腺功能低下时也会导致出牙迟缓。所以如果宝宝出牙真的是太晚了，也要引起重视，及时治疗。

那正常的出牙顺序又是怎样的呢，让俺来列一列吧：先出下面的两颗正中切牙，再出上面的正中切牙，然后是上面紧贴中切牙的侧切牙，而后是下面的侧切牙。宝宝到一岁时一般能出这八颗乳牙。一岁之后，再出下面的一对第一乳磨牙，紧接着是上面的一对第一乳磨牙，而后出下面的侧切牙与第一乳磨牙之间的尖牙，再出上面的尖牙，最后是下面的一对第二乳磨牙和上面的一对第二乳磨牙，共20颗乳牙，全部出齐大约在两岁至两岁半。当然对于潇潇这样出牙晚的宝宝来说，时间就要往后相应推一推了。

尖牙

侧切牙

中切牙

第一乳磨牙

第二乳磨牙

宝宝出牙期间常常会感到不舒服，流口水、牙龈痒，甚至有的宝宝还会发烧拉肚子，这个期间妈妈要照顾好宝宝才行。宝宝流口水了，要及时擦干净，防止嘴角长红发炎；爱咬东西的宝宝一定是牙龈发痒，可以给宝宝一个牙胶让他咬一咬以缓解不适，而不要让宝宝随便拿起什么都咬，既不卫生也容易伤害牙龈；如果是发烧拉肚子了，最好还是去医院看一看。在出牙的那几天，宝宝常常睡不好、吃不好，也爱哭闹，不要轻易责怪宝宝，而应该给予他们更多的关爱，帮助宝宝渡过这个阶段才对。我前一篇提到小妞儿不愿意吃东西，总说牙牙疼咬不动，我就猜测是出牙引起的不适，便给她吃软一些的东西，过了几天，她又照常可以吃东西了，而我也发现她的确有两颗新牙冒了出来。

当小妞儿长出第一颗牙时，我就下决心一定要好好护理她的牙齿。因为我自己的牙就非常不好，年纪轻轻就补了八颗！这是由于过去对牙齿护理的重要性不太了解造成的，可不能让潇潇跟我一样了！当然给这么小的宝宝刷牙是不太可能的，但是不要以为宝宝小就不会长龋齿，相反，由于乳牙的牙釉质较薄，牙本质较脆，反而更容易产生龋齿。而母乳或配方奶粉中含有乳糖和碳水化合物，容易滋养细菌。所以每天晚上睡前喝完奶后我都会让小妞儿再喝几口水漱漱口。稍大些后，我就要开始培养小妞儿早晚刷牙的习惯了，这之前先让她看刷牙的动画片，有一个要刷牙的意识，她每次看的时候都会学着里面唱刷牙歌——"刷刷刷、刷刷刷、刷刷刷刷刷"！

　　虽说小妞儿出牙晚了点儿，但既然还没晚到不正常的时间，我也就不再发愁了，顺其自然就好了。只不过是吃饭没那么方便而已，没关系，我就多花点心思让她吃好不就得了。关键是今后要护理好女儿的牙齿，让她一辈子"牙好胃口就好，吃嘛嘛香，身体倍儿棒"！

36.宝宝鼻子出血了

　　前面说过我怀孕期间鼻子疯狂出血的事儿,其实我平时鼻子就容易出血,特别是在北方天气干燥的季节,几乎天天鼻子里都有血。对此我已经是习以为常,也从不当回事了,可是当有一天突然看到女儿鼻子出血了,我却着实紧张了一番。那天早晨,潇潇早早地醒了,我因为熬夜写东西实在醒不过来,老公便把小妞儿抱出去玩。可是过了一会儿,他又慌里慌张地把小妞儿抱进来叫醒我:"快看,潇潇的脸怎么破了?"我连忙爬起身,仔细一端详,不是脸破了,而是鼻子出血,流到脸上干了结的痂。再一看潇潇的小床,床单上也有干了的血迹,看来这是夜里鼻子出的血。

　　好端端怎么会鼻子出血呢？我首先想到的是女儿鼻子出血肯定是遗传了我的体质,体内火气大,稍遇干燥、劳累,就容易鼻子出血。在这前一天我曾带小妞儿去一个朋友家玩,她家也有个小宝宝,两个宝宝在一起玩得不亦乐乎,潇潇喝水、休息都没有平时正常了,再加上那天天气非常热并且干燥,肯定是这些原因引起的。

　　不过这只是我一开始的猜想,后来潇潇又出现过两三次鼻子出血,我开始有点担忧了。突然想到电视剧里演的某些可怕的血液病,最初的症状就是鼻子出血,越想越觉得恐怖,不敢再想下去,赶快找出确切原因才行。

　　其实宝宝的鼻出血很常见,主要有这几个原因。

　　1.宝宝生病发烧,鼻黏膜的血管也会剧烈充血肿胀,甚至造成毛细血管破裂而出血,这种鼻出血一定伴有高热。

　　小妞儿后来有一次鼻子出血就是在感冒发烧后,看来就是这个原因,本来就由于高烧造成鼻黏膜血管充血破裂,生病后潇潇又好多天没胃口,水也不愿意喝,自然容易上火引起鼻出血了。

　　2.外伤引起的鼻出血,轻微的外伤如用力挖鼻孔、擤鼻涕,损伤了鼻中隔的"立特氏区",也会导致鼻出血。

潇潇还小，自己还不知道用手指去挖鼻孔，所以这个可能性也就没有了。不过如果宝宝稍微大一些了，姐妹们就要注意了，不要让宝宝养成爱挖鼻孔的坏习惯。

3.受到撞击也会引起鼻出血。

潇潇在学走路的过程中就曾经摔倒过一次，当时鼻子流了不少血，我十分担心鼻子被摔骨折了，后来发现只是鼻子受了撞击和震动引起的出血。又要啰唆一次安全问题了，爸爸妈妈们一定要小心谨慎。我想想都觉得后怕，如果真的摔断了鼻骨，可就不仅仅是出血这么简单了。

4.鼻腔局部的炎症或肿瘤，会导致鼻出血。

这一般不会发生在小宝宝身上吧，倒是我们成人鼻子总爱出血时应该注意一下了。

5.气候干燥，鼻黏膜干燥结痂，导致鼻子出血。

这应该是潇潇其他几次鼻子出血的原因，天气干燥的时候，大人都逃脱不了鼻子出血的遭遇，何况如此娇嫩的小宝宝。

6.血液系统疾病引起的鼻出血：患血液病如血小板减少性紫癜、再生障碍性贫血、血友病、白血病等，鼻出血通常是最早出现的症状。如果孩子常常莫名其妙地鼻出血，爸爸妈妈就要格外注意了。

了解到这方面的知识时我还是立刻否定掉了，小妞儿鼻子出血并不算格外严重和频繁，而且每次都能找出原因。面对宝宝鼻出血，一方面不要太大意，另一方面也不能太过紧张胡思乱想，要根据实际情况来判断病因。

很多姐妹们也许正在为宝宝鼻子出血烦恼，遇到这样的情况应该怎么处理呢？

首先，爸爸妈妈自己要镇静，稍微懂点事的孩子见到自己鼻子出血有可能会吓哭，这时候当爸爸妈妈的要安慰宝宝，不要在宝宝面前表现得惊慌失措，让宝宝更觉得害怕，哭闹不休，这样反而会加重出血量和时间。

然后，立刻采取一些简便易行的措施尽快将鼻出血止住：最常用的方法就是用无菌的棉球塞进鼻孔，但是如果咽喉部有血向下流，说明血并没有被止住。有一个误区，很多人以为鼻子出血了要仰起头，其实这样并不对，仰起头后血往后流被吃到胃里，容易引起胃不适甚至呕吐。用手指压一般可以止住轻度的鼻子出血，让宝宝坐下稍向前倾斜，并让宝宝用嘴呼吸，同时捏紧鼻翼，使两个鼻孔封闭 5 分钟。不过这个方法对于还不太听得懂话的小宝宝来说不容易实施，不过还是要耐心劝导。幸好小妞儿每次鼻子出血量都很少，我也免去了这样的麻烦。还有一个方法就是用冷毛巾敷宝宝的额头，加速止血。

其次，如果宝宝鼻子出血持续了 20 分钟以上，就要赶快去医院了。

另外，对于鼻子爱出血的宝宝来说，平时要注意预防，让宝宝积极锻炼身体，多喝水，多吃水果，气候干燥的季节可以在鼻腔内点少量油剂以保持鼻黏膜湿润，并且教宝宝不要挖鼻孔。俺自己试过在鼻腔里抹一些眼药膏，的确可以缓解和预防鼻子出血。看来以后也可以给小妞儿抹一些油剂，不过眼药膏是抗生素，最好还是不要给小宝宝用，可以换成甘油。

Part 37.一岁半宝宝失败的排便训练

　　小妞儿就快一岁半时,夏天也来了,俺要开始给宝宝实施排便训练的伟大工程了! 为此,我早就作好了准备,买回了一只小鸭子坐便器,擦洗干净,便开始作战了。

　　第一天,小妞儿便给了我一个下马威。我让潇潇在家里穿上开裆裤,苦口婆心地叮嘱她,要是想尿尿了就告诉妈妈,或是自己蹲下来,还教了她好几遍如何蹲下,她对这个"蹲下、起立"的游戏似乎很感兴趣,有时也会一边蹲下去一边自己说"蹲下! "但是对那个小鸭子,小妞儿似乎很反感,站在跟前让她玩还行,但是第一次让她坐上去,她就开始哭闹要起来,而且一站起来没多会儿工夫,就尿了一地,裤子、袜子、鞋子自然全都湿透了。换洗干净后,我又叮嘱了几遍,想尿尿或想拉"臭臭"要告诉妈妈,便去洗衣服了。中途我偷看了潇潇一眼,她正蹲在地上玩鞋,也就不管她了。可是过了一会儿,小妞儿伸着右手走过来,嘴里还念叨着"手! 手! "我一看,天哪,小坏蛋抓了一手的"臭臭"! 我赶快奔赴现场,看到的真是让我抓狂的惨状,潇潇的几双小鞋子无一幸免,全都脏兮兮的了,身上的裤子鞋子当然也得洗了。赶紧扒皮,我这一通洗啊,从人到衣服,彻底大扫除。忙完后,我告诉自己没关系,小宝宝的排便训练一开始都是这么艰难的,一定要有耐心要坚持下去。

　　三四天后,还是小有成绩的,小妞儿从无意识的小便,已经开始知道指着地上的一滩水说"尿尿"了。但是对小鸭子仍然排斥,因为三四个月前小妞儿就常常会告诉妈妈"厄厄"了,有一次她说"厄厄"后我一检查还没拉出来,立刻把她抱到小鸭子上,可是她又愁眉苦脸地想哭。我打开动画片,想让她一边看动画片一边不知不觉地拉出来,可是过了一会再看,她根本就没有拉,只得抱起来,哪知道过了一会儿她就站着解决了。

　　两天后,成功蹲下小便半次! 每天无数次给小妞儿换袜子、鞋子,我实在是觉得太麻烦了,索性让她光着脚在地上玩吧,这样就算脏了也只要洗洗脚就行了。可是这个做法却让我十分后悔,因为光着脚踩在地板上,只要一有水就会很滑。一次小妞儿小便后滑了一跤,从那以后每次无论是光脚还是穿鞋,无论是小便还是大便,潇潇都会跟我说"滑、滑",不敢移动半步。而这之后又发生了一次手抓"臭臭"事件,并且小妞儿很搞笑地告诉我这是"芋头",真是让人哭笑不得!

再往后的几天,排便对潇潇来说已经成了负担,每次看到地上的小便小妞儿都会担心滑倒不敢动,每次看到自己拉出来的"臭臭"竟然会觉得害怕,每次让她蹲下大小便小妞儿就撇着嘴想哭。看来潇潇的第一次排便训练要以失败告终了,我得赶快停止,让她忘记这段痛苦而可怕的经历,否则以后的训练会更难进展。

第十天,我又给潇潇穿上了纸尿裤,小妞儿还有点后怕,连续两三天大便的时候竟然自己念叨着"不蹲",我安慰她:"好,我们不蹲,你安心拉你的吧,不怕不怕。"几天之后,让人害怕的尿尿和"臭臭"已经在小妞儿脑海里淡忘了,再等等再等等,也许我的宝贝还太小了,还没到时候呢。夏天还长着呢,就算夏天学不会,那又怎么样呢,让宝宝选择自由排便吧,总有一天她会学会的。

当然,事后我也细细思考了这次排便训练的失误、教训和那么一点经验。

1.宝宝一般要到两岁左右才能有意识地控制自己的大小便,女宝宝有可能会早一些,但也是因人而异,爸爸妈妈千万不要操之过急,一定要等到合适的时机再进行排便训练。我想我是开始得有点早了,毕竟小妞儿才一岁半不到。

2. 最好是选择夏天进行排便训练,这个时候穿的衣服少,避免了洗衣服的麻烦,否则每天面对成堆的脏衣服,会

五、好妈妈的温柔呵护

让妈妈们的信心大受打击,但是像我那样让宝宝光脚还是不可取的,安全才是第一位的。

3.儿童坐便器的选择也有讲究,我估计我买的那个小鸭子坐着不舒服,于是后来我换了一个小马桶,中间凹进去一些,与宝宝小屁股的弧度一致,宝宝坐着舒服才会接受它。买回来后潇潇会主动坐上去玩,我想这是个好现象。

4.排便训练不一定一次就能成功,如果一次的时间超过一个星期还没什么效果的话,最好停止,等过一段时间再重新训练,否则宝宝的心理负担会越来越重的。

5.不要把排便训练不成功的过错归咎于纸尿裤,我看到我们小区里很多比潇潇更大些的宝宝,他们从小就是把尿的,也一样不能自己控制大小便,都是在妈妈们的不断提醒和督促中排泄,这其实是宝宝生理发育还没有成熟的原因。给宝宝训练的过程中,夜里仍然可以穿纸尿裤,这样可以让宝宝睡得更好,以后再慢慢地让宝宝夜里脱离纸尿裤。

6.训练过程中,妈妈一定要有耐心,对常常做"坏事"的宝宝要宽容,千万不要责怪,更不能打骂,这样会使宝宝形成心理负担,更不利于训练哦!虽然知道这一点,但是我估计在训练过程中,我还是有一些表情和话语给小妞儿带来了影响,比如看到她满手的"臭臭"时我多少有些急躁,难怪她后来会对自己的"臭臭"感到害怕。所以,耐心,在宝宝的排便训练过程中,仍然是最关键的!

Part 38.哪些留,哪些丢

当了一年半的孩儿妈,用过各种各样的婴儿用品,发现有些东西真是用起来得心应手,非常实用,但也有些东西实在是浪费金钱。列几样我觉得最实用和最不实用的用品吧,给姐妹们作个参考。

◯ ● 应该收入囊中并一直保留着的。

1.热奶器:无论是母乳宝宝还是喝奶粉的宝宝,热奶器都是很实用的。热奶器可以调到宝宝喝奶的恒温,提前吸出来冷藏的母乳不能用微波炉加热也不可以用火烧煮,这样都会破坏营养成分,最方便的方法就是把装有母乳的奶瓶放在热奶器里加热;冲奶粉的奶瓶装好水也可以提前放在热奶器中保温,需要时加入奶粉即可。另外宝宝饮用的水、果汁都可以在热奶器中加热,最方便的是它能保持恒温,无论什么时候需要,都不用担心烫着宝宝或太凉了。

2.奶瓶架:宝宝喝奶、喝水、喝果汁,最起码需要3个奶瓶,一开始我把潇潇的奶瓶全都倒扣在盘子里,但是盘底总有残留的水挥发不干,感觉不太卫生。于是买了个奶瓶架,很便宜还很实用,把奶瓶和奶嘴分别挂在高高低低的架子上,水一会儿就干了,而且还方便卫生。小妞儿开始用杯子后,也一样可以挂在上面。

3.电子体温计:小妞儿几次感冒发烧全靠它来测体温了。宝宝用水银体温计不安全,万一碰破了,水银可是剧毒呀。这个电子体温计用起来很方便,探头是软的,放在宝宝腋下也不会很难受。有了它以后,我们家的水银体温计就下岗了,连我自己都用这个电子体温计呢。

4.电子挖耳勺:潇潇七八个月时,有一阵子总是摇头晃脑的,我猜想她一定是耳朵痒,从出生到那时候从来没有清理过耳朵呢。可是一般的挖耳勺或棉签我可都不敢用,看不见里面,万一碰伤宝贝怎么办。发现有这种电子挖耳勺后立刻买了一个,打开开关,就会有灯光沿着勺柄一直照到前端,把小妞儿耳朵里面

照得很清楚，果然耳垢不少。给小妞儿清理耳朵，这电子挖耳勺可真是帮了大忙。

5.婴儿指甲剪：新生儿的指甲很软，长出来后自己会掉。但渐渐地指甲越来越硬，若不及时剪短，宝宝很容易划伤自己。潇潇就干过这样的傻事，我也就连忙用婴儿指甲剪给她剪指甲。宝宝专用的这种指甲剪前端比大人的窄，而且有保护可以防止把宝宝的指甲剪得太短伤到肉肉，用起来比较安全。

6.睡袋：小妞儿睡觉简直是太不老实了，没有哪天不把被子蹬掉的。为了防止她冻着，我给她买了睡袋，薄的厚的、有袖无袖的都有。这样睡觉的时候，任凭她怎么蹬，也无法把穿在身上的睡袋蹬掉，我自然也就可以高枕无忧了。

○ ● **下面这几件，姐妹们如果还没买就别浪费银子了，因为它们实在是太没用啦。**

1.定型枕：且不说小妞儿睡觉不老实，从来就没让枕头好好在脑袋下面待过，这定型枕本身就没什么用，前面我也说过了，宝宝的头长成什么形状，不是外力决定的，靠这软软的定型枕可绝对是起不了作用的。

2.护脐带：当初为了保护小妞儿的肚脐，买了好几条三角形的护脐带，可宝宝稍微一动，就偏了，要不就总是跑到胸口去。俺叫你护脐来了，你护啥胸呀！还是后来买的肚围起了点作用，至少固定效果比这护脐带好多了。

3.婴儿帽、手套、脚套：怀孕的时候就给宝宝买了好几顶婴儿帽，还有宝宝内衣里配的婴儿手套、脚套，这些东西也是超级没用的，在家里又没什么风，婴儿帽几乎就没戴过。要是出门，这么薄的帽子也没用,我们都是用被子包裹好的。而手套、脚套就更派不上用场了,小宝宝整天躺在床上,戴那玩意儿干什么。

4.隔尿垫巾:朋友送了一包,说是用尿布的时候垫上一张,拉"臭臭"了好洗些,小便时也可以加快尿液被吸收且不回流。但事实呢,拉了"臭臭"尿布上一样脏,而这隔尿垫巾也不知道是什么材料的,用过之后小屁股反而更湿,还总粘在屁股上,怎么会舒服呢?

5.吸鼻器:之前提过,可以说根本就没有用,根本无法吸出宝宝的鼻涕,还不如用棉签和小镊子。

6.婴儿背带:每当抱潇潇抱得两个胳膊酸软无力时,我就嚷嚷着要买一个婴儿背带,可是当我真正买回来之后才发现,这东西一点都不好用。刚买回来图新鲜,我就把小妞儿装了进去背在身上,刚开始觉得还不错,双手解放出来了,可没多一会儿工夫,两个肩膀就被压得受不了了,还不如抱在手上舒服。于是这婴儿背带基本上没用,就被我收藏了。

Part 39.孩儿爸也不闲着

虽说我们家是男主外，女主内，这带孩子的任务基本上都落在我的身上，但是咱们家孩儿她爸可真是个模范爸爸呢。尽管工作辛苦忙碌，一回到家却从不闲着，看着这个大男人围着小妞儿转的情景，让我感到无比欣慰。

宝宝小的时候几乎每个月都要打预防针，老公主动请缨，无论工作多忙，也要抽空陪我们去，怕我一个人手忙脚乱照顾不过来，更是心疼小妞儿挨针的痛苦；

只要下班早，老公一定亲自带潇潇下楼玩耍，抱着女儿在花园里快乐飞翔；

给女儿喂饭、冲牛奶这些细致活儿也不在话下，别看老公平时是马大哈的性格，但只要是为宝贝女儿做的事，却是格外细心呢；

一旦女儿身体出现什么状况，老公立马上网查资料、打电话给做医生的朋友咨询，寻找问题的原因与解决的方法；

给潇潇讲故事，老公也会装出很可爱的声音和模样，每次听得我都想发笑，可是心里却是深深的感动；

每当潇潇害怕哭泣的时候，老公都会紧紧地抱着女儿说："不怕，有爸爸在！"这个时候我体会到，作为父亲给孩子的不仅仅是生活上的依靠，更是心灵上坚强的后盾！

而每当晚上哄睡女儿后，老公都会给我一个甜蜜的拥抱，说一声："老婆辛苦了！"这一刻，我觉得所有的辛苦都化为乌有，老公的理解与鼓励成为我努力做好一切的动力！

……

虽然我在写的是我自己，作为妈妈对女儿的护理心得与经验，可是我真的不得不说，女儿的健康成长，还有当爸爸的温柔呵护，有老公的帮助与支持，我才有可能成为一个快乐又合格的母亲。

孩儿爸们,当家里多了一个可爱的宝宝,你们可别偷懒闲着哦,照顾宝宝可不是妈妈一个人的责任,请你们也参与进来吧,这其中的快乐只有做了才能体会哦!

六、

让淘气小天后爱上生活

快乐

当东方的鱼肚白

破窗漂染

欢快的雏声

就盈满了你的殿堂

你从梦乡飞翔

晨曦奏响生命的乐章

黄鹂婉转在翠柳

百灵歌唱在天上

唤醒亲人的双眼

惺忪蒙眬中光亮

牵你细软的小手

吻你粉嫩的脸庞

外婆搂着你

笑逐颜开

外公盯着你

虚心听讲

妈妈梦着你

甜蜜小憩

爸爸举着你

满屋疯狂

……

亲爱的女儿

六·让淘气小天后爱上生活

快乐，从晨曦出发

你把我们的家

早早地

搅成欢乐的海洋！

——潇潇爸诗性之大发

1.睡眠是多么美好的事

从刚出生几乎整天都在睡觉,到如今一岁半了每天要睡十二三个小时,睡觉可以说是宝宝生活中最重要的事情了。优质的睡眠是宝宝健康成长的关键,都说睡得好才长得高,这话可不假哦,因为人体的生长素大多是在睡觉的过程中分泌出来的。这么说,睡眠是多么美好的事呀,让宝宝爱上睡眠,就是我们要做的事。

● 爱妈妈、爱睡眠

母婴同室的好处不仅仅是能够促进母乳喂养的成功,还能给宝宝一个最安全最温暖的环境,有最爱的妈妈在身边,宝宝才能睡得踏实。

虽然我一直跟女儿分床睡(前面的"睡眠误区"一文中已经说明了原因),但是从出生到现在都是跟她在一个房间,小妞儿有什么需要我能第一时间照顾和满足她;每次吃完母乳女儿又会在妈妈温暖的怀抱里甜甜睡去;清晨醒来,潇潇一睁开眼睛就能看到妈妈,所以她很少睡醒就哭(除了月子里),因为她知道妈妈在,她也就踏实了。

最近一次生病发高烧,以前的经验是潇潇必须我抱着才肯睡,所以我让她跟我睡在了同一张床上。不过这次她似乎表现得很乖,我试着把她放在身边躺下,她也没有哭闹。我轻轻拍了拍她,哄她睡,过了一会儿,听到均匀的呼吸声,我便以为她睡着了。因为总一个姿势有点累,我翻了个身也打算睡。谁知小妞儿立刻爬起来,把我拉过去面冲着她,而且要让她能挨着我才行。我按她的意图靠着她,这次没过多久,她就安心地睡了。我在感动女儿如此乖巧懂事不吵闹的同时也意识到,孩子与妈妈之间的联系就是这样微妙,在孩子遇到困难或身体不适的时候,最需要的还是妈妈的怀抱来依靠。

潇潇第十八个月,学会了自己睡觉,再也不用我抱着施展各种招数来哄了,而且就算我没有陪在身边,她自己也能睡着。我想这是因为长期以来,她已经得到了足够的安全感,她知道只要一遇到问题,妈妈肯定会来帮她的。

爱小床、爱睡眠

由于一直分床睡,所以小妞儿得有自己的小床,当然我也是早有准备的。小床要布置得温馨舒适,宝宝睡得才舒服。潇潇的床上用品都是爱心牌的,被褥都是奶奶做的,床单和一些小物件是潇潇外婆和我亲手缝的。我一直觉得,用心去做一件事情,别人是能够感觉得到的。在这个充满家人关爱的小床上,柔软的床垫、温暖的小被子、素雅的图案,怎能不让宝宝喜爱呢?说实话,我都有点羡慕女儿呢,无奈个头儿太大,不然还真想躺上去体验一下呢!

顺便说说选择小床,肯定有很多姐妹们在为此拿不定主义,到底去哪里买好呢?商场里一两千的床也有,可总感觉有点贵,没必要,毕竟宝宝最多睡两三年,实在是浪费。我怀孕的时候去商场超市看了不少,最后还是从网上买的,这里价格还是便宜。如果怕上当受骗,姐妹们可以选择信誉比较高的店。我当时就是这样选的,信誉高,价格又相对便宜,而且我是找的北京的店,自己去提的货,因为这样的大物件不亲自看一眼总是不放心,而且自提可以省好多运费,这么重的东西快递费可少不了。其实前面也提到好几样宝宝用品,我都是通过这种方式买回来的。

睡眠也要注意安全问题

带潇潇回老家的那段时间,因为没有小床,潇潇是跟我一起睡在大床上的。尽管我还是比较注意,在小妞儿的周围用被子围了一圈,就怕她滚到地上

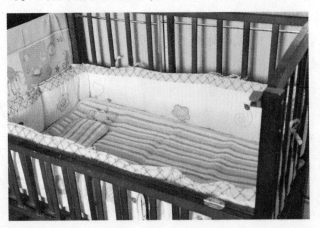

去,因为小妞儿睡觉实在是太野蛮了。可是这样的事情还是发生了,有一天夜里,我睡得正香,突然就听到扑通一声,继而是小妞儿的号啕大哭。我想也没想就爬起来去抱她,这个速度比

百米冲刺还要快，真是母亲的本能呀。幸好哪里都没受伤，但是想起来还是有点后怕，看来拦在周围的东西还是太矮了，哪能挡得住这位"爬行高手"呀！回北京后我还是让潇潇睡回自己的小床，还是婴儿床更安全，四周有高高的栏杆，这么小的宝宝还不至于能翻越出去。偶尔需要睡在大床上的时候，我也是不惜家中的被子靠垫，尽管都拿出来严严实实地给围上一圈。

此刻，我在写这些的时候，女儿正在甜蜜的梦乡中，我不禁又要偷着乐一下，睡眠真的是件美好的事，让我这个全职妈妈还能有点闲暇时间做点自己的事情，哈！

Part 2.吃相要从娃娃抓起

好的吃饭习惯从餐椅开始

在一次参加老公同学聚会的时候，见到一位三岁的小男生，吃饭的时候简直是太乖了，从头至尾几乎没怎么下过地，一直老老实实地坐在妈妈身边自己吃饭。而其他几家带的宝宝，却没一个好好吃的，围着桌子你追我赶，打打闹闹，这几位妈妈可就不省心了。当时我们正计划要宝宝，便问这位妈妈有什么经验能把孩子教得这么好。她说她的绝招就是让儿子从小坐自己的餐椅上吃饭，孩子习惯了坐着吃饭，就不需要总追着跑着喂饭了。如果坐在餐椅上闹着要下来，只要下了地就不再给他吃了，这样他就渐渐知道必须要好好坐着吃饭了，否则就得饿肚子呀！这好习惯一旦养成，妈妈也就不用再费神了。

这个方法我一直在心里牢记着呢，因为我也听说过好多不好好吃饭的孩子，爸爸妈妈真是伤透了脑筋。可是坏毛病不容易改，真是对孩子对大人都没好处，孩子吃不好营养不够，身体健康受到影响，大人又是哄又是骗累得要命。我可不想把局面变成这样，所以潇潇七个多月，能坐稳了，每顿都要吃一点了，我就买了个餐椅回来，让小妞儿每天跟我们同桌吃饭。

餐椅同样是从网上淘回来的，物美价廉，很合我心意。从实用角度考虑，我选的款式是分体的，现在当餐椅用，以后可以变成一把小椅子和一张小桌子，还可以给宝宝学习用。这样就延长了餐椅的使用寿命，也符合我一贯的勤俭持家的作风。

潇潇自打用了这个餐椅之后就爱上了它，也爱上了各种美食。小妞儿胃口超好，什么都愿意尝试。我按照那位妈妈说的，只要吃饭就得坐餐椅，不想坐了就不给吃了。潇潇真的也很乖，每次都能坐着餐椅把小肚肚吃饱，很少有中途闹着要下来的情况。偶尔有一两次，下地后我就狠心不再喂她吃东西。潇潇外婆心疼小外孙女，总想抱起来再喂点，但是我对她说，只要有了一次她就会再要求下一次，养成坏习惯就难纠正了。小孩子饿一次也不会饿出什么毛病来的，再说她一天之中要吃各种各样的东西，再隔一会儿就到了她下一次的进食时间，也不会饿到哪里去。这样下来，潇潇吃饭还真是很省心，到了饭点儿，她会主动走到餐椅跟前要求"坐椅子"，也很少需要大人抱着喂饭，这样的方式在偶尔外出没有餐椅的情况下遇到过，一手抱着孩子一手喂饭，那真是很累人的。

○ ● 让宝宝做主自己吃吧

宝贝快一岁半了，自主意识也越来越强了，对满桌子的菜指指点点，一会儿要吃这个，一会儿要吃那个，不再满足于我随意给她夹了。为了让她能自己做主，我给她一个小碗，把各种她能吃的菜都夹几筷子放在里面，给她一个小勺子，让她自己操作。不过这小宝宝的手眼、手嘴协调能力还没到火候，小妞儿根本就吃不到，她索性直接动手，抓着吃。看着她满手满脸的油和菜汁，有点洁癖的我还真是于心不忍，不过我一再告诫自己，不要阻止小妞儿自己吃饭的积极性，脏了可以洗嘛！

可是自从给她自由让她自己吃以后，有一段时间她怎么也不肯别人喂她了，这真是让我头疼了好一阵子。因为有些菜她根本就吃不着，特别是原先她爱喝的粥和汤，现在是基本上喝不到了，我想端起碗来喂给她喝，她坚决不同意，我只要一坚持她就着急。她自己只会低着头喝，最上面一点喝完了，碗里的汤浅下去了，

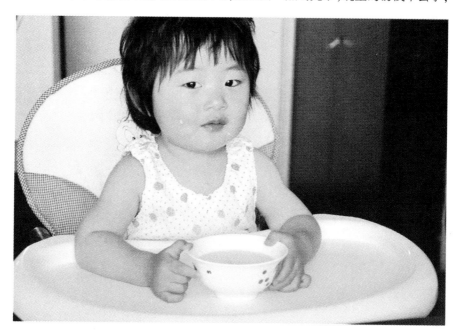

她就喝不到了。无奈，我唯一的办法就是不停地往她的碗里加汤，这样她总算能喝到一些。但是调皮的小家伙常常趁人不注意，就把小爪子伸进去洗上一通，或是把碗彻底来个底朝天，然后还一脸无辜地说："掉啦！掉啦！"

老公见状后不由得担心，孩子这样下去会不会将来没有吃相。其实我心里多少也有点着急，特别是当她满手的菜去抓头发、揪衣服的时候。可是我仔细想想，哪个孩子学吃饭不经过这样一个过程呢，打骂教训不会有效果的，只能让她自己通过实践慢慢去摸索，我在旁边加以引导。说实话，让小妞儿继续这样自己吃饭我是下了很大的决心的，虽然每天都在糟蹋粮食，每次都脏得像个小乞丐，但是为了让女儿学会独立、学会自理，我必须首先克服自己心理上的障碍。于是我每顿饭照旧给她一个小碗、一把小勺，她上手也好，用勺也好，怕她吃不饱，我再见缝插针喂上几口。没过几天，小妞儿把食物往嘴里放的动作已经练习得很娴熟了。而用勺子毕竟还是有难度的，但是我坚信，过不了多久，小妞儿就可以自己用勺子吃饭了。

要说吃相，最关键的还是父母的榜样，我想，只要父母吃饭讲文明，孩子无形中就会学习模仿的。其实小妞儿还是很有讲卫生的意识的，每次手抓食物抓得比较脏时，就会主动把手伸给我说："擦手，擦手。"我对老公说："你拭目以待吧，咱们的女儿绝不会不好好吃饭的，看看我吃饭多优雅，有其母必有其女呀！哈哈！"

○ ● 关于餐具

顺便说说宝宝吃饭的餐具吧。刚开始吃辅食，潇潇用的小勺子头部质地是软的，目的是保护宝宝的牙龈。后来随着小妞儿每一口食量的增大，那个小勺子也就太小了，我就改换不锈钢的勺子了，只要喂饭的时候注意不要碰到宝宝的牙龈和牙齿，还是这样的勺子更实用一些，而且也比塑料的更安全无毒呢。待到宝宝要自己学吃饭的时候，就要准备几个不怕摔的碗，尽管让他自己学习吧。

吃相也要从娃娃抓起，首先是养成坐椅子吃饭的好习惯，不能形成满地跑追着喂的毛病。然后就放手让宝宝自己吃吧，千万不要因为一时的脏乱而放弃。首先要会吃，才能谈到吃相哦。

3.给不给宝宝吃零食

很多父母谈零食色变,觉得零食对宝宝非常不利,是宝宝不爱吃饭的罪魁祸首。我认为,宝宝应该吃一些零食。首先是宝宝的胃容量小,每天活动量又非常大,很容易饿,适当地吃点零食补充一下能量是有必要的;其次,五花八门的零食真的很好吃,反正俺这当妈的就挺爱吃,如果什么零食都不肯给宝宝吃,岂不是剥夺了宝宝的一大人生乐趣?

其实,对于一岁多一点的小宝宝来说,只要选择合适的零食,给他们吃点应该是有利而无害的,完全不必过于死板。我每天带潇潇到小区花园里玩,常常会遇到一些正在吃零食的宝宝,这些宝宝的妈妈或奶奶们也会很热情地分给潇潇吃。前面也提到过,我一般不会太坚决地去拒绝,一是人家确实是好心,二是我不愿意做个太过严厉的妈妈,别人给点零食嘛,又不是咱们去抢的,如果小妞儿真要去抢,我当然会坚决制止的。不过让我烦恼的是这些小朋友吃的零食大多是膨化食品,我早知道膨化食品对身体没什么好处,虽然味道非常诱人。经过几番思想斗争之后,我终于想通了,反正也不是天天吃、时时刻刻吃,偶尔吃那么几口又有何

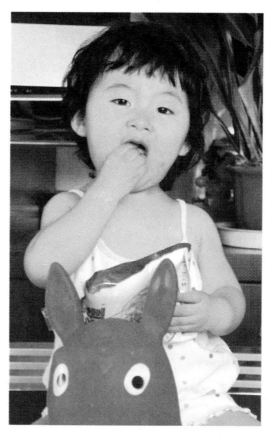

妨？其实像潇潇这么小的宝宝去了超市还不清楚哪些是她曾经吃过的"美味"，也不会非要买不可。而且还有一点值得注意的就是，如果大人坚决不让宝宝吃他想吃的东西，宝宝的逆反心理作怪，反而更想吃，还不如让他尝一下，了解了这种食物的味道也不过如此，家长同时找出一些更好吃又对身体健康有好处的零食来代替不健康零食就容易多了。所以我也不再担忧了，别人热情地给，咱就吃几口，而且我也每次都在包包里装上一些小零食，一是小妞儿自己吃，二是可以跟别人交换。

不过我的包包里的零食，都是经过我精心挑选的，潇潇很爱吃，对宝宝也没什么不良作用，是有营养价值的零食。鉴于小妞儿现在牙还比较少，坚果类的对身体很好的零食还无法选择。我给潇潇准备的零食有：饼干、小馒头、海苔（其实就是紫菜，入口即化，营养美味）、去壳的栗子（有包装袋，一般超市有卖的，煮的比较软，牙少的宝宝也可以吃）、葡萄干、山楂片等等。饼干类的零食最初还能起到磨牙的作用呢，我刚开始给小妞儿吃小馒头的时候，就发现她放进嘴里后，在用还没完全冒出来的小牙牙咬，虽然看不到她嘴里的动作，但是我能听到"咔"的一声，是把小馒头咬碎了。除了这些超市卖的包装精美的零食外，还有一种最简便的零食——水果，多吃水果可以补充维生素，增强体质，对皮肤也好哦。有了这些零食，小妞儿也不再向我要薯片虾条之类的了，倒是常常拿起我每天随身带的小包要求吃海苔。

吃零食引起的不好好吃饭，我也遭遇过。有几天，小妞儿吃完早饭就开始四处寻摸，嘴里念叨着："吃饼干呀！"我怕她饿着，更是出于母爱对她的迁就，只要她要就给她吃，结果那几天到了午饭时间，她根本就不饿，自然也就吃不了几口，弄得我直犯愁。后来我意识到是每天上午给小妞儿吃的饼干太多了，那么小的胃，能装多少东西，被饼干塞满了当然装不下午饭了。小宝宝没有自我控制能力，她只要觉得好吃，哪还管饱饿，拿起来就往嘴里塞。于是我决定不能再这么由着她吃零食了，一定要加以控制才行。一开始小妞儿跟我要东西吃的时候，我不肯给，她也很郁闷几乎要哭，我一边解释（虽然她似懂非懂，但我仍然必须作这个解释）为什么不能给她吃那么多饼干，一边赶快转移她的注意力，给她讲故事或是玩玩具。其实小宝宝也挺好哄的，她一会儿就忘记刚才的事了。从那以后，我严格控制小妞儿吃零食的量，时间基本上是上午下午各一次，潇潇习惯了之后也很少再成天缠着我要东西吃了，之后每次吃午饭也都吃得不少。

另外在吃零食的问题上，仅仅是教育孩子可不行，父母一定要以身作则。任何事情，孩子都会模仿自己的父母，父母的言行举止对孩子一生都有巨大的影响。吃零食这样的小事也不例外，所以爱吃零食的父母也要自我克制，首先自己做到少吃、尽量不吃才能去要求孩子。不能你自己一边吃着零食一边教育孩子不可以吃零食，孩子只会对你言行不符感到不知所措，只是会模仿你所做的一切。当然，像我这样一个爱吃零食的人，为了宝贝女儿养成良好的习惯，现在也很少吃零食了，就是吃也转变了口味，都是吃跟潇潇吃的类似的零食，她吃的时候我才吃，平时就不吃了。

Part 4.宝宝不怕远征难

　　别看潇潇刚来到世上一年多，却已经作过两次长途旅行了，在2008年和2009年的春天，两次来到远在千里之外的外婆家。春天的江南水乡风景秀丽，气候宜人，反正俺也不上班，老公在家时间少，我们娘儿俩就回老家投奔娘家去了。两次都是自驾车出行，因为要带的东西实在太多，而且把车开回去，回到老家出行也方便一些。

　　第一次回老家，潇潇才四个月，为了这次长途跋涉，我们可真是费了一番脑筋。那时候对儿童汽车安全座椅不是很了解，关键是小妞儿还不能自己坐住（其实安全座椅也可以躺的，当时我也不很清楚），一路上如果都由大人抱着，十几个小时的旅程，大人累宝宝也累，最让人担心的是安全问题，遇到紧急情况，大人自顾不暇，很难保证宝宝的安全。最后终于想到一个办法，看到家里被闲置的宝宝摇椅，我对它打起了主意。我和潇潇外公把摇椅拿到楼下，在车后座上来回摆弄，找到了一个合适的角度，把摇椅头冲后、脚冲前放好，用结实的绳子绑在汽车后座上，拉一拉无论如何也不能活动了，这就成了小妞儿路上使用

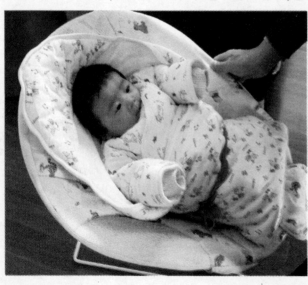

的儿童座椅了。躺上去的时候，摇椅的安全带系好，如果急刹车，宝宝由于惯性往前冲，安全带也可以固定住宝宝的身体。摇椅中间是凹进去的，我们把带回的衣服拿出来几件，在下面铺平，又软和又舒服。第一次回老家，这

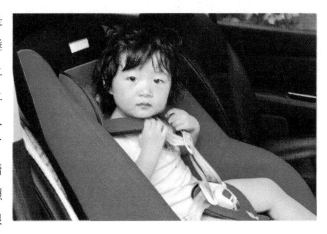

个自制儿童座椅真是帮了大忙，小妞儿睡觉的时候都是躺在上面，当然，只要她躺上去，必定有一个大人时刻监督。这次除了老公开车，还有潇潇外公外婆和我轮流照顾小妞儿，虽然都很辛苦，却也是个很愉快的旅行。

但是事后，我想到这个自制儿童座椅还是缺乏安全性的，一旦发生特殊情况，这个摇椅不可能所有的方向都固定住宝宝的身体。想起来还有点后怕，幸好一路平安。

第二次回老家，潇潇已经快十四个月了。这次老公开车，只有我一个人照顾宝宝。不过我们并不担心，因为我们早已买了一个专用的儿童汽车安全座椅。那是在小妞儿七个多月，已经能坐得很稳了之后，我考虑到要经常开车带宝宝出去，大人抱着毕竟不安全，于是便买回了这个座椅。有了这个座椅真是很方便，就算我一个人也能轻松带小妞儿出去兜风啦！潇潇习惯了这个座椅之后，甚至不愿意别人抱着，更喜欢坐在上面自在地看窗外的风景或听 CD 里的儿歌。这个座椅我依旧是网购自提，同理，实惠呗。商场里昂贵的座椅据说安全性能高，可我总觉得不靠谱，如果说想靠儿童座椅保护宝宝的安全，那是侥幸心理，关键还是开车要小心要稳当，若是真发生了意外，我不敢想象有什么座椅能保护宝宝完全不受伤害。而我买的这个物美价廉，仔细检查过质量也不错，而且安全带等各方面的设计都挺合理的，能牢固地抱紧宝宝。第二次回老家，路上依旧很顺利，潇潇大部分时间都很乖地坐在这个座椅上，除非真的累了才要我抱着玩一会儿。

长途旅行，除了在宝宝的坐骑上需要动脑筋，其他还有一些重要的准备工作要做好，才能保证旅途的顺利和舒适。

1.安全：虽然前面所说的宝宝座椅就是跟安全息息相关的，但是我觉得还有必要再强调一下，因为安全问题实在是太重要了。无论是用座椅，还是偶尔大人抱着玩一会儿，宝宝一定要在后排座上，千万不要坐副驾驶的位置，这里是整个车上最不安全的位置。另外，只要宝宝不哭闹，尽量不要大人抱。一旦发生事故，宝宝就成了大人的安全气囊，这是任何人都不愿意见到的。

2.食物：宝宝的食物一定要准备齐全，大人还可以到服务区随便吃点，但是小宝宝吃不了那些东西。第一次小妞儿刚四个月，准备的东西就很简单了，因为只吃母乳，只要我吃饱喝足了就不怕饿着孩子了。但是考虑到旅途劳累饮水不足会影响母乳分泌，我也准备了一些奶粉和水，以备不时之需。第二次的时候已经给潇潇断奶了，吃的东西就比较复杂一些了，除了充足的奶粉和水以外，还有饼干、馒头、火腿、鸡蛋、水果等等，宝宝可以吃，大人也可以充饥。

3.用品：除了宝宝吃东西用的奶瓶、杯子、小勺等，还有路上用的纸尿裤、湿纸巾、卫生纸，也要准备全了。在车上不可能随处大小便，拉了"臭臭"也不可能随时清洗，只能用卫生纸、湿纸巾擦干净小屁屁，一路上要用几个纸尿裤也要大概估算一下准备好了。

4.衣服：在车里，衣服不要穿得太厚，因为无论天气冷热，汽车里都不会太冷，特别是白天，太阳一晒，汽车里会出现温室效应，温度升高，宝宝被捂着了可不好。而且我怕小妞儿的小屁股被捂红了，还专门给她穿了开裆裤，这样虽然穿着纸尿裤，也会少一层不透气的因素。

5.换气：一定要时不时地开窗换气，或是把自然风打开。汽车里面的空间有限，容易缺氧。记得第一次回老家，虽然我们很注意换气了，但毕竟宝宝太小不容易适应，而且车上人也多，再加上那次天气比较热，所以一路上潇潇的小脸闷得通红。第二次就好多了。

6.玩具：随身包里放上两样宝宝喜欢的小玩具，毕竟这样的长途旅行是很乏味的，为了减少宝宝的哭闹，玩具作用可是大大的哦！

两次远行，小妞儿都很乖，几乎没怎么哭闹，真是让我们觉得很庆幸。像我们这样的情况，父母家离得远，或是经常需要远行的家庭一定不少，姐妹们不用一想起来就发怵，其实只要作好充分的准备，带小宝宝出行完全没有问题。我还打算以后常常带小妞儿去旅行呢，让女儿走遍祖国的大好河山，也让女儿更加热爱美丽的祖国、更加热爱美好的生活！

潇潇的身份还真不是一句话能说清楚的,有那么一点复杂。她多是山东人,为娘我是江苏人,虽然如今我们在北京工作生活,但也只是属于北漂的范畴,我们的户口分别在山东 X 城和江苏南京,潇潇出生在北京,户口则跟我落在了南京。

为了给潇潇上户口和办各种证件,我在第一次领女儿回娘家时,专门带着潇潇和潇潇外公外婆去南京舅舅家待了一个星期。潇潇舅舅提前把程序都打听清楚了,因为准备工作做得好,各种证件带得齐全,过程基本上还算顺利。不过再怎么顺利,一些烦琐的环节还是免不了的。

○ ● 【准生证】

之前我还不知道有这么个准生证,以为生孩子是天经地义的事情,生完报户口不就得了。在一个同事意外流产后,跟我说起医院要用到准生证,才知道为了抓好计划生育,咱中国还有这么个证。

办准生证还是 2005 年的事情。那年国庆节,我把 10 天的年假一起连着休了,就是为了回老家办证。因为我的老家和户口不在一个地方,又专门到南京办准生证。说实话,还是有熟人好办事,我找到了原先在南京上班的单位的同事兼好姐妹梅梅,她联系了单位里管计划生育的大姐来帮我。大姐也很热情,告诉我办这个准生证需要的证件有:双方的结婚证、户口本、身份证,并要填一些表格,盖上单位公章。我为了省事,请原来这个单位的人帮忙给盖的章,嘿嘿,这人缘好就是好啊,同志们都挺帮忙的。另外还需要丈夫单位盖章,我把相关表格带回了北京。

之后还有一系列的章,都是那位管计划生育的大姐去办的,我自己没怎么操心。只是办完准生证的时间拖延得比较长,一直到 2005 年的 12 月 20 日。不过幸亏拖了这么久,看到下面的情况姐妹们就知道奥秘了。

○ ●【出生证】

其实办准生证的时候，我们就开始了造人计划。可是这好事就是多磨，差不多两年后，宝宝才姗姗而来。

小妞儿出生后，出生证的办理很顺利，是老公在我和女儿出院后去医院办的。医院一般要求宝宝出生后一个月内来办理出生证，之前我们还以为宝宝一出生就得办呢，还早早地就把名字取好了。

当看到宝宝的出生证时，我们一家人真的是很开心，这可是一个小生命诞生的证据呢，也算是小妞儿拥有的第一个证件了。

○ ●【户口】

自打怀孕后，我就跟老公达成了一致意见，把孩子的户口跟着我落到南京。而我当初投奔她爹离开南京的时候，户口还一直放在原来单位，是集体户口。我担心集体户口到时候不好给孩子上户口，于是就想到了俺哥，便把户口转到他家里去了。

总算说到前面提的南京之行，目的就是为了给潇潇上户口。

各位姐妹，这个程序可要看仔细了，有点复杂哦（在异地生孩子的父母可以参考一下，当然具体做法还要以户口所在地派出所的要求为准）。

1.带齐各种证件，包括父母双方的结婚证、身份证、户口本、准生证、出生证，由于潇潇户口要落到舅舅家，还得写个户主同意接收的说明；

2.拿着这些证件在户口所在地的居委会或社区开一个异地生孩子的证明；

3.将证明交给当地的妇幼保健所，由保健所在准生证上盖章；

4.再回到社区，收走准生证；

5.到户口所在地派出所办户口，将出生证的副页撕走，派出所的同志会把宝宝的户口页打印出来交给办证人。

就这样，潇潇同志的户口也有了，成了一位小小的公民啦！

这中间还有件非常凑巧的事情。当拿到准生证的时候，社区的同志看到准生证的日期是 2005 年 12 月 20 日，而潇潇的出生日期是 2007 年 12 月 18 日时，她说，你这也太巧了，准生证的有效期限是两年，再晚两天，你这个就得重办了。这一点之前倒还真不清楚，我暗自庆幸，幸好小妞儿只推迟了 9 天预产期就被我们强行给拉出来了，要是再多推迟两天，那岂不是麻烦大了去了，也幸好准生证拖了那么久才办好,要是早办好两天也是同样的问题啊!嘿嘿,什么叫赶得早不如赶得巧呢,就是指这个呢!

【独生子女证】

要不是潇潇外婆提醒,我还真要把这个茬儿给忘了。大概因为自己不是独生子女吧,所以压根儿就没想到过还有独生子女证。

既然提上了日程就得赶快办,据说有独生子女证每年能领个几十块钱呢,哈哈,其实关键不是钱的问题,这可是对我们这些坚决遵守国家政策的好公民的奖励呀,是荣誉呢!办完户口第二天,我又连忙去给潇潇办独生子女证。因为没有提前打听,也不知道需要些什么,就去社区问了问,他们给了张表,需要双方单位盖章。这就麻烦了,因为如果要把表寄到北京再寄回来,时间就耽误太多了。我这次又发挥了人缘好的优势,请原来单位的朋友帮忙,在老公的单位那里盖了章。而我在落户口到哥哥家的时候,为了省事,工作一栏直接写的"无业",所以社区的同志说他们给盖章。就这样,两个章搞定了!

虽然俺钻了点小空子,不过也真是出于无奈,因为这户口地、工作地、出生地都不在一起,真的好麻烦的。我忠心希望我们亲爱的祖国尽快对户口问题出台更利于老百姓的政策哦!

可是这本来很顺利的事情,由于我的粗心,没仔细核对,办证的同志把潇潇的名字给写错了,名字里的"婧"写成了"靖",嘿,咱又不是郭大侠!只好第二天又再去改,人家服务态度还是很好的,工作效率也挺高的,业务也很熟悉,赞一个! 看咱这姿态,给我弄错了,还这么夸人家!

【身份证】

真是时代不同了, 记得我们过去办身份证是到了十七八岁要高考的时候为了报名才办的,而现在的宝宝一出生就有身份证号,如果愿意,现在就可以办身份证。不过咱现在又不打算出国,也没坐飞机的计划,考虑到这个时候潇潇太小了,拍的照片时效性实在有点短,就没办身份证。

想当年,我们过去的身份证都是手工编号,据说有很多重号的。我就曾深受其害,不知跟哪位美女重着号,这几年的养老保险、医疗保险、住房公积金都是社保的人给重新编的号,而且如果不改身份证号,将来这两个有着相同身份证号的人都没法领取养老保险。幸好问题现在已经解决了，不过现在的宝宝就幸运多了，编号的时候都是输入电脑的，这些信息又是全国联网，自然不会出错了。

○●【各种各样的证啊】

我们中国人，好像就是证多，记得某年春晚就有这样一个小品，没有证，连自己的箱子都打不开。将来，小妞儿还会有其他各种各样的证，俺这为娘的，就不辞辛苦一下，一一给她办了吧。话说回来，这些证也是对一个人身份的证明，有了这些证，希望我的女儿一生都能顺顺利利的！

6.不爱金钱和权力的宝宝
——潇潇抓周记

在潇潇农历周岁生日的时候,我们给她举行了隆重的抓周仪式。别看就那么几分钟的抓周仪式,我可是提前好几天就在准备了。按传统,抓周要有专门的器具,我在网上搜搜,还挺贵的,想了想还是没买,反正这抓周也只是家人对宝宝一个美好的寄托而已,咱也没迷信到真的相信宝宝抓了什么物品,将来就做什么行业。不过为了能有个有趣的纪念和回忆,我还是认真准备了好几样物品,每件物品都代表着宝宝将来从事与其有关的职业,列出来供姐妹们参考一下哦。

书:表示有知识有文化,将来做文学家或科学家

计算器:从商

移动硬盘:从事计算机、IT 行业

尺子:有尺度的意思,当律师或法官

笔:代表作家、艺术家、画家等

口琴:与音乐有关的工作

印章:象征权力,表示将来要当官哦

百元大钞:说明将来会很富有,嘻嘻,我心里可是希望小妞儿能拿这个的

话筒:做主持人或歌手

药瓶:当医生或护士

积木:做建筑师

毛线球:做服装设计师

其实我准备的这些物品,也都是从家里现有的东西中挑出来的。给宝宝抓周,到底需要哪些东西,得准备几样,现在也不像古代那么讲究,就看爸爸妈妈的喜好啦,咱不就是图个喜庆嘛。

另外还要备好相机或 DV 哦,把宝宝抓周这个精彩片断永远地保存下来,是一件很有意思的事情哦。当然我也给小妞儿拍了不少照片,也有整个过程的

录像，现在再看，觉得非常有趣：大家可知道我们家的小妞儿是一个多么清高的宝宝呀，对金钱和权力看都不想看一眼呢！本来我把百元大钞和印章放在正中间，是存了点私心的，想让她一眼就能看到会去抓，谁知道她根本不感兴趣！小妞儿依次抓到手里的东西是：积木、话筒、笔、书，其他东西有的虽然有碰到，但是并没有拿起来，应该不算数。最后一直拿在手里的是话筒和积木。看来潇潇将来的工作会跟主持、唱歌或是建筑有关哦。我自己就是学建筑的，女儿难道要跟我干同行？

整个抓周的过程，潇潇同学的表现还是很不错的，特别有趣的是，为了录像的效果，我播放着背景音乐，潇潇最后一直拿着话筒跟着音乐节奏左摇右摆跳舞呢，莫非女儿真要从事音乐方面的职业？说实话，当歌手在我们看来并不是最理想的职业，或者可以当个音乐老师？其实只要女儿将来自己过得幸福快乐就好了，做什么我们一定会尊重她自己的意愿的！抓周只是一个纪念的仪式，纯属娱乐，不能当真哦！

Part **7.该为宝宝准备什么样的生日礼物**

　　早在潇潇周岁生日前一个多月，我就已经开始琢磨着该为小妞儿准备什么样的生日礼物，这可是女儿的第一个生日，总得留下点什么特殊的纪念吧。当然，除了俺这当妈的，一家人都在动脑筋，想要给小妞儿过一个有意义的生日。

　　经过大家的精心准备，看看潇潇同学都收到了什么礼物吧。

● 外公外婆的礼物

　　1.一枚金币：这是潇潇外公第一次被评为当地优秀企业家时获得的，在周岁生日这个重要的日子送给外孙女，是因为潇潇是他们的第一个孙辈，希望这枚金币能够流传下去，并且希望子孙们都能勤奋进取。

　　2.玩具——母鸡拖鸡蛋：在我们老家周岁叫"满基"，外公外婆要送一只母鸡(谐音)给孩子下蛋吃。可是我们家里没法儿养鸡，所以就找到这个玩具代替，也是图个吉利。

　　3.过年新衣：小妞儿生日之后没多久就是新年了。我们从小一到过年，潇潇外婆都要给我们准备新衣，当然到了我们的孩子也不例外，早早地就给小妞儿准备了一身漂亮的衣服。

● 爸爸的礼物

　　1.两只小鹦鹉：她爹专门买回两只小鸟陪潇潇玩。小孩子都喜欢小动物，小妞儿第一次见到小鸟的时候就兴奋得叽里咕噜地说了好一阵子"鸟语"，没几天就会学着小鸟"叽叽"地叫了，小鸟很快就成了小妞儿的好朋友了。

　　2.钞票：虽然潇潇同志抓周时对金钱表现出极度的不屑，可是没有钱也是万万不行的呀！爸爸的礼物除了那张抓周用的百元大钞，还有更广义上的金钱，是为了养育女儿长大成人所需的一切费用，爸爸辛苦啦！

妈妈的礼物

我的礼物有点特别哦，不是物质上的(咱现在不是不挣钱嘛，一切要从节约出发呀)。我充分发挥了自己的爱好和特长，为我亲爱的女儿制作了两首MTV——《宝贝》、《摇篮曲》，歌曲是我自己唱并请人录制的，视频是宝贝的成长照片，当时看得我自己都感动得泪流满面，我想将来小妞儿长大了看到妈妈的用心时，一定也会感动吧！

亲朋的问候

另外还有众位亲朋好友纷纷致电来祝福我们的宝贝：奶奶、舅舅、舅妈、姑姑、姨婆婆、爸爸妈妈的好朋友……

其实到底为宝宝准备什么样的生日礼物并不是最重要的，只要有意义、有实用价值就可以了。关键是让宝宝感受到家的温暖、感受到亲人朋友的关爱、感受到生活的美好，爱上这绚烂多彩的生活！希望我的女儿永远记住自己是幸福的，有这么多的爱围绕左右！更重要的是，我希望我的女儿有一颗感恩的心，当她能够理解这些的时候，我会告诉她："你来到这个世界上的这一天，有很多人在为你操劳，你应该感谢每一个人。当然我们也会感谢你给我们大家带来了幸福和快乐！"

除了两首MTV，我还写下了作为母亲一年来的心灵感悟。我想，以后在女儿的每一个生日，我都会为女儿写一段文字，记录下我们的每一个感动瞬间，作为爱的礼物。

《写在女儿生日之际：这一年，我和女儿一起走过的每一天》

一年前的今天，同样安静的夜晚；一年前的我，同样的彻夜难眠。

不一样的是去年的这个时候，我正在承受阵痛的煎熬，而此刻涌上我心头的却是一阵阵的幸福和感动。

不一样的还有我亲爱的宝贝，去年的这个时候，你正在曾经生活了十个月的温暖小窝里跟妈妈一起为来到这个世界努力着，而此刻，你在自己的小床上安静、甜蜜地熟睡着，嘴角含着一丝浅笑，是梦里和妈妈嬉戏吗？

今天，是你——我最最亲爱的女儿一周岁的生日，生日快乐，我的宝贝！

今天，妈妈有太多太多的话想要对你说，可是千言万语都化做一幅幅画面，那些有妈妈陪伴你的每一个日夜。

你一定是个调皮贪玩的宝贝，在妈妈的千呼万唤中，在妈妈的日夜期待中，姗姗来迟；不过你一定也是最乖巧可爱的宝贝，在妈妈几乎绝望的等待中，乘着天使的翅膀来了。得知你到来的那一刻，所有曾经受过的煎熬和痛苦都化为乌有！

在十个月的等待后，我们又共同经历了难产的折磨，妈妈忍受了一夜的疼痛，可是我知道宝贝你更接受了严峻的考验，频繁持久的宫缩使你缺氧导致心跳急速减慢，不得不改为剖腹产确保你的安全。当那一刀下去的时候，妈妈没有一丝的遗憾，只有为迎来你这个小生命的喜悦和激动！

月子里母乳不足，你因吃不到奶急得直哭，我则由于担心下不来奶而焦虑。不过在我们的共同努力下，母乳喂养总算成功并坚持到现在。这不仅仅是妈妈的功劳，宝贝你才是我一直坚持下去的动力。而在每次哺乳的时候，看着襁褓中的你，那么弱小、那么无助，我常常不禁湿润了眼眶，想要用一生的心血去呵护你！

给你剃胎发的那天，说不清为什么，一边用理发器给你推着，一边总想掉泪，是不舍得那一头乌黑的秀发，还是因为那是从娘胎里带出来的一丝丝牵挂？宝贝在一天天长大，不见了小小的模样，只有这些发丝，还是原来的样子，我把它们装在小盒子里，要永远珍藏，留住你小小的影子……

你第一次从床上滚落，妈妈内心充满了自责，应该早点去看你一眼的，应该再小心一点的。虽然我知道你的一生会遇到无数次的跌倒和磕磕绊绊，但是有妈妈在，妈妈会保护你，会支持你，会成为你心里最最坚实的堡垒！

你第一次生病，正是妈妈一个人带着你的那段艰苦的日子。夜里高烧不退，你哭我就陪着你哭，你睡不着我就整夜地抱着你睡，你吃不下药我就想尽了各种办法喂给你，焦虑、揪心、劳累……各种滋味都尝了一遍。而小小的你不会说话，无法表达自己有多难受，只有妈妈温暖的怀抱才能给予你安慰。

跟你玩耍的时候，一次妈妈的玩笑被你当了真，我无聊地装哭给你看，你竟然看着看着小嘴一撇也想哭，妈妈连忙抱紧你，我亲爱的宝贝，你又一次让我感动了。我知道，不仅仅是我因为你的快乐而快乐，你也会被妈妈的喜怒哀乐所牵动。也许这就是人们所说的母子连心吧！

只要有音乐你就会摇摆身体翩翩起舞，只要有音乐你就会从烦躁的状态顿时安静下来。看到你对音乐是那么的敏感和喜爱，我们不禁为你未来的职业作了种种猜想，不过将来，我们会尊重你的选择，只要你能开心快乐就好！

当你第一次对着我笑，当你第一次叫妈妈，当你伸过小脑袋来要亲我的脸，我心底里最柔软的那个地方就这样被你触碰了。这样可爱的你、乖巧的你、美丽的你，叫我怎能不愿意为了你付出所有所有！

你学会坐、学会翻身、学会爬，你在大人的搀扶下蹒跚学步，你长出第一颗小牙，都是妈妈第一个在你身边与你一起分享这成长的喜悦！而今后你的每一点进步，妈妈依然会陪伴在你的左右。

每当看到你天真无邪的笑容，我总被你那样简单的快乐深深打动。你可以拿着一张小纸片玩很久，你可以为了一幅简单的图案"咯咯"地笑个不停，你可以随着一首乐曲欢快起舞，而这个时候，我只有静静地陪在你的身边，看着你可爱的眉眼、看着你稚嫩的双手、看着你小小的身体，总也看不够……

妈妈一直想说一句对不起，就在大前天夜里，不知为什么你总睡不踏实，而且还不肯吃母乳。好不容易哄睡了，我正迷迷糊糊的你却又在哼哼唧唧了，还总去扣床边包暖气片的木围栏。本来心情就不太好的我实在忍不住，厉声训斥了你两句，还很凶地把你扭过来不许你扣。可怜的你一下子就被吓哭了。我立刻抱起你来，自己也泪流满面。妈妈一直告诫自己不要对你粗暴的，睡不好一定不是你的责任，一定是哪里不舒服了。以后妈妈会用最最强大的耐心去面对你的问题的。

这一年，我们一起疯过、一起笑过、一起哭过……这一年，我们一起走过的每一个日子，现在回忆起来都是那么美！

今天，亲爱的宝贝，终于迎来了你一周岁的生日，此刻，我不想说今天是妈妈的受难日，不想说你应该感谢妈妈带你来到这个世界上，不想说妈妈照顾你是多么的辛苦。我想说，妈妈要谢谢你，是你给了我更精彩的人生，是你带给我无尽的欢乐，是你让我变得更加坚强！我想说，妈妈愿意为你做一切，所有的辛苦和付出都是值得的！我还想说，亲爱的女儿，生日快乐，并且要一生都这样快乐着！

看着安睡中的你，就是我最幸福的事……

Part 8.给宝宝来个惊为天人的写真

如今只要有条件的家庭,都爱给宝宝拍写真,满月、百天、生日,拍上一套精美的写真作为纪念,的确是很有意思。想想俺们小的时候,能拍上几张照片就不错了,现在的宝宝们可真是幸福呀!不过拍写真可费银子了,而宝宝太小,常常不配合,拍出的照片差强人意,不但浪费了银子,还弄得大家都郁闷,等宝宝长大了再来看当初的照片,一定也会觉得很可惜。

潇潇的百天照就拍得不太满意,所以我一直想在小妞儿周岁的时候给她来个惊为天人的写真,为此我还真是好好准备了一番。

◯ ● 选择摄影机构

孩子的钱最好赚,都知道年轻爸爸妈妈们舍得给孩子花钱,如今的儿童摄影机构真是多,要选择一家又实惠技术又过硬的,也得做点功课。我从网上搜了一下,基本上这些摄影机构都有样片,找了两家风格合我口味的,价格又比较适中的,便打电话过去咨询了。光电话咨询还不够,我还亲临现场视察了一番,最后选中了一家环境温馨舒适,工作人员和蔼可亲的,因为咱们给宝宝拍照,得照顾宝贝的感受啊!

◯ ● 拍照前

1.给宝宝拍写真,其实主要是为了留下宝宝每个时期的可爱表情和动作的影像。所以在预约好拍照时间后,我就开始不厌其烦地教小妞儿做各种可爱的动作,吃香蕉啦、拍拍手、扭扭头、打电话等等,拍照的时候还真用上了,摄影师都说小妞儿会做的动作多呢。

2.宝宝拍照最关键的就是状态,如果没睡好觉自然情绪就不好,本想拍可爱的表情,结果却全是生气哭闹的小脸儿。我跟摄影师约的是上午九点半,从家到影棚的路程大约要一个小时,虽然小妞儿那天一路很是兴奋,只在车上睡

了十多分钟,不过这拍摄前的休息还是起了点作用的,拍照过程基本顺利。

● 拍照时

1.没有哪个这么小的宝宝会自己在镜头前摆造型,其实拍照的过程应该让宝宝感到就像在做游戏一样,给宝宝几个可爱的小玩具,让她自在地玩耍,同时要有专门引逗宝宝的人员。这里有三四位年轻的阿姨专门负责逗宝宝玩,可是我们家小妞儿愣是不买账,看到她们几个陌生人一起冲她挤眉弄眼的,竟然吓得哭了起来。还是家人亲自上阵吧,于是俺和潇潇外婆一人一边开始做鬼脸、唱儿歌地逗她,小妞儿这才破涕为笑,配合完成任务。

2.影棚里开了空调很干燥,小妞儿一会儿就口渴了,预先准备了水,还有随时可以吃到的母乳缓解她的紧张情绪。想象一下,就是咱们大人拍个写真拍个婚纱照什么的,也累得够呛,何况这么小的宝宝,适时地补充养分可是十分必要的哦!

3.服装造型的选择,要尽量有特色,要是跟平时都一样,咱还来这里干吗?

4.最后,选片时,姐妹们还是要保持清醒的头脑,不要被工作人员忽悠了,无论好赖通通选上,花了大笔的冤枉钱。挑一些宝宝表情可爱、有特点的就可以啦,说到底也就是个纪念嘛,那些显得平常的就忍痛丢了吧,咱自个儿回去不是还能拍嘛!

潇潇的周岁写真出来后,我还是比较满意的,女儿小小的模样真是让我百看不厌!都说孩子是自家的好,还真不假,反正我是越看越喜欢,呵呵!

Part 9.用普通数码拍出绝世小美女

曾经我是个对摄影一窍不通的人，当三年前新买了能拍 200 万像素照片的手机时就兴奋不已，感觉用它来记录生活片断就足够了。那时候我们家有一台朴素的小卡片机，基本上都是老公工作上用。虽然我是个极度臭美的家伙，却根本就没意识到相机对我的作用。怀孕后，老公买了一台长焦数码相机给我，说今后要用它来记录宝宝的成长。我看到这个相机的第一反应是，要这么大这么复杂的相机干什么，带着也不方便。现在想起来，那时候也真是人外行了，别说单反是什么都不知道了，竟然还嫌这台长焦数码麻烦！不过既然买回来了就用吧，摄影菜鸟我也就一直用自动程序拍着最普通的照片。

真后悔没有早点研究相机，潇潇刚出生的时候拍的那些照片现在再来看，真是一点艺术感都没有。当我后来经常在网上看到妈妈们为宝宝拍出的绝美照片时，才知道原来摄影还有这么多讲究，我也太落伍了。而我研究摄影的一切动力，都来源于我的宝贝女儿。孩子在一天天长大，每一天都有不同的变化，每一个可爱的瞬间都值得纪念。于是在一年多来坚持不懈地给小妞儿拍照的过程中，我也学习总结了那么点拍出好照片的经验，供刚刚开始步入摄影殿堂的姐妹们分享一下。

◯ ● 1.光线

这一点最为重要。其实不管是什么相机，都需要好的光线。我们自己拍照片，不可能有像专业影棚里那样的灯光，所以就要依赖好天气了。如果在家里拍照，要选窗户大的房间，让充足的阳光照进来。必要的话可以把家里各种照明灯都打开，增加一些亮度。在室外拍一般效果都会比在家里好，所以只要是天气好，还是尽量带宝宝外出活动的时候拍照吧。

给小宝宝拍照，最好不要开闪光灯，这样瞬间强烈的光线对宝宝眼睛的伤害是很大的。在光线不是非常令人满意的时候，可以调高感光度，这样会稍亮

一些,但是感光度过高,照片会有很多噪点,看着很不舒服。在光线方面,单反相机的适应能力就会好一些,不过对于没有单反的妈妈们来说,就要尽量在光线好的时候拍照了。

●2.色彩

我个人感觉颜色越鲜艳,拍出来的照片越好看。如果不是想拍有特殊效果的艺术照,还是在有鲜花、有绿树的地方拍更漂亮,而且宝宝穿上鲜艳的衣服,也会更有生机更上镜。

●3.运动状态拍摄或连拍

小孩子都是活泼好动的,没有一刻能安静下来。所以想捕捉他们的精彩镜头的确有点困难,如果是自动程序也许有的时候快门速度达不到理想的状态,不是虚了就是表情错过了,这时候如果相机有运动状态或连拍功能,就要用这样的功能来拍摄,快门速度越快,越能清晰地记录下运动物体的图像,而一次连着拍好几张,总有一张会是让你满意的。

●4.焦距

想用普通数码拍出单反效果,窍门就在焦距的调节上。在拍宝宝的时候,站得离宝宝稍微远一点,把焦距拉到最近,这样出来的效果就是背景是虚的,人像是清晰的。这种情况一般适用于拍特写。虽然没有单反相机的人像镜头效果那么明显,但是只要能达到背景相对虚化,能突出主体,我们的目的就达到了。

不过因为焦距拉近了,对焦会比较困难一点,所以拍的时候手一定不能抖,而且要等相机对好焦再最后按下快门。如果掌握不好,常常会拍出人像虚化了,而后面的景色很清晰的跟我们的意图完全相反的照片。多练习,一定会拍好的。

●5.构图

好的照片构图很重要,并非说一定要好的相机才能拍出精彩的照片,构图合理、画面有内容才是最关键的。拍摄人物除非是拍大头照也就是特写,一般情况下都不要让人物占画面过满,而且不要放在正中间,那样会显得太呆板。最好把宝宝放在整个画面距中心位置偏离一点,看着会更舒服更有意境。画面里的人和物要有一定的关联,除了记录当时发生的情景,还要有故事感,一张好的照片就是一个故事。

这一点也要慢慢摸索和练习,拍得多了自然就有经验了。潇潇现在刚一岁半,我给她拍的照片已经有一万多张了,反正数码相机不像过去的胶片机,每拍一张就是一张胶片,不用心疼按快门时流掉的银子,只有多拍才能拍好。

◯ ● 6.PS

最后就是学一些处理照片的软件啦!我现在经常用的就是 Photoshop、光影魔术手和 Picasa。用这些软件可以剪切、模糊污点、调光、调色,以及一些艺术处理等,还可以做水印,因为我常常把小妞儿的照片放在博客里,万一被人恶搞了可是烦人呢,加上水印咱就不怕啦。

当了妈之后,还兼职做了女儿的摄影师,这可真是个有意思的职业哦。当然我的摄影技术还有待提高,不过我的学习兴致也是十分浓烈的!如今俺们家也买了一台单反,说实话,的确是好用。不过姐妹们要知道一点,不要总是抱怨自己手里的相机不好,真正的高手用最普通的相机同样能拍出精美的作品。给宝宝拍照,关键是要用心,多拍多练,为孩子记录下美好的童年,留给他们一个最纯真快乐的记忆。

10.小美女下农村

在老家的时候，没少带潇潇去农村，一开始是为了走亲戚，后来我们经常专门为去农村而去农村。这成了我们喜爱的一项超短途旅行，因为在农村让我们享受到了很多钢筋水泥搭建的城市中没有的东西，而我们家的小美女也爱上了这里的一切。

那些花花草草、那些茁壮的庄稼、那乡间小路、那鸡鸭、那猫猫狗狗，都在吸引小妞儿的眼球。每次下农村，小妞儿不是指着鸡鸭猫狗兴奋地大叫，统称"狗狗"，就是去"拈花惹草"，不亦乐乎。更让她高兴的是农村十分开阔，可以肆意地奔跑，不会有人总在她后面大喊"小心、别跑"之类扫兴的话。这里反正都是土路，就算摔了跟头也不会有什么大碍，所以一般我也就随她跑去，只要别离太远，时刻注视着她的行踪就可以了。

虽然潇潇还太小，不能明白和说出地里的各种庄稼，但是我还是会一个一个地告诉她，这是什么，那是什么，当然我这个从小就离开了农村的妈也有很多叫不上名儿的，幸好有潇潇外婆随时指点迷津。我觉得，让宝宝从小认识这些农作物其实是一件很有意义的事情，我可不希望我们的下一代每天吃着粮食、蔬菜，却不知道它们长什么样子，所以我会一逮着机会就让小妞儿学习的。如今看来，这样的学习也有用，每次去超市买东西，小妞儿都会对瓜果蔬菜专柜情有独钟、流连忘返，对这些蔬菜水果看来是真喜爱呢。

农家菜是吸引我们的另一个因素。每次去农村，热情的亲人们都要把最新鲜的菜奉上，那味道自然是鲜美极了，而且绝对是健康绿色的食品呀。小妞儿每次也跟着大饱口福，这不禁让我好生羡慕农家孩子，每天都可以吃到最新鲜健康的食物。在如今婴儿食品乃至整个食品行业存在很多危机的状况下，能吃到农家菜是多么幸福的事情呀！

当然，除了这些还有一点是俺这个随时准备给宝贝拍照的狗仔队员最为热衷的：如此美丽的田园风光，可正是给小妞儿拍出漂亮照片的好机会呀。于是每次我都不辞辛苦地背着相机,这边卡嚓几下,那边卡嚓几下。有一次为了拍满地金黄的油菜花,我一路考察,最终选择了在我的外婆家附近的油菜地里拍摄,效果颇为满意;后来去我的奶奶家时又拍了一些,别有一番意境。

如今我们又身处大城市了,不可能那么方便地随时带小妞儿去农村呼吸新鲜空气了。不过不要紧,再大的城市也有郊区,外围也还是农村。我就是想告诉姐妹们,农村对宝宝来说真的是个好地方,带着宝宝到周边的农村郊游去吧。城市里的空气污染越来越严重,去农村换换气真的很有必要。如果是工作着的爸爸妈妈,也不需要有顾虑,咱不是有这个假那个假的嘛,特别是小长假,去那些风景名胜看大好河山似乎时间有点紧迫,那就去郊区去农村度个假吧。这样轻松愉快的旅行一定会让一家人心旷神怡,让忙碌而紧张的心情得到放松。对于小宝宝来说更是有意义,这不一样的环境给宝宝新的认识、新的感受,能学到很多在城市里学不到的知识。让宝宝喜爱农村,也就是喜爱大自然,喜爱一切美好的生命。

Part 11.小动物,宝宝能摸吗?

似乎宝宝们都格外喜欢小动物。曾经有一次,一大家人吃饭,一位亲戚带着他们家的宠物狗来赴宴,潇潇见到这只狗激动万分,连饭都没吃好,整个过程一直对着这只狗叫着"狗狗! 汪汪! 狗狗! 汪汪! "这只狗原先也一直盯着潇潇看,到后来竟然厌烦了面前这个小姑娘的热情,扭过头去不愿再看小妞儿了。我不禁想到《大话西游》里唐僧念经折磨得孙悟空快要发疯,这只狗此刻的心情大概也是这样吧,实在受不了小妞儿一直对它念叨同一句话了。

我也考虑过给不给宝贝养个宠物的事情,但是猫狗伤害小宝宝的事情时有发生,所以我建议有小宝宝的家庭,还是尽量不要养宠物。不过带宝宝外出时,常常会遇到别人牵着的宠物,潇潇每次看到动物都会激动地大喊:"猫咪!狗狗! "一边喊还一边跑上前想要看个究竟。我一般都会拉着她,不敢让她靠得太近。

○ ● **对于陌生的小动物,最好不要让宝宝随便摸,原因有三。**

·陌生人家的宠物,我们并不清楚其是否及时注射各种预防针,如果这些宠物身上带有传染病,很有可能在宝宝摸它们的时候传染给宝宝。宝宝又爱吃手,病从口入,防不慎防。很多可怕的流行性疾病都是从动物身上传播开来的,所以一定要警惕。

·宠物身上的皮毛非常容易引发过敏体质宝宝的过敏反应,宠物身上的寄生虫传染到宝宝身上,还会引起皮肤病。我常常看到有好多人牵着的狗本来是白色的毛,却灰蒙蒙的像从垃圾堆里出来的一样,这样不注意宠物卫生,身上没有点毛病才怪,我可不想让女儿接触这样的动物。

·不熟悉的动物,不了解它的脾气,往往由于宝宝很兴奋,容易引起动物的不满。它们并不知道宝宝是喜爱它们,见宝宝对着它们大喊大叫,反而会被激怒,扑上来咬一口都有可能。这样对宝宝来说太危险了。如果万一遇到这样的情况,要及时送医院注射狂犬疫苗才行。

　　当然,如果对面前的这只小动物很熟悉,是亲朋好友家的,清楚地知道这只猫咪或狗狗定期作过检疫,讲卫生每天洗澡,性格温顺,那让宝宝摸一下也就无妨了。不过妈妈们一定要时刻警惕,不要让宝宝对小动物的动作过于激烈,摸过小动物之后得看着宝宝不要吃手,并且及时洗手。这么做并非洁癖,而是为了宝宝的健康着想,坚决不拿宝宝的身体开玩笑。

　　虽然我不主张宝宝太小家里就开始养宠物,不过潇潇周岁生日的时候,她爹的礼物就是两只小鸟,刚买回来两天,小妞儿就学会了小鸟"唧唧"的叫声,之后每天都要对小鸟说一番"鸟语"。见小妞儿十分喜爱,我也就欣然接受了。如果哪位姐妹家中也养着宠物,也不是说就完全不行,只要注意卫生、安全就 OK了。就说我们家的小鸟吧,因为小鸟会突然啄人,所以我禁止潇潇把小手伸到鸟笼的缝隙里,不让她随便去摸小鸟。如果家里养的是小猫小狗,宝宝摸一摸都没关系,但是要注意小动物的卫生,不要让宝宝抱着小动物睡觉,更不要把猫狗的食盆放在宝宝随手可及的地方。

　　其实小动物可以成为宝宝的好朋友,只要时时注意,事事注意,小宝宝摸一摸小动物还是没什么问题的。待宝宝大一些,根据实际情况自己养一只小动物也是可以的,与小动物在一起,可以培养宝宝的爱心、责任心、受挫能力(小动物死亡时对宝宝的打击其实也是一种锻炼)。

12.只爱陌生人
——带宝宝出门的注意事项

潇潇真是个热情、友善的小宝宝，每次我带她出门，她那小嘴可从不闲着，见谁都叫，都不用教她，她自己就能区分性别、年纪，爷爷、奶奶、叔叔、阿姨、宝宝……叫得那叫一个甜！一般在外面的时候，迎面走来的人都会忍不住看几眼这个可爱的小妞儿，见她热情地打招呼更是开心得不行。但也有好多没注意到她的人，直接就走过去了，小妞儿丝毫不介意，依然积极主动地叫人。只要对方上来搭上两句话，小妞儿就恨不能让人家抱去玩儿。

这不认生、自来熟的性格真是让我喜忧参半，喜的是这样的性格保持下去容易得到别人的喜爱，自己也会快乐；忧的则是宝贝的安全问题。

经常听说有人贩子抢小孩、骗小孩的事情，而且技术越来越高明。每当看到这些失踪宝宝的照片上稚嫩的小脸，想到他们从此再也没有父母亲人的关爱，过上非人的生活，真让我不寒而栗。人贩子虽然骗孩子不挑性格，但是对于不认生的宝宝来说，更多了一分危险。因为宝宝不认生，他会以为所有的人都是友善的，即便坏人抱走他，他也不会大哭大叫，无法吸引别人的注意，大人稍微不留神，就容易一失足成千古恨了。带宝宝出门，一定要提高警惕，一刻都不能松懈。

◯ ● 1.不到混乱、偏僻场所

在这样的地方，常常会有坏蛋潜伏，别说宝宝了，大人的安全都会受到威胁。俺可是个胆小鬼，从不去这样的地方，有了孩子后就更不去了。而且天黑之前一定要回家，我和女儿可都是乖乖女哦！

◯ ● 2.不让陌生人抱

除了在小区里玩的时候，熟悉的妈妈之间互相抱一抱对方的宝宝，其他陌生人可都别想碰我的女儿。也许有的妈妈在别人盛情要求下感觉不给抱一下不礼貌,不过我就听说过这样的例子:陌生人抱着宝宝,假装很自然地慢慢挪步子,靠近旁边停着的车后立刻上车走人。所以为了宝宝的安全,这样的盛情还是拒绝吧,知人知面不知心,我们怎么能分辨对方是好是坏。

○ ● 3.不独自留下宝宝

不论在什么地方,不论是什么情况,都不能独自留下宝宝。也许在超市里或在饭店里,妈妈想:我只是去交个钱,或是去洗个手,一分钟就回来。但是意外往往都是瞬间发生的。我每次带小妞儿出门,就算再麻烦,我也一定要把小妞儿随身带着,一刻也不离开。比如买衣服,我都会把潇潇带进试衣间关好门,我可不敢随便找个营业员帮忙看着,真出问题了谁能负得了责任?当然自从有了女儿后,俺几乎不出去买衣服了,还是老老实实地在家网购吧,就算真的上当被骗了钱,那也比被骗了孩子好过千倍万倍!

○ ● 4.不让宝宝离开视线范围

仅仅不独自留下宝宝还不够,我带小妞儿出门,从不敢让她离开我的视线,特别是人多嘈杂的地方,我宁愿不去看周围热闹的场景或是琳琅满目的商品,我的眼睛也要盯着我的宝贝,谁也别想把她从我面前带走。走的路程短,我会拉着女儿的小手或是抱她,如果路程稍远,我觉得最好还是推上小推车,这样小妞儿一直身处我的前方,我随时能看到她的身影,而且她有什么需要我也能及时了解。听说有一种宝宝背的小书包,后面有根长长的绳子,大人像溜小狗一样拉着,防止宝宝走丢的。这种背包在空旷一点的地方挺好的,因为宝宝不会离开大人的视线。但是人多拥挤的地方,或是宝宝在前面拐弯看不见了,我就觉得也存在很多隐患了,万一几个人往中间一挤,剪断绳子抱走宝宝呢?所以我最终没有买这个背包,而是一直充分发挥着小推车的作用。

○ ● 5.单独带宝宝购物不要买太多东西

以前潇潇外公外婆在这里的时候,我们一起逛超市有专门的分工,潇潇外公负责照顾宝宝,我和潇潇外婆负责推购物车选商品,每次都是大包小包买上一大堆,也没什么关系。如今我一个人照看孩子,就不能一次买太多东西了,一是拿不动，二是东西一多，人一乱，就照应不过来了。我宁愿少去大超市，就在家附近的小超市，今天买点这个，明天买点那个，就算去大超市也不敢见什么好东西都收入囊中了。

也许有些妈妈会说，那就不带宝宝出去好了，这危机四伏的，可怎么防呀？这样可不好，因为宝宝需要到外面去活动，需要接触各种环境、各种人和各种事，才能得到身体和情智方面的锻炼。其实只要考虑周到，作好一切安全防范的准备，随时提高警惕，不让坏人有机可乘，妈妈们就算是自己一个人，也可以常常带着宝宝出门，让宝宝享受外出玩耍或逛街的乐趣。

13.劳动最光荣

太阳光晶亮亮,雄鸡唱三唱,花儿醒来了,鸟儿忙梳妆。

小喜鹊造新房,小蜜蜂采蜜忙,幸福的生活从哪里来,要靠劳动来创造!

青青的叶儿红红的花,小蝴蝶贪玩耍,不爱劳动不学习,我们大家不学它。

要学喜鹊造新房,要学蜜蜂采蜜忙,劳动的好处说不尽,劳动的创造最光荣!

这首《劳动最光荣》是小妞儿喜爱的歌曲之一,我经常唱给她听。也不知是不是受到了这首歌的影响,潇潇同学十分热爱劳动,家里随处可见她忙碌的身影。

·扔垃圾:最喜欢扔的是自己的纸尿裤,我每次给她换下来包好,跟她开玩笑说这是大礼包,并告诉她要扔到垃圾桶里去。小妞儿非常乐意自己去做这件事,拿着这"大礼包"边走边说"扔包包呀",走到垃圾桶跟前扔进去后,双手摆动,嘴里念叨着"不要不要",然后就开心地玩去了。

·扫地:我每次在厨房忙着的时候,小妞儿最喜欢去拿扫帚和簸箕玩,装腔作势地扫地,那架势跟真的似的,常常扫在自己的脚上,仍然自得其乐。

·择菜:还是跟潇潇外婆一起的时候,潇潇看外婆择菜很有意思,便伸手拿起一颗青菜想帮忙。外婆鼓励她择一个试试,小妞儿三下五除二,把叶子全部揪下扔掉了,剩下的菜根和菜茎递给外婆说"给!"把我们都笑翻了!

·擦桌子:一开始是用餐巾纸学着大人的样子擦桌子,后来小妞儿有了自己的发明创造,常常一边吃着馒头或面包,一边就拿这些食物擦起了桌子!

·整理夹子:我晾衣服时,小妞儿就会把装夹子的盒子拿下来,在一旁整理夹子,把小框里的夹子全都拿出来扔到地上。后来她不知从哪儿找来一个装牙刷的桶,又把这些小夹子都塞到里面,就算是整理完毕了。

……

虽然小妞儿的劳动成果常常有点糟糕,虽然她的劳动看起来往往是在搞破坏,不过只要没什么危险的"劳动",我都不会阻止她,任由她去。因为我知道,如果宝宝想参与劳动,却一再被制止,终有一天她会对劳动失去热情的。从小

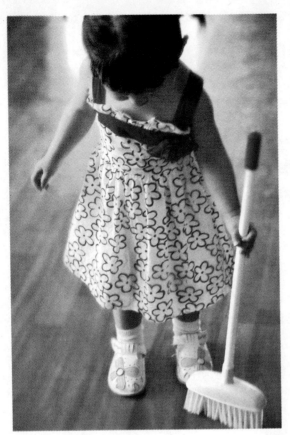

培养宝宝的劳动意识和习惯，对他将来好习惯的养成是很有必要的。而且在做这些事情的时候，宝宝其实也是在学习，学习手的协调能力，学习驾驭各种工具的方法。

虽然让潇潇扔垃圾，往往她会扔完又去捡别的垃圾，我只是会反复告诉她垃圾是不要的东西，不卫生，不可以捡，而不是从此就不让她扔；虽然潇潇扫地时反而把地弄脏，把手弄脏，我仍然不会禁止她拿扫帚，而且我还给她买了一套扫帚和簸箕的玩具，专门给她"打扫卫生"用；虽然她帮着择菜和擦桌子是在糟蹋食物，但是这点食物换来的是宝宝学会了本领；虽然整理夹子其实是在捣乱，但我从没因此批评她，而是晾完衣服后教她怎么放，这样反而培养了她的秩序感。潇潇自己在做这些事情的过程中也会去观察去思考去学习，大人是怎么做的，她会模仿，渐渐地她就会越做越好。

为什么常常会出现这样奇怪的现象：有的妈妈很勤快，教育出来的孩子却很懒。不是说父母是孩子的榜样吗？为什么勤快的妈妈却没有树立好榜样呢？往往是因为这样的妈妈什么都不让孩子动手，怕孩子做不好，怕孩子累着，一切都自己包揽了，其实这样反而害了孩子。

在灌输给宝宝热爱劳动的意识时，我决定做个懒妈妈，该她做的就放手让她去做；在树立榜样的时候，我绝对会是个勤快妈妈，都说看一个人的品性得先看他的妈妈，可见这个时候是千万偷懒不得呀！

14.时尚达宝如此打造

　　我这个臭美妈自从生了女儿之后,最高兴的事就是给女儿打扮。不瞒大家伙儿说,我为此一直希望生个女孩儿呢,连衣服都准备了一大堆了,哈哈! 其实都是些我曾经穿过的,不符合我年龄身份了的,但又确实很好看的衣服,每次整理衣服的时候我都把这类衣服收藏好,心想将来要有个女儿就好了,这些衣服就都有主了。还真是天遂人愿,我真的得了个小公主,从此,我有了一个活生生的芭比娃娃,让我摆弄。如今给女儿打扮比给自己打扮还高兴,老公的穿着自然也顾不过来了,为此这家伙颇有微词,惭愧,这里给亲爱的道个歉啦!

　　不过功夫不负有心人,每当带潇潇出门时,都会赢得一声声赞赏,有夸小妞儿漂亮可爱的,有夸我会给孩子打扮的,真是给我撑足了面子。也有不少妈妈羡慕地问我:"这些衣服你都从哪里买的呀?"

　　其实要打造一个时尚达宝并不难,每个孩子都是天使,每个孩子都很可爱,每个孩子都能够时尚美丽! 听听我的心得吧,也许对苦于不会打扮孩子、花了很多钱却达不到效果的姐妹们有一点启示。

◯ ⬤ 衣服款式

　　小宝宝的衣服款式以简单为好,不要太复杂,本来就那么小的人儿,身上再弄得花花绿绿的,这儿一个小动物图案,那里一朵小花装饰的,看着多费劲! 当然作为女宝宝,有那么两条公主裙也是无可厚非的,像我们这个年代的妈妈们,都梦想着让女儿圆自己儿时的公主梦呢! 不过平时家居和外出玩耍的衣服就要讲究简单舒适了。

　　我不太喜欢身上有很多很大的卡通或动物图案的衣服,潇潇的大部分衣服都有点像小大人儿似的,看起来更时尚可人。其实挑衣服也很简单,小妞儿的衣服我大部分是从外贸店和网上买的,又便宜又好看。只有小妞儿生日等重大日期,或她爹兴致大发主动掏钱买单,我才到商场买几件名牌。不过说实话,效果也未见得比我平时买的杂牌就好到哪里去。

◯● 饰品

我的老家是个小县城,逛街很方便,在老家时我曾经有一天专门逛遍了主要街道上的所有饰品店,给小妞儿买了一大盒子的小发卡、发箍之类的小饰品,总共才花了一百多元钱。但是这些小东西在我给小妞儿扮靓时可帮了我的大忙,我的搭配原则是身上的颜色越少越好(当然花衣服除外),所以什么颜色的衣服就配什么颜色的发卡,什么风格的服装就选什么感觉的头饰。

潇潇的小卷毛彻底打消了我给女儿理个清纯学生头的梦想,那种发型绝对需要又直又顺的发质。对于这不打理就乱得跟鸟巢一样的鬈发,我只得在七八个月错误地剃了光头之后,就开始给小妞儿留长发了,这样可以扎小辫儿,也可以别上小发卡。别说,这样一来效果还真不错,几乎所有见到的人都羡慕俺们家的小卷毛呢!

◯● 帽子、围巾、袜子

这三样东西可绝不是仅仅起到保暖的作用,往往它们比饰品的功劳还大!

我给小妞儿买了好多帽子,公主帽、鸭舌帽、太阳帽、渔夫帽……帽子搭配好了真可以起到画龙点睛的效果呢!

围巾买得倒不多,因为我自己的围巾太多了,那些小方巾,还有一些比较有特点的小围巾都成了我们母女共用的物品了。很多时候,一围上围巾,人就显得洋气了,也就是有时尚的感觉了。

女宝宝可就是好呀,什么花边袜、长筒袜、连裤袜,还有打底裤,选择真是太多了。穿上裙子配个带花边的袜子更像个小小花仙子了,穿短裤选双颜色和图案酷酷的长筒袜,绝对很潮!

◯● 鞋

前面就写到了如何选择鞋,那是讨论对于宝宝来说更健康舒适的鞋。现在要说的是款式,看人的品位先看头发,然后就看鞋。当然宝宝的品位就是妈妈的品位了。女宝宝一定不能少了一双公主鞋,方口带搭扣的,有小蝴蝶结装饰的,真的是甜美到让你爱不释手的地步。然后什么休闲鞋、帆布鞋、凉鞋、棉鞋,一双都不能少,可不能苦了咱的小脚丫,每天辛苦地带着宝宝到处行走,当然应该让它美美的才行。

◯ ● DIY

小妞儿换衣服的频率极高,每天在楼下见到我们的妈妈们总说:"潇潇衣服真多,又换了一身。"别以为我真的是个败家妈妈哦,我其实还是挺会精打细算的,能不买的就不买了,女儿的衣服咱也可以自己做嘛。反正小宝宝身材那么小,花不了多少布料,就算没有缝纫机,自己纯手工缝制,也不算很费事。而且我曾经留下的那么多衣服,改一改给女儿穿真的是好主意呢!

举两个旧衣改造的例子吧。

1.吊带衫改宝宝裙

这件吊带上衣在我母乳喂养发胖期间,就不想再穿了,便用它来改一条宝贝的小裙子。十分简单,胸部是有松紧的,往里折一点儿进去缝上,下摆也折到里面去缝起来(为了延长使用寿命,不要剪短哦,这样宝宝长高了还可以把下摆放下来,裙子就变长了),吊带是可以调节长短的,调到最短就 OK 了。十分钟就改造一件衣服,真是省时省力又省钱,小妞儿上身后的效果还不错哦!

吊带裙穿的时间最久,一开始可以当裙子,宝宝长高点就配条打底裤,再短了就像为娘我一样当小吊带穿吧。因为我整个改造过程中没有剪去一点布料,所以衣服完全可以恢复原貌哦!

2.短袖 T 恤改小上衣

这是我大学时穿的一件短袖 T 恤,上面的小娃娃图案实在不符合我的年龄了,早就压在箱底了。给小妞儿改件小上衣很不错,黑色很酷,图案又很可爱。具体裁剪方法见图,黑色线条是衣服原貌,红色部分是裁剪线,同样下摆可以稍留得长些,延长穿着时间。再把两侧缝好就完成了。小妞儿穿上后就成了一件七分袖的小上衣,领口稍有点大,也不用麻烦去改了,出门的时候配条小围巾就行了!

时尚达宝如此打造,就是这么简单,相信只要妈妈多用一份心,每一个宝宝都会拥有自己美丽的童年的。

一岁半的小妞儿常常见我换衣服就说"妈妈好看",给她穿上新衣服后她总会跑去照镜子,然后就美滋滋乐呵呵的,哈哈,开始知道臭美啦!真是有其母必有其女,不过咱们打扮漂亮了,给生活增添一份美丽的色彩,又有什么不好呢？我一直希望女儿再大些,能跟我一起逛街、一起挑选衣服、一起探讨美丽的人生呢!

七、

小才女是这样炼成的

成长

亲亲我的宝贝

我要越过高山

寻找那已失踪的太阳

寻找那已失踪的月亮

亲亲我的宝贝

我要越过海洋

寻找那已失踪的彩虹

抓住瞬间失踪的流星

我要飞到无尽的夜空

摘颗星星做你的玩具

我要亲手触摸那月亮

还在上面写你的名字

我要走到世界的尽头

寻找传说已久的雪人

还要用尽我一切办法

让他学会念你的名字

啦啦呼啦啦啦呼啦啦啦

让他学会念你的名字

啦啦呼啦啦啦啦呼啦啦啦

最后还要平安回来

回来告诉你那一切

亲亲我的宝贝

——华健大哥是个好爸爸！

1.小才女的练就,从胎教开始

　　潇潇同学的聪明伶俐、活泼开朗在我们这个小区是出了名的,每次带她在小区里玩耍,听到大家的夸奖,我这当妈的脸上自然光彩极了。要问我是怎样培养出这样的宝宝的,第一个秘诀就是胎教。

　　胎教是宝宝人生的第一堂课,现在越来越多的准爸爸、准妈妈开始重视这个问题,希望宝宝不要输在起跑线上。要如何进行胎教,胎教到底有什么作用,也许有的准爸妈还不清楚吧,就听我来絮叨絮叨,我怀孕期间是如何对宝宝进行胎教的。

○ ● 一、胎教大致包含音乐胎教、语言胎教和抚摸胎教。

·音乐胎教·

　　胎宝宝五个多月后,就能够听到声音了,他们会对外界的声音刺激作出反应。为什么在新生宝宝哭闹的时候把他放在妈妈的胸口,宝宝就会停止哭闹,安心睡觉呢？就是因为宝宝在妈妈肚子里的时候每天都能听到妈妈的心跳,他已经习惯了这样的韵律, 所以当他睡在妈妈的胸口时又听到熟悉的声音和节奏,会感到十分安全舒适。音乐胎教就是利用宝宝听到声音后大脑作出反应这一原理,促进胎儿的听觉系统、神经系统的发育。如果准妈妈给胎宝宝正确地放一些音乐,对宝宝将来的情绪、智商都有一定的好处。

　　我上班的地方,旁边就有新华书店,逛逛音像制品货架,各种各样的胎教音乐 CD 真是让我看花了眼。最后我选了两张轻柔优美的世界名曲,这是专门针对胎教改编的音乐;还有两张欢快活泼的儿童歌曲,并非胎教音乐,只是当时我一想到肚子里的小宝宝,整个人也充满了童心,特别想听听那些可爱的儿歌。我把儿歌的 CD 放在车上,每天上下班的路上听,心情非常轻松愉快;那两张胎教音乐 CD 则放在家里用音响播放,一般是晚上睡觉之前,轻轻地、静静地听着入睡。

有人以为要把耳机或喇叭放在肚皮上，声音大一些宝宝才能听到，其实这是非常错误的，这样做反而会弄巧成拙，损害宝宝听力，甚至造成宝宝先天性耳聋。正确的做法是播放一些柔和圆润的音乐，把传声器放在离肚皮2厘米以外的地方，音量不要超过85分贝。如果担心胎宝宝真的听不到也没关系，其实只要准妈妈听到了，心情舒畅、愉快，对宝宝就是最有利的了。

·语言胎教·

可不能小看了胎宝宝的能力，他们在妈妈肚子里的时候就有了记忆，对妈妈、爸爸甚至是经常在他身边说话的人的声音都有印象。胎宝宝在妈妈的肚子里就已经开始在学习了，外界的人、事或物都能给胎宝宝留下潜在印象，妈妈的行为和心理对胎宝宝更是有深远的影响。准妈妈可以给宝宝唱歌、念儿歌、讲述大自然的事物和知识，讲述日常生活中的事和自己的感受，胎宝宝似乎也参与到日常活动中来了，他能感受到妈妈的快乐或悲伤。当然我们不可能梦想宝宝一出生就像神童一样，凡是给他讲过的东西他都懂，但是可以确信，妈妈温柔的话语能给宝宝带来舒适感，并且让宝宝感到被爱。准妈妈在这方面做得越用心，宝宝将来的学习能力和智商就越高；妈妈怀孕期间情绪越好，宝宝的性格脾气就越好。

潇潇是个很乖巧的宝宝，而且也很活泼快乐，当别人问有什么秘诀的时候，我总是告诉她们，怀孕的时候一定要保持好心情，这样不但对宝宝的健康有利，对宝宝的性格也有好处。而潇潇同学学东西快、爱说话，我觉得也与我怀孕期间有事没事就跟她唠上几句有一定的关系。其实一开始我也觉得对着自己的肚皮说话实在是有点儿傻乎乎的，但是一想到是为了宝宝好，再傻我也得做，现在看来这个行为一点儿也不傻，而是很明智的。

·抚摸胎教·

抚摸胎教是一个很有趣的过程，因为抚摸胎教可以让准妈妈感受到胎宝宝作出的回应。在怀孕三个月以后、出现胎动之前，抚摸胎教以轻轻来回抚摸肚皮为主，同时准妈妈内心充满母爱地想象着宝贝是多么舒服。出现胎动后，就可以与胎宝宝做亲子游戏啦，准妈妈可以用手指轻弹宝宝经常用小手打到或用小脚踢到妈妈肚皮的部位，宝宝会作出回应，又踢过来；妈妈在附近再轻轻拍打，宝宝也会转移部位跟着妈妈作出回应，十分有趣。

抚摸胎教真的是好处多多，可以锻炼胎宝宝皮肤的触觉，促进胎宝宝大脑细胞的发育,加快胎宝宝的智力发展;还能激发胎宝宝活动的积极性,促进运动神经的发育。在进行抚摸胎教的过程中,不仅让胎宝宝感受到父母的关爱,还能使准妈妈身心放松、精神愉快,也加深了一家人的感情。

我在有了胎动之后就经常跟肚子里的小家伙进行这种互动,有的时候她力气很大,都能看到肚皮鼓起来,这个时候我的心情也随之快乐舞动,这样的好情绪当然也能感染到宝宝,真是个良性循环。不过在孕早期和孕晚期我都尽量不做这样的抚摸,因为要防止抚摸刺激引起宫缩,而且每次抚摸时间也不要太长,几分钟即可,胎宝宝也是需要休息的。

○ ● 二、准爸爸参与胎教的必要性

可别以为胎教只是准妈妈一个人的事,准爸爸也应该参与进来。准爸爸可以在准妈妈的肚子旁边,用温和轻柔的语气和胎宝宝说说话,讲讲自己的工作和有趣的事情,让宝宝熟悉你的声音;也可以对宝宝说说自己是如何的爱他、爱妈妈,让宝宝感受到父爱和家庭的温暖;准爸爸同样也可以与准妈妈共同对胎宝宝进行抚摸,体验这神奇的感觉;在宝宝动得太厉害令妈妈感到不舒服的时候,爸爸还可以提醒宝宝要轻一些,要爱护妈妈。别以为胎宝宝什么都听不懂,这样的教导真的能让妈妈舒适并舒心,妈妈一开心,宝宝当然也觉得舒适啦!

准爸爸参与胎教,不仅能对宝宝的生长发育起到良好的作用,还能使整个家庭的气氛更和谐。想当初,潇潇她爸爸虽然工作忙,但是只要有时间就会陪在我们娘儿俩身边,跟我们说说话,特别是当他看到肚子里的宝宝活动时把我的肚皮都拱了起来,十分惊奇与激动,与我共同体会到孕育的喜悦。一家人其乐融融,这温馨美好的时刻,让我觉得女人怀孕了,真好!

Part 2.小小镜子作用大

宝贝出生后不久,有一次我和潇潇外婆逗潇潇玩,我随手拿起旁边的一面小镜子让小妞儿照,想看看她有什么反应。潇潇外婆连忙制止,说一岁以内的小孩子不能照镜子。我非常奇怪:"为什么不能照镜子?那家里这么多镜子,不小心照到了怎么办,总不能把镜子都藏起来吧?妈,你这又是什么迷信的说法呀!"潇潇外婆自己也忍不住笑了:"我也说不清楚为什么,反正老人们都这么说。"还好妈妈并不坚持,她也知道这是迷信说法,任由我拿着镜子给潇潇东照西照的,还兴奋地跟我一起观察小妞儿的表情。

其实小宝宝不但可以照镜子,而且镜子还是宝宝从小到大都适用的好玩具呢!

◯ ● 镜子的作用

别小看这随处可见、再平常不过的镜子,它对于培养小宝宝的社会性起到了很重要的作用。当宝宝看到镜子中的小宝宝,忍不住去摸一摸,对着他微笑的时候,说明他在对这个小朋友表示好奇与友好,他在与另外一个"人"进行交流。而对于不怎么出门的小宝宝来说,镜子可以丰富宝宝的视觉体验,让宝宝多一个玩伴。

◯ ● 如何使用镜子

对于刚出生没多久的宝宝,最吸引他们目光的是圆圆的、类似人脸的形状和图案,多给他们看这样的图案对他们的视力发育和大脑发育都有一定的益处。而镜子在这个时候就能起到非常好的作用,在宝宝的小床上挂几面镜子,宝宝看到镜子里的脸,会情不自禁露出笑容。镜子应当选择直径 13~15 厘米的为宜,距离宝宝的眼睛 25~30 厘米,因为在这个范围以外的物体,宝宝很少会去注意。镜子应该在宝宝上方略倾斜,让宝宝可以一眼就看到自己的脸。

在宝宝可以趴着抬头后，可以拿着镜子在宝宝前上方引逗宝宝做抬头和趴的练习。宝宝为了看到镜子里的人就会努力往上抬头哦。

宝宝能站立后，就可以把他抱到家里的梳妆台或穿衣镜前面，指着里面的宝宝让他看，鼓励他去摸一摸，对着里面的宝宝微笑。

前面这几步都是我们帮助小妞儿来完成，潇潇自己会走后，总是主动走到镜子跟前照镜子玩儿，嘴里念叨着"宝宝、宝宝"。再大一些后，只要给她换上衣服，她竟然都会跑去照照镜子看看美不美呢！

○ ● **安全**

由于镜子很容易破碎，所以姐妹们在给宝宝准备镜子玩具的时候，一定要注意安全问题。挂在小宝宝床上的镜子质量一定要好，包边要结实牢固。宝宝大些后家里每一个镜子都成了他们的玩具，所以每一面镜子都要仔细检查以防万一。

我有个小窍门，在可能的情况下，把镜子背面用透明胶带粘住，这样就算镜子破裂了，碎片也不容易掉下来，就像汽车窗户上贴了膜的效果一样，这样就可以减少宝宝被划伤的机会了。

Part 3.女儿的百宝箱

潇潇的小摇篮没用多久就不需要了,被搁置在一边。我随手把小妞儿平时玩儿的家伙事儿都丢到了里面,这下小摇篮成女儿的百宝箱了,那里面有她曾经玩过的和正在玩着的各种各样的玩具。没事的时候我整理整理,发现每个时期都在给小妞儿添置新的玩具,以后还会不断增加,而这些可爱的小东东们也在伴随着女儿成长和进步。

列举一下小妞儿每个月玩得最多也最典型的玩具吧,姐妹们在给宝贝们充实他的"百宝箱"时可以参考一下哦:

○ ● 一个月:镜子、游泳池

前面的章节里已经提到过镜子和游泳池的作用了,一个是培养宝宝的社会性,一个是锻炼他们身体的好用品。在宝宝一个月内,这两样东西就可以派上用场了,而且之后还一直陪伴宝宝,在宝宝的成长中起到很好的作用。

○ ● 两个月:音乐床铃

自从担心小妞儿的眼睛斜视而买了音乐床铃后,每天她醒着的时候躺在小床上,我就会拧足发条,让小妞儿享受美妙的音乐。看可爱的小兔子跳舞,潇潇能专心看好久,还时不时开心地笑起来。

○ ● 三个月：游戏垫

这个游戏垫是一只小狗熊的造型，四周环抱起来，宝宝躺在里面很有安全感，上面还挂着几只小熊、镜子和玩具。我给每只小熊都取了名字，每次把潇潇抱进去，就开始扮演各种小熊给她讲故事。小妞儿似懂非懂地看看我又看看小狗熊，有时也会伸手想要拿过去，这样的游戏既增近了亲子感情，又锻炼了宝宝的手眼协调能力。

○ ● 四个月：毛绒娃娃

四个月带小妞儿回老家，我把我小时候玩过的毛绒娃娃全翻了出来，潇潇又多了好多小伙伴，在床上练习趴、站时，这些娃娃都是引导和鼓励她的好用具。

○ ● 五个月：摇铃

第五个月，小妞儿喜欢拿着东西摇啊摇啊、甩呀甩呀，摇铃就是最合适的玩具了。摇铃能锻炼宝宝的抓握能力，还能发出清脆的响声，小妞儿就甩得更起劲儿了。

○ ● 六个月：牙胶、健身架

先说说这牙胶，小妞儿六个月时总咬嘴，自学做小鸟状，我就怀疑是不是要出牙了。怕她牙龈难受便买了牙胶，可是小妞儿并不喜欢咬牙胶，而是同样把它拿在手里甩着玩。后来才想到她咬嘴也许只是觉得好玩，因为小妞儿一直到十一个多月才出牙。其实如果宝宝真的是要出牙了，也不一定非要买牙胶不可，只要是卫生安全的玩具，让宝宝随手就能拿起来啃咬的就没关系。似乎大多数宝宝都不愿意咬牙胶，而只是把它当成一个普通的玩具而已。

健身架其实更早些就可以给宝宝用了，它可以锻炼宝宝的四肢和协调能力。不过因为我们回老家没带着，所以到六个多月才拿出来，这个时候潇潇已经会坐了，不用躺着够上面的小玩具了，而是坐着一会儿拽拽这个，一会儿捏捏那个的。从这时候起，小妞儿就开始能独自玩耍一段时间了。

○ ● 七个月：不倒翁、地垫

在网上看到有卖不倒翁的，当时就想象着一推倒它马上又站起来摇摇晃晃的样子，小妞儿看了一定会咯咯笑个不停。果然一买回来，潇潇就喜欢上了这个不倒翁，很奇怪地注视着它，还试探着去推它。这个玩具能增强宝宝探索的兴趣，并给宝宝带来很多快乐。

从这个月开始，潇潇的主要活动场所就是在地垫上了。在地垫上玩儿不用担心会掉到地上摔伤，练习爬、站、走也很方便，我把这个地垫布置成了一个快乐小天地，把小妞儿喜爱的玩具都放在上面。不过我买地垫买得并不算成功，太薄太滑，姐妹们如果给宝宝买地垫，最好挑选厚一些、表面有纹路的地垫，不过这样的容易藏污垢，一定要经常清理。

○ ● 八个月：有运动轨迹的玩具

这个月我发现小妞儿对玩具小汽车和两个上了发条就会在地上行动的小蝴蝶、小蜜蜂很感兴趣，她的目光会追随着它们的运动轨迹，玩具在她跟前停下后，她会饶有兴致地拿起来观察一番，继而又是摇和甩的动作，哈哈，这个动作大概是小宝宝们非常喜爱的吧！

○ ● 九个月：什么都玩

小妞儿开始为我省钱了，她对那些花钱买来的玩具似乎失去了兴趣，开始捡起了破烂，随便一个废纸片、小盒子、塑料袋，她都能玩上好长时间。鉴于小妞儿的这种爱好，我把凡是安全的、没用的小玩意儿都搜罗起来堆在她的面前，随时供她玩耍。她会非常耐心地一个一个拿起来，翻来覆去地把每一面都观察一番，有时放进嘴里咬咬，有时敲一敲、晃一晃，然后再换另一样。我知道小妞儿在通过这样的行为来观察事物的特点了，她在探索周围的世界呢。

○ ● 十个月：书、学步车

让我欣喜的是，潇潇非常爱看书，在五六个月就表现出了对书的兴趣，到了第十个月更是成小书迷了。我挑了几本硬纸板质的撕不破的图书给她玩儿，当然并没有指望她现在就能从书里学到什么东西，只是当玩具玩儿而已。书上有色彩鲜艳的图案，小妞儿百看不厌，虽然常常是倒着拿，我也由她去了，只要她喜欢，怎么看都行。

前面章节中也列举过学步车的优缺点，但是对于宝宝探索和认知世界来说，学步车的确是个不错的玩具。小妞儿坐在里面，可以到任意她想去的地方，从此她充分享受了自由。

○ ● 十一个月：音乐玩具、电话

潇潇的音乐天赋从这个月开始充分展现了出来，自己会打开她的"小乐队"音乐开关，然后随着音乐翩翩起舞。而我要做的就是在旁边提示她音乐节拍，在她身上打拍子，培养她的节奏感。激发小妞儿对音乐的热爱，这个玩具还是功不可没的。

潇潇总爱玩我们的手机，我便给她买了个玩具电话，假扮打电话的游戏便也成了她的乐趣所在。

○ ● 十二个月：小鸟、母鸡拖鸡蛋

这两样都是小妞儿收到的生日礼物。潇潇非常喜欢那两只小鸟，虽然小鸟不能算做玩具，但也是小妞儿非常好的玩伴。潇潇总爱跟小鸟对话，叽里咕噜地说上一长串"鸟语"，也不知道人家小鸟能不能明白。养小动物，培养宝宝的爱心是一方面，让宝宝见识一些与平时生活中不一样的小生物，我觉得也能培养宝宝对大自然的热爱和探索欲。

而母鸡拖鸡蛋的玩具对小妞儿练习走路起到了一些帮助。因为这个拖拉玩具必须走起来才能玩儿，而且大母鸡一走，上面的鸡蛋就会滚动，十分有趣，更促使宝宝往前走的欲望。

⦿ 十三个月：皮球

皮球其实早就给潇潇买了，不过之前她玩得不太多，真正喜欢玩皮球还是在会走之后。她可以一边走一边踢，既练习了走路又锻炼了身体，看到皮球滚远了，小妞儿还常常哈哈大笑。直到一岁半，小妞儿都能偶尔拍两下皮球了，而且还非常喜欢听与皮球有关的儿歌。

⦿ 十四个月：形状积木、跳跳马、摇摇马

形状积木锻炼宝宝精细动作的发育，也是早就买了，但小妞儿以前只会把积木一个一个拿出来放到我手里，现在知道送积木回家了，偶尔还能从相应形状的洞里塞进去一个，并发出"咦"的声音，我想她一定是觉得很神奇吧。

跳跳马和摇摇马是在小妞儿的学步车坏了之后买的。因为我要做家务，怕走得还不太稳的小妞儿不安全，有了这两匹"马"后，小妞儿在我干活儿的时候总算有了点儿事情可做，而且跳动和摇摆也让她感觉很有趣很开心，并且能锻炼平衡能力。

⦿ 十五个月：蜡笔

小妞儿总喜欢偷偷拿桌子上的笔乱画，其实画脏了是次要的，我最担心她不小心用笔戳了眼睛什么的，于是想到了蜡笔。蜡笔的质地一般不会戳伤宝宝，而且五颜六色的蜡笔对宝宝认识颜色也有所帮助，随意涂鸦更能激发宝宝的想象力。别以为这么小的宝宝什么都不懂，小妞儿也知道画画呢，画上一纸乱七八糟的线条，绝对是抽象派作品呀！

○ ● **十六个月：敲打玩具、木琴**

渐渐地，小妞儿喜欢拿着手里的东西敲打任何物品，这其实也是宝宝探索周围世界的一种方法。我买了个塑料棒槌任她敲去，反正也敲不坏东西。而木琴一方面满足了小妞儿敲打物品的爱好，一方面也可以帮助宝宝从小对音乐、节奏有一定的感知。

○ ● **十七个月：遥控玩具、发条玩具**

真正在玩遥控玩具和发条玩具的其实是我。潇潇有一只遥控机器狗，我拿

着遥控器指挥这只狗坐、趴、翻跟头，小妞儿觉得十分有趣，有时候也自己拿着遥控器瞎按一气，一旦在她的指挥下小狗动起来，她会一脸很有成就感的表情。发条玩具也是一只小狗，拧上发条，小狗就敲起鼓来，小妞儿却总去揪小狗的耳朵，还常常把钥匙揪掉，然后很无辜地告诉我钥匙掉了。

○ ● **十八个月：叠叠杯、串珠玩具、过家家玩具**

月龄越大，能玩的东西也就越多。一岁半时，小妞儿终于能自己把八个叠叠杯按顺序套好了。叠叠杯的作用是给宝宝秩序感，认识大与小的区别。而串珠玩具则能锻炼宝宝的手眼协调能力和精细动作的发育，虽然买得比较晚，但小妞儿还是挺喜欢串的，看着手法有点儿笨拙，不过多练习练习就会灵活的。

在前面提到给潇潇买的玩具扫帚、簸箕，类似这样的过家家玩具，一般女宝宝都会更喜欢一些，而另一种过家家玩具——沙滩玩具则是小宝宝们都爱玩的。每天去外面专门的地方玩沙子也不可能，小妞儿常常跟着比她大一些的孩子挖土玩。在玩沙土的过程中宝宝可以充分发挥想象力，并能享受沙土带来的奇妙的感官刺激。

4.宝宝的工作就是玩

潇潇的玩具其实还不止这些,我之所以每个月都挑几样一一列举说明,是因为我认为"玩"对宝宝来说太重要了,要说宝宝也有工作,那就是玩。

一次我在网上看到一位小神童,跟潇潇差不多年纪,一岁半的宝宝能认出三千个汉字、几百条成语、几百个英语单词,其实她并不会念,而是在她面前放许多认字卡片,她的父母说出每个字的时候她能指出相应的卡片。这个宝宝的妈妈每天都会拿一堆卡片来让宝宝学习,所以才取得这样惊人的成绩。说实话,我看到这个消息的时候并没有感到羡慕,而是十分的吃惊与不解,为什么要让这么小的宝宝去认这么多字和成语呢?连话都未必能听懂的小宝宝对这些字词又能理解多少呢?这个阶段孩子的记忆有永久遗忘性,她到底能记住多少,对她将来的学习和生活能否有所帮助呢?对于这么小的宝宝来说,这样的学习会给她带来多少快乐呢?

当然,我并不反对让宝宝认识一些简单的汉字、基本的数字或英文,但是这样大强度的记忆,我实在不能认同。宝宝的工作就应该是玩,别以为玩是在荒废时间,其实在0~3岁,甚至幼儿园期间,宝宝的玩耍对他们的一生都起着关键的作用。在潇潇每天玩耍的过程中,我也一直在思考和总结,并真切地体会到玩的重要性:

○ ● 1.在玩的过程中认识周围的世界

大自然充满奇妙,这些不是书本或卡片上有限的文字和图案能够教给宝宝的,我发现就算潇潇能从众多卡片中找到哪个是狗哪个是猫,可现实中她见到这些小动物仍然一律叫"狗狗",甚至连鸡鸭也成了"狗狗"。我决定在玩耍的过程中教她去认识周围的世界,刮风了我告诉她天冷了,树叶被风吹动了,于是只要刮风小妞儿就会告诉我冷;散步的时候我们一起找猫咪,她再也不把猫咪当成狗了,而且还激动地学着猫咪叫;路上有各种车辆在行驶,我们站在路边观察,这些原来统称"轰隆隆"的家伙,现在已经被小妞儿区分开了,有大汽车、小汽车、摩托车;当天空飞过大飞机的时候,我也会兴奋地叫小妞儿抬头看……我不介意女儿玩土弄脏小手,不介意她玩水弄湿衣服,也不介意她摸摸这个摸摸那个,只要没有危险,尽管让她尽兴地玩。只有自己去体验去感受,才能认识大自然,认识这个大千世界。

◯ ● 2.边玩边学习

教潇潇认数字,我都是用手比画的,她觉得很好玩,大概以为我在变魔术,一会儿伸出一根手指头,一会儿又缩回去,所以也很乐意跟着我念数字。我也鼓励她自己用手表示数字,锻炼手指的灵活性,其实这对宝宝大脑的发育也有帮助。一岁半的潇潇认识好多种颜色,在对着卡片重复了 N 遍后她就记住了,不过我没有刻意要求她记过,我都是用讲故事的方式把颜色讲给她听,顺便指出家里有什么相同颜色的物品。她很喜欢这样的讲解,能记住这些颜色,完全是她的兴趣所致。在教她认知身体的各个部位时,我则是边唱儿歌边指指她指指我,这样就像做游戏,边玩边学习。

◯ ● 3、掌握基本技能和动手能力

前面所说的这些玩具,很多都能培养宝宝的动手能力,使宝宝在玩的过程中,锻炼了手的灵活性,也激发了大脑,同时掌握了生活中的一些基本技能。比如过家家玩具,宝宝在玩耍的过程中可以了解家庭成员的关系,学会一些简单的家务劳动等等。小妞儿在玩各种玩具的时候,我只要认为她自己可以做到的,基本上都会鼓励她自己动手玩。而每当小妞儿把玩具或书本弄得乱七八糟的时候,我也会要求她跟我一起整理。如今她常常见东西乱了就会说"收拾收拾",有一次让我非常惊喜的是,她从一叠书里找出了一本她想看的,其他书都被碰掉了下来,她拿走那本书后,又主动回过头去把其他几本书放整齐了。

◯ ● 4.玩让宝宝学会思考、探索和创新

潇潇玩的时候也常常会遇到一些困难,比如拿着扫帚时常常顶着什么东西走不动了,又如穿珠子时她常常把木针穿进洞后另一只手不小心又把针顶回去,有时发声玩具没电了怎么按开关也没反应……这些对大人来说实在是再

简单不过的事情,对小宝宝却是考验。这个时候爸爸妈妈千万不要说"真笨"之类的话,而应该鼓励、启发宝宝动脑筋去思考、去探索,找出问题所在和解决的方法。我常常是让小妞儿自己琢磨一会儿才去提示她,有的时候她也会着急,想发脾气,我一般都在她发脾气之前就提醒她,不要着急,想办法,然后再帮她分析、提示她。

小妞儿在玩她的木琴时常常不按规则办事,本来应该敲打着发出音乐,可是她总爱用小棍子的另一头去戳木琴拧螺丝处的洞。我可不担心她因此就学不会弹琴,本来就是给她玩的玩具,当然是她想怎么玩就怎么玩,没有什么需要恪守的规矩,如果我不让她去戳,那就抹杀了她创新的意识了。相反,任何一个玩具,我都会努力去寻找新的玩法跟她一起体验。

○ ● 5.培养耐心、专心的好习惯

宝宝如果在专心致志地玩或看书,就不要去打扰他。平时只要是潇潇喜欢玩的玩具,她都能自己一个人玩上好长时间,而且十分专心,我则乘机做点儿家务,当然目光会时不时地瞄过去,要确保她的安全嘛。不过只要没什么不安全因素,我都不会去干扰她,让她自己玩,小宝宝能把注意力停留在一件事情上的时间越长,对他将来学习或工作时集中注意力就越有帮助。为了小妞儿,我这个曾经的电视迷如今基本上都不开电视,因为很多电视节目为了吸引观众,配音太容易干扰宝宝的注意力了。当然看电视对宝宝来说也没什么好处,特别是一岁之内的小宝宝,根本不明白里面的意思,只能有损视力;一岁后我每天给小妞儿放二三十分钟益智类的节目,再多看就会对眼睛有伤害。

○ ● 6.形成快乐和坚强的性格

每天都在科学的玩耍中获得快乐,一定比在枯燥的学习中感到无聊来得更好一些吧。而玩的过程中遇到挫折,在爸爸妈妈的鼓励和帮助下战胜困难,这样的宝宝一定也会更坚强和自信。

其实宝宝就是在玩的过程中学本领,在玩的过程中学会学习的方法和能力,咱这当父母的,就应该给宝宝创造玩的条件,并且也投入进去,跟宝宝一起玩,才是开发宝宝潜能的上上之策。

5.用心发现好游戏

爸爸妈妈跟宝宝一起玩，真的是很有必要的事情，因为这样不但能在玩的过程中启发宝宝，帮助宝宝学到更多，还可以增加亲子感情，让宝宝体会到家庭的温暖，从而使他变得更快乐、更有安全感。爸爸妈妈除了陪宝宝玩玩具，更应该多跟宝宝做做游戏。做游戏也并非一定有什么规则，很正式，其实只要用心，就能发现生活中好游戏无处不在，只要有耐心、有热情，就可以和宝宝做好多有益的游戏。

我自打当了妈，心态反而更年轻了，每当跟小妞儿做游戏的时候，仿佛也回到了孩童时代，而且看到小妞儿开心的笑脸，我也无比的开心和快乐。我们常常做的游戏也都是再简单不过的，却很有意思：

○ ● 藏猫猫

相信姐妹们都跟自己的宝宝做过这样的游戏，宝宝几个月大时，拿个枕头或衣服挡起自己的脸，然后突然拿开，宝宝就会开心地咯咯直笑。

潇潇一周岁后就会主动跟我们藏猫猫了。她常常在某个角落不经意看到我，觉得很有意思，就不时地探出脑袋来看我，一看见我就笑，于是我就配合她也一次一次地探头看她；渐渐地她会从桌子下面、椅子背后突然伸出头来，嘴里还配着音"猫"。其实这样的事情对大人来说是有点儿无聊，所以陪宝宝做游戏一定要有耐心。我总是做出乐此不疲的样子跟小妞儿藏猫猫，小妞儿非常快乐，而且也会因此而想着法子变着花招来藏。

再大些后，我有时会让她藏起来。很有趣的是小妞儿基本上都是采取掩耳盗铃的方式，捂住自己的眼睛就以为我看不见她了，我也就假装找她，当她睁开眼睛看到我，就开心得不行啦！我则躲到窗帘里面或门后面，大声说话提示她来找，实在找不到，我就主动露出身体让她看到，也给她点儿成就感嘛。之后她也学着我拉开窗帘藏，不过技术显然还没达到我的水平，她只是象征性地拉一下就完事了,哈哈。

小贴纸

为娘我喜欢把平时用的东西贴上可爱漂亮的小贴纸,这爱好竟然遗传给了小妞儿,潇潇同学也喜欢玩贴纸。第一次是我突发奇想,随手撕了一张小贴纸贴在小妞儿胳膊上逗她玩。她感觉到有东西,就用手去撕,撕下来后又粘在手上掉不下去,就用另一只手拿,结果又粘在另一只手上。她觉得非常奇怪也很好玩,从此便喜欢上小贴纸,常常让我撕下一张贴在她手上、脸上,还让我也贴,有时候她还从自己身上撕下来往我身上贴。

后来我们又有了新玩法,我把小贴纸贴在小妞儿嘴上,让她叫“妈妈”,她一张嘴发现张不开,稍一用力又张开了,并且贴纸掉了,她开心极了。之后我也贴,贴上后叫“潇潇”,我故意做出很滑稽的样子,两个人都玩得不亦乐乎。

我想再过些天,又会玩出新的花样儿来的。这小小的贴纸也能带来如此多的快乐,可见生活中有趣有益的游戏还真是很多,就靠咱这当爸当妈的用心去发现了。

小鸟飞飞

这个游戏就适合一家人一起做了。我和她爸爸蹲在客厅的两头,让小妞儿在中间飞来飞去,女儿就像只快乐的小鸟,从妈妈这边跑到爸爸怀里,又从爸爸那头颠儿到妈妈的臂弯,一路上都笑得合不拢嘴。到达目的地后,我们都会给以热情的拥抱和亲吻,一家人其乐融融。这样的小游戏让我感受到,其实不仅仅对于小宝宝,对于我们成年人来说,快乐也就是这么简单。

6.关于女儿未来职业的种种猜想

　　在玩的过程中,我们发现刚十个多月的潇潇,就开始明显表现出对音乐的热爱,只要一听到音乐就会左右摇摆地"跳舞"。那个"小乐队",是小妞儿一直没有玩腻的玩具,那时候她就会自己按开关播放音乐,然后就跟着舞蹈起来。最让我们惊喜的是,在我对她进行了一段时间的节奏提示后(在她身上打拍子,或让她坐在我的腿上按节拍晃腿),她竟然能应着节拍晃动;遇到节奏快的歌,她就跳得快,听到节奏慢的也跟着慢下来,而且基本都能踩在点子上!

　　有件事情十分有趣:在我给小妞儿准备周岁生日礼物——两首 MV 的时候,我每天在家里唱卡拉 OK 练习,潇潇外婆坐在沙发上扶着潇潇当听众,小妞儿站在地上一直在跟着音乐给我伴舞。半个小时下来了,她竟一点儿都没有厌烦的意思,一直在跳,我们都感叹她怎么会这么有耐心,看来是真的喜欢音乐!最有意思的是,有一次到了晚上她困得不行了,一边跳舞一边小脑袋慢慢耷拉了下来,眼睛都眯成一条缝儿了,还在晃着。潇潇外婆便把西瓜汁拿来给她喝,想让她喝完就洗澡睡觉。谁知这个小家伙喝了一半又来了精神,突然自己坐直了身子开始接着伴舞,把我和潇潇外婆都笑得趴下了,害我在唱下一遍的时候一直想笑,根本没唱好。

　　小妞儿对音乐还真是有悟性的。那两首歌录制后被我存在了手机里,经常来回放给她听。潇潇很给我面子,非常喜欢听,每次看我准备开手机放歌给她听,就安静等待,音乐一响,就开心地笑着跳摇摆舞了。一首歌结束后,她就会唱歌(摇头晃脑地唱"啊——",音调还有高有低呢),看似她想把音乐再唱出来!更厉害的是,听了几天之后,每次当歌曲放到尾声时,该同学小小年纪,竟能听出来快结束了,并立刻开始"唱歌"提醒我赶快再放一遍。

　　渐渐地,无论在什么地方:家里、汽车里、院子里,只要有音乐的地方,就是潇潇的舞台;无论小妞儿是处于什么姿势:站着,坐着,甚至趴着,只要音乐声响起,就能看到她舞蹈的身影(趴着的时候她就只晃动脑袋);而小妞儿"唱歌"的技术也越来越娴熟了。

鉴于潇潇对音乐这么热爱,我们对她未来的职业作了种种猜想:歌唱家、钢琴家、舞蹈家……

○ ● 歌唱家——

因为我和老公都很喜欢唱歌,潇潇对于唱歌应该也有点天赋吧!如果女儿真能在歌唱事业上有所发展,我们一定会很开心的!

○ ● 钢琴家——

一次一家人出门,老公开车,潇潇在车载收音机播放的音乐声中照例翩翩起舞。潇潇外公对孩儿她爸爸说:"以后你们可一定要好好培养潇潇,说不定她将来能成为一位比郎朗更出色的钢琴家,到时候你也不用开公司了,就专门给潇潇拎箱子吧!"(曾经看到艺术人生上郎朗说他爸爸为了保护他弹钢琴的手,从来不让他自己拎箱子,都是爸爸帮他拎)如果老公真有这个福气给女儿拎箱子,那是多么荣耀和自豪的事情呀!

○ ● 舞蹈家——

还是那天在路上,我接过话茬对老公说:"那如果潇潇成了舞蹈家,你就不是拎箱子那么简单了,你可得扛着女儿走,因为她跳舞的双腿也宝贵呀!"

后来,在一家人真正谈论起到底要不要往这个方向去培养潇潇的时候,得出了这样的意见:

我们认为孩子从小学艺还是很有必要的,一般上了幼儿园之后就可以有选择地学习一些才艺了。这里有几个原因:一是因为现在竞争太激烈了,在专业技能上水平相当的两个人,一定是有才艺的那个更受欢迎,为了女儿将来能有更好的竞争条件,我会让她去学点儿课本以外的东西;二是学点儿艺术类的东西,对陶冶人的情操也是很有帮助的,不求女儿将来有多么深的造诣,就算是当成自己的兴趣爱好也很不错;三是为娘我自己一直很遗憾小的时候没有去学音乐,现在虽然很喜欢唱歌,但纯粹是业余,我只希望我的孩子将来不要有这样的遗憾。

除了唱歌，还有一些其他选择。介于我们家是小女生，从我内心来讲，我想让她学舞蹈、钢琴和画画，希望她将来有高贵的气质、有音乐的灵动，又有安静平和的心态，这几样能帮她拥有这些品性，当然到时候一定还是要根据她自己的兴趣来定了。

关于孩子的兴趣，有一点我想说的是，在选择课外辅导班的时候，征求孩子意见一定要注意方式，因为毕竟那么小的孩子，要决定自己想学什么还是有一定难度的。我觉得在给孩子介绍某一个课程的时候，应当把乐趣和困难一起告诉她，并且要尽量给她尝试的机会，但是一旦最终选定了这一项时，我会告诉她，要为自己的决定负责，要坚持下去。我不想孩子在一开始对某一种才艺的学习充满了向往，却在一次次枯燥无味的练习中丧失信心。这不是孩子的错，而是大人的方法问题。

至于很多人担心学的东西太多会让孩子没有了自由，其实这个问题也应该可以解决吧，选的课程不要太多，不要以为自己的孩子是超人什么都能学好。妈妈们给孩子合理地安排好时间也是体现妈妈水平的一项工作哦。呵呵，似乎说得有点儿太遥远了，希望小妞儿长到那么大的时候，我还可以再分享心得给姐妹们哦。

其实不管女儿会有什么样的未来，我们都会永远支持她！只要是她喜爱的，我都会尽力去满足她、去让她学。但是如果她将来不喜欢了，我也不会强求她去做的。就算她学到最后根本就不能成名成家的，只是作为业余爱好和娱乐方式，我也同样高兴地接受。只要她能生活得幸福快乐，就是我们最大的心愿了！

7.如何为宝宝选书

书是人类进步的阶梯,书是人类的良师益友。

我希望我的女儿做个爱书的人,所以早在怀孕的时候我就给未出世的宝贝买了一大堆书。那时候赶上单位旁边的一家书店清仓处理,称着卖书,我忍不住挑了很多,算下来差不多是原价的三折,还真是很划算,符合我一贯的勤俭持家的作风。不过当时图便宜,一下子买了好多,有几本书甚至要等宝贝上了小学才能看。当然,后来我还在不断地买,买了这么多,对如何为宝宝选书也有了点儿经验。

书的材质

一般的书都是纸质的,小宝宝看的书要选纸比较厚的,书店里卖的宝宝书很多都是硬纸板做的,表面还贴着塑封。这样的材质不容易被宝宝撕坏,也不容易划伤宝宝的小手。我们家凡是纸比较薄的书,大多都被小妞儿撕得支离破碎了,我常常做修理工的工作,把撕坏的书再粘上。当然对小妞儿撕书的行为我会严肃制止,并反复告诉她要爱惜书本,实在要撕,我就拿些废报纸让她撕个够。

如今宝宝真是幸福,做书的材料很多,布也被用来做成书,布书可就不用担心宝宝撕了,而且布书的手感也很舒服,里面还有很多小插袋,锻炼宝宝灵巧的小手。不过布书比较贵,买上一两本也就可以了。

洗澡也有书,是塑料的,中间包着海绵,摸着软软的,洗澡时漂在水面上,随手就可以翻着看看。潇潇洗澡并不哭闹,不过我也给她买了一本洗澡书,让她洗澡时能拥有更多的乐趣嘛,而且可以随时随地学习呀,可别以为我只让小妞儿玩哦!

书的形式

宝宝的书,常见的还是拿在手上翻看的书,大小、形状各异,做成奇形怪状的也有,还有中间带插页、翻页的,其实都是为了吸引宝宝来翻看。

卡片的图案相对比较大，适合给宝宝进行认知学习和训练。

还有就是挂图，挂在高度、位置适中的地方，宝宝可以走到跟前去摸一摸、认一认，现在很多挂图都做成凹凸形式的，宝宝只要伸手摸上去，就能感知到物体的形状。我买的就是这种凹凸图案的挂图，潇潇同学还看不懂的时候，最喜欢用小手去抠上面的图案了。

◯ ● 书的内容

潇潇五六个月就开始看书了，我最初让她看的书是一些色彩鲜艳的，图案为小宝宝、水果、动物的书。其实这个时候小妞儿根本看不明白书里写的或画的是什么，吸引她的就是那些鲜艳的色彩，而且我发现一开始她最喜欢红色，只要看到红色的图案就会很高兴。让宝宝先从接触五彩缤纷的颜色开始，进入书的世界吧。

随后，可以在家里挂上一些激发视觉和大脑的挂图，随时随地让宝宝能看到，开发宝宝的智商。一般这些挂图都是从色彩、形状上来刺激宝宝的视觉，促使宝宝去想象的。

一岁左右，我开始了对小妞儿的认知训练，让她认识水果、蔬菜、人体的器官、日常用品、交通工具、动物等等。我没有教小妞儿认字，因为我认为那是以后的事。我一边用书、卡片和挂图教小妞儿认识各种物体，一边从生活中找到这些东西让她"理论联系实际"。

再大些，我开始给小妞儿讲故事、念儿歌。这些小故事教给宝宝良好的行为习惯、帮助宝宝认识自然和周围的世界，故事内容都十分浅显简单。有的时候我随口编几句就成了一个简单的小故事。一些有漂亮可爱图案的大人看的书我也会给小妞儿看着玩。潇潇十分喜欢听故事和儿歌，家里讲过的几本故事书和儿歌书一翻开，一岁半的她就能把里面的主要人物或关键词大声喊出来。

◯ ● 书的价格

估计姐妹们都会感慨：小宝宝的书太贵了，比大人看的书贵多了。这跟书的材质有关系，小宝宝的书用的材料都很高级呀。当然商家也吃透了消费者的心理，感觉如今的父母给孩子买东西都很舍得花钱，何况是用在教育上的书呢？的确，在教育方面，只要经济允许，还是应该尽量给宝宝多提供一些条件为好。

不过从节约的角度来考虑，我也有小窍门。很多书店都有打折书卖，打折的书有可能是版本或样式老一些，不过小宝宝看也没有关系。因为宝宝要学的基本也就是那些内容，打折买回来的书同样有用并有趣，还能省下不少钱。我每次出门，只要一见到有卖打折书的，都会冲上前去买几本，所以虽然买了很多书，却也没花太多冤枉钱。

8.大声为宝宝朗读吧

潇潇同学很喜欢看书,如果我忙着干活儿没空陪她玩的话,只要给她几本书,她就能自己翻看好长时间,不吵也不闹。她还常常自己主动从她的小书架里选出一本要求我给她"讲书",如此好学,精神可嘉!看来我的一片苦心没白费呀!不过,要知道使我们家宝宝变成爱看书的"小才女",我可是有绝招儿的,那就是——大声为宝宝朗读。

别以为宝宝小,什么都听不懂,朗读没有必要;别以为只教宝宝认认小动物、认认日常用品就可以了;别以为讲故事只是为了哄宝宝睡觉,我从来都不在潇潇睡觉之前讲故事,因为我只要是拿起书本,就要大声朗读的。因为我知道朗读对宝宝来说是好处多多哦!

为什么要朗读,该怎么读,且看看我的实践与体会吧:

1.大声朗读能培养宝宝的听说能力,增强宝宝对听到的东西的记忆能力,帮助宝宝掌握听到的词汇,当然宝宝的语言能力就相应得到了发展。虽然很多东西宝宝并不能听懂,但是能听到妈妈有节奏、有情感的声音就已经起到好的效果了。朗读与平时的闲聊不一样,宝宝能在潜移默化中体会到有条理、有组织的语言中的逻辑性和语法,对宝宝学习语言,体会语言的美妙非常有利。

潇潇同学在同龄的宝宝中说话算比较早也说得比较好的,我认为这与我一直以来坚持给小妞儿大声朗读有关。虽然很多内容当时小妞儿听着似懂非懂,看起来没太大反应,但是我发现常常在某个不经意的时候,小妞儿的嘴里就会蹦出我曾经在某本书里读过的词句。

2.朗读的时候可不要干巴巴、毫无感情地读,一定要投入饱满的情感,并且根据故事的情节,表现出喜怒哀乐,最好再配合夸张的表情,这样既能吸引宝宝投入地听,也能促进宝宝的情感发展,培养宝宝的社会性和交流能力。

我不但讲故事、念儿歌时富有感情,就是教小妞儿认知颜色、数字、物品的时候,语气也总是抑扬顿挫,赋予它们一些感情色彩,我认为这样更利于宝宝掌握要学的东西。小妞儿在我讲故事的时候，由于我读得有感情，表情又夸张，她也常常情不自禁地与我产生互动，我高兴她就眉开眼笑，我发愁她会眉头紧锁，有时候还跟着我说出她已经会说的

词来。而且我发现小妞儿渐渐在学习察言观色，这样的朗读效果，的确是让我觉得很欣慰。

3.在朗读的过程中，时不时向宝宝提一些很简单的问题，可以培养宝宝思考问题的能力。如果宝宝不会回答，可以给一些提示，或是自问自答，同样也会带动宝宝来进行思考。

我给潇潇读书的时候，最多的是对图书上的图案进行提问，一般讲过一两次的，我就会边讲边指着图案问这是什么。对于小妞儿听过很多次，自己能说出一些关键词的小故事，我甚至会让她来讲给我听，小妞儿就会说一些图上画的情节的关键词，虽然只是几个没什么关联的词儿，但是我相信不久以后，她就真的能讲给我听了。

4.朗读可以让宝宝养成注意力集中的好习惯，因为朗读的声音有节奏、有情感，很容易吸引宝宝听下去，而不被周围环境干扰。潇潇同学每次听我读书的时候都可认真了，特别是她喜欢的故事，连着听几遍都不厌烦。

有一点要提醒姐妹们，给宝宝讲故事的时候，如果宝宝只愿意看某一页，就由他看去，故事讲不完又有什么关系呢，关键是让宝宝的注意力能集中在他喜欢的那一页上，咱们可以反复地讲那一页。说实话，在宝宝还不能完全听懂故事的时候，让他觉得读书有趣，让他能集中注意力去读书，让他养成一个爱读书的好习惯，比教一些他不能明白的道理更重要。

5.爸爸妈妈给宝宝朗读，对建立亲子感情很有帮助。读书的时候最好让宝宝坐在爸爸或妈妈的腿上并靠在爸爸或妈妈的怀里，如果想让宝宝看清楚爸

爸妈妈的表情，可以让宝宝侧过身来坐。这样宝宝就可以一边听着爸爸妈妈动听的声音，一边感受着父母怀抱的温暖与安全，对小宝宝来说，还有什么比这更美妙呢？

6.给宝宝读书的时间要选择宝宝精神状态比较好的时候，这样才能起到好的效果。到底宝宝什么时候精神状态最好，也是因人而异的，妈妈们应该最了解自己的宝宝。我大多都是在小妞儿早晨醒来和下午午睡后给小妞朗读，不过除了固定的读书时间外，只要小妞儿有要求，我就会读，有时正忙着就不拿书，直接把我记得的儿歌背出来，她一样很满足。

朗读贵在坚持，切忌三天打鱼两天晒网，只有当爸妈的用心付出了，才能得到回报。养成朗读的好习惯，有助于使宝宝爱上读书，并且有自主获取知识的能力。其实在平时给小妞儿读书的过程中，为娘我也体会到了很多乐趣。所以姐妹们，不要吝啬你们的嗓门儿，大声为宝宝朗读吧！

Part 9.让宝宝爱上说话

见过潇潇同学的人都会感叹,这小姑娘怎么这么爱说话?才一岁半的小宝宝怎么会说这么多话?的确,小妞儿不但说话与同龄人相比算比较早、比较多的,而且小嘴还特别甜,见人就叫,再加上她活泼可爱的性格,在我们这一片儿已经成了小明星了。

经常在一起的妈妈们总是问我,是怎么把潇潇培养得这么爱说话的。其实我自己并不是一个善于言辞的人,很多人聚会的时候我会显得很闷,而且潇潇外婆说我小时候说话就不早,看来小妞儿说话早并非遗传于我。的确,我在小妞儿学说话上还是下了点儿工夫的,呵呵,我那是希望小妞儿以后能说会道,别像她娘一样笨嘴拙舌的呀!

○ ● **1.要多跟宝宝说话。**

不用等宝宝能听懂了才说,而是在宝宝出生后就可以跟宝宝对话了。一开始我也觉得跟什么也不懂的小家伙说话显得很傻,可是为了小妞儿的语言能力,我也顾不上傻不傻了,再说咱的闺女也不会笑她亲妈呀,哈!虽然宝宝小的时候什么都听不懂,可是宝宝的模仿能力很强,而且在一次又一次的重复中,宝宝就会产生记忆,渐渐地就会理解并学会一些简单的字词了。我最大的体会就是,在小妞儿什么都不会说的时候我常常对她说的一些东西,到她一岁以后语言能力突飞猛进时期,她突然就会说了。像数字"一",我曾经用手比画着教过她很多遍,可小人儿就是金口难开,可是某一天,她没有任何前兆地就突然伸着食指,说了一声长长的"一———啊!"

这一点就像给宝宝大声朗读的道理一样,就是要多说,大声说,宝宝才能学会。

2.与宝宝对话时要用标准的普通话,语速慢而有力,让宝宝听清楚,才能使宝宝说清楚。

我们这个家庭的成员来自五湖四海,方言还真不少。不过既然我们生活在北京,就应该教她说普通话。到了小妞儿学语言的关键时期,潇潇外公外婆仍然在帮忙照料我们,虽然他们的普通话不标准,南腔北调的,但我也要求他们跟小外孙女说话的时候尽量往标准的普通话上去靠。为了宝贝的成长,我爹妈还是很配合很自觉的,在此表扬一下!但是难免,小妞儿还是偶尔会说出一两个带口音的字,我也不担心,小宝宝的可塑性太强了,一般都能改过来的。自从我开始自己一个人带孩子后,当然小妞儿所处的语言环境就是纯粹的标准普通话环境了,她的好多带口音的字也被我纠正过来了。

3.宝宝有说话的欲望后,鼓励宝宝多说话。

小妞儿开始有说话的意况后,我就时刻想着鼓励她学说话了,不是刻意地在某个特定的时候才教她,而是随时随地地教她。比如她正投入地玩某个玩具的时候,我就在旁边当讲解员,她拿起什么我就说出相应的名称,并叫她也跟着说;吃饭时我每喂她一口饭菜都要告诉她这是什么。渐渐地小妞儿认识的东西越来越多,会说的字词也越来越丰富了。每当小妞儿能比较准确地说出一个词的时候,我一定会给予她热烈的表扬,让她更积极主动地去说;如果教了半天她也说不出来,我当然不会着急也不会训斥她,要知道越是训斥越会封住宝宝的嘴,宝宝就越不愿意说话了。

4.满足宝宝需求时需要运用技巧,从而激发宝宝用语言表达的欲望

小妞儿是个急性子,常常想要什么或想做什么时,什么也没来得及说就开始哼哼唧唧的,甚至着急想发脾气。当然,我也不会因为她一着急就责备她,而是耐心地引导她,叫她不要着急,想干什么说出来。有的时候我明明知道她的意图,却故意不做,而是等她自己表达。如果她实在不会说的,我就替她说,比如她指着杯子是想喝水,我不会立刻把水给她,而是问她:"你是想喝水吗?"小妞儿通常会张大嘴巴表示"想",我还会继续要求她用语言来说,并在旁提示她说"想喝水",就这样小妞儿几次下来就学会了这句话。

5.关于叠音词

可能是发音方便,宝宝都爱说叠音词。潇潇同学会说话也是从说叠音词开始的,为了她学得方便,我们教她也常常直接教成叠音词,比如"头头、包包、马马……"听宝宝说叠音词的确很可爱,但是随着宝宝长大,还是尽量少用叠音词的好。我想,当宝宝根深蒂固地认为这个词就应该是叠音词时,周围的人又告诉他不要叠起来说才对,其实反而是让宝宝又多学了一次,而且还不太明白的宝宝可能会觉得很困惑吧。教宝宝说话还是尽量用标准的语言,当然如果已经教了一些叠音词也没什么大碍,宝宝不会因此而一生都这样说话的。

6.当宝宝发音有误时

宝宝由于牙齿没长齐,或是发音技巧掌握不好,常常会将一些字的音发错,往往听起来让人觉得很有趣、很可爱,于是很多大人会学着宝宝的发音来跟宝宝说话。这样做其实很不好,宝宝会认为他说得很正确,并且以后就一直这样说。潇潇也经常发错音,我不会批评她,也不急于纠正,我只是反复用正确的发音来与她交流,时间长了,她自己就改过来了。

当然,就算会说的话再多,到了外面不愿意说也不行。潇潇同学之所以人见人爱,与她在外面也说个不停是分不开的。当然这就需要培养宝宝的好性格了,不认生、活泼开朗,这样的宝宝谁不喜欢呢?

10.做个性格活泼开朗的快乐宝贝

潇潇同学爱说爱笑,性格活泼又开朗,特别招人喜欢,不仅我们小区的叔叔阿姨、爷爷奶奶见她就乐,带她出去玩时也会吸引来众多关注的目光和热情的夸奖,小妞儿的好性格真是让我脸上有光,每当听到别人赞许的话语,我心里那个美呀!

快乐宝贝也是需要妈妈精心打造的,人的性格很大一部分来自遗传,但是后天的因素也非常重要,我坚信这一点,并一直在努力培养女儿更趋于完美的性格,好性格不仅可以让她自己更快乐,也可以让她周围的人快乐,快乐的人会有更多的朋友、更多的机会、更美好的人生。打造快乐宝贝,要从娃娃抓起,这小娃娃的快乐性格如何造就呢?

○● 满足宝宝的基本需要

宝宝最基本的需要就是吃和睡。一次我和她爸爸费尽心机带小妞儿去动物园玩,因为怕她总在家里和小区里玩太无聊,所以想要让她见见世面,本以为她会对各种动物充满好奇,度过不寻常的一天,谁知人家根本不买账,一进动物园大门就一直嚷嚷着"吃啊!吃啊!"对动物们似乎兴趣并不大,我们让她看动物她也就随便看两眼,然后又继续嚷嚷"吃啊!吃啊!"真是把我和她爸爸快要笑翻了,索性席地而坐,让她好好吃个饱,吃饱喝足后,小妞儿终于满足地睡了!

事后我们想想,这其实一点儿也不可笑。就像人要有了温饱才能有心思和精力去实现更高层次的精神享受一样,不让宝宝吃饱、穿暖、睡好,他们怎么能快乐起来呢。潇潇四个多月回老家时,亲戚朋友们就都感叹,这个孩子真好带、真听话。其实我分析宝宝好带,那是因为家长带得好,宝宝吃得舒服、睡得踏实、身上干净舒适,当然心情就好,也会表现出很乖巧的样子。要想让宝宝快乐,首先就要让宝宝的基本需要都得到满足。

○ ● 给宝宝安全感

如果说前面一点是宝宝在物质方面的基本需要，那安全感就是宝宝对精神层面的基本需要了。缺乏安全感的宝宝总担心自己不被关爱，不受重视，容易急躁，爱发脾气；而安全感比较好的宝宝情绪会比较稳定，当然也就显得更快乐，甚至智商也会更高一些。从宝宝一出生就要给他们足够的安全感，我在前面也提到过给新生宝宝安全感的问题。另外还要多跟宝宝说话交流，从父母亲切的话语和温和的目光中，宝宝能感受到温暖和关爱；在宝宝需要帮助的时候，妈妈能及时出现在他的面前，也会使宝宝安心，这样的宝宝在遇到困难时就不会害怕，也不会动不动就哭闹了。

其实认生也是缺乏安全感的一种表现。小妞儿四个多月也有过一段时间的认生，一次一位阿姨想要抱她，她哭着抗议，我抱过来后那位阿姨还在一旁逗她玩，她竟然对着阿姨大喊大叫，似乎在示威，不允许阿姨逗她。虽然大家都觉得很好玩，可是我不希望潇潇这样，于是之后我们经常带她到人群里，鼓励她跟陌生人微笑招手，渐渐地，她发现陌生人也没什么可怕的，更重要的是妈妈会在她需要的时候帮助她，她也就逐渐不再认生了。

○ ● 建立宝宝的自信、保护宝宝的热情

每当潇潇有了一点儿进步时，我都会竖起大拇指说"你真棒"；每当小妞儿想做某件事情却又不太自信的时候，我会在一旁鼓励她"加油，你能做到"；如果小妞儿充满热情地去做某种看起来幼稚可笑的尝试，我也会忍住不笑静静地陪着她做……

自信、热情是人一生中都应该拥有的良好品质，有了自信和热情才能更快乐，也更容易成功，而我相信，在赞扬和鼓励声中成长的人远比每天都挨批评、受嘲笑的人更容易获得自信和热情。

○ ● 环境对性格的影响

快乐而阳光的性格的养成与环境也有一定的关系。有了宝宝的家庭，一定要注意环境的布置，家里要保证充足的光线，晚上也别心疼那点儿电费，要把灯开亮；房间不一定要装修得多豪华，但色彩要轻松明快；保持空气新鲜，经常通

七、小才女是这样炼成的

271

风；没用的东西就扔了吧，尽量让空间更宽敞一些，如果家里实在拥挤就多带宝宝到室外去活动；家里不要太安静，可以经常放一些欢快轻松的音乐，但也不要太吵闹。这样的环境更适合培养一个性格快乐健康的宝宝。

我们家以前是吃完晚饭就把大灯关了，开个小电视灯看电视，现在这样的习惯已经为了潇潇而改变了，只要她没睡觉，就开着大灯，跟她做游戏，给她讲故事，很明显，这样做会使她显得更有精神，玩得也更开心，而一旦屋子里黑糊糊的，小妞儿就总是一副无精打采的模样。

自己快乐宝宝才快乐

父母是孩子的第一位老师和最初的模仿对象，心胸狭窄、整天闷闷不乐的父母，一定不会培养出一个心态健康快乐的宝宝。每天都乐呵呵的人，潜移默化中也会影响到孩子的性格。自从怀孕以来，我在自觉与不自觉中，就很少去想不开心的事情了，其实也是女儿带给了我无尽的欢乐，而我的快乐也在影响着女儿，我也决心要跟小妞儿一起做一对儿快乐的母女。

11.我的野蛮女儿——如何帮助宝宝摆脱爱发脾气的坏习惯

刚说完潇潇是个快乐的小女生,却发现宝宝不可避免的第一个逆反期已经悄悄来临了。要说潇潇这逆反期也来得有点儿太早了吧,不是都说要到两岁左右吗?可我们家小妞儿刚十四个多月,就被扣上了爱发脾气的罪名,不但不像平常那么听话让干什么就干什么,口头禅也总是"不啦、不啦",而且动不动就大发小姐脾气。来看看我有一个怎样的野蛮女儿吧:

◯ ● 打妈妈

有一次下午,怎么哄小妞儿都不睡觉,我一看小妞儿的指甲长了,心想不睡就给她剪指甲吧。谁知指甲刀一拿出来,小妞儿就非要抢过去玩不可,嘴里还一个劲儿地说着"下去"。最终只剪了半个指甲就没能再剪下去。我只好抱着她到处走走,一边转悠着一边想要教育教育她,本想仔细分析一下她的错误:"潇潇你今天有点儿不乖哦,首先是没好好睡觉,然后又不肯剪指,指甲长了会划伤脸的,而且不卫生……"可我根本没能如愿,刚说了一句,她好像就听懂了我在批评她,突然一脸的狠相,先使劲儿捏我的脸,然后又"啪啪"地打我,面对她的举动,我顿时愣在了那里!

◯ ● 捶胸顿足

潇潇外婆叫小妞儿去吃草莓,突然又想起什么东西没弄好,跟她说了声"等一下",就拿着装草莓的碗离开了,其实也就一眨眼的工夫就回来了。可是小妞儿见就要到嘴的草莓没能立即吃着,气得一边大哭一边甩胳膊跺脚,本来那时候还没能彻底走稳,这一跺脚就一屁股坐在了地上,更是伤心得不行。

◯ ● 不讲理

那段时间稍微有一点儿不如意，或是没能及时满足她的要求，她就大哭大叫的。记得前一年回老家的时候，周围邻居都夸潇潇乖，说从来听不到她哭闹，我想这次不一样了，别人可能都会想，原来这也是个坏脾气的宝宝呀！举个例子，有一段时间给小妞儿讲故事不能停下来，一本图书讲完了，她就不依不饶地大哭，还发脾气把书扔到地上，再重新讲也不行，反正人家就是要发一通脾气，还真是不讲理。

我曾经一直希望能生女孩儿，其中一个原因就是觉得小女孩乖巧可爱，温柔文静，多省心呀。可经过几次这样的经历后，我发现我的想法并不正确，小女孩一样会成为"小魔王"。为了我这件"小棉袄"能一如既往地贴心下去，我着实好好动了一番脑筋，到底要怎样才能帮助宝宝摆脱爱发脾气的坏习惯呢？

首先要知道，这么大的小宝宝爱发脾气是一种正常现象，因为随着宝宝的长大，自我意识越来越强，希望按照自己的意志去做事情，却又表达不清楚，他们常常想通过发脾气来达到自己的目的，可以说发脾气也是宝宝走向独立的一个体现。而且这个年龄的宝宝容易冲动，自制力差，受不得委屈，对挫折的容忍程度非常有限。

一般造成宝宝发脾气有这样几个原因：

1.需求没有得到满足：家长过于溺爱孩子，对孩子百依百顺，不管什么要求都要满足，孩子发脾气也不批评教育，从而使孩子受不得一点儿挫折，一不如意就大发脾气，而且把发脾气当成达到自己目的的法宝。

2.受到忽视：小宝宝都是以自我为中心的，一旦他们发现周围的人都不理睬他们，他们就会通过发脾气来得到大家的关注。

3.不被理解：小宝宝的智力发育是快于语言能力的发展的，很多时候他们表达不清楚自己的想法，在大人不能理解他们的意图时，他们会因为急躁而发脾气。

4.暴力家庭：有些父母本身就脾气暴躁，动不动就大动干戈，这对孩子就是一个非常不良的表率，孩子的模仿能力是很强的，他们也会学着父母的样子大发脾气。

如果宝宝一旦养成了爱发脾气的坏习惯，对身心健康都没有好处，对将来的性格和为人处世也有非常不良的影响，所以作为父母，一定要想方设法及时

把宝宝的这个坏毛病扼杀在摇篮里。那要怎样帮助宝宝摆脱这个坏习惯呢,在思考与实践后,我总结了这么几条:

1.了解宝宝每次发脾气的原因:一旦宝宝发脾气,我们要找出每一次孩子发脾气的原因是什么。除了上面说的几个典型因素外,还有比如没睡好、肚子饿、玩得太累了、精神过于亢奋等等,找到了原因才能对症下药。

我上面所说的第一个例子,潇潇不肯睡觉,其实那时候她已经很困了,我却非要给她剪指甲,她肯定心里不舒服,如果及时考虑到这个原因,跟她说说话、听听音乐,营造优良的睡眠环境,让她美美地睡上一觉,也许就不会有之后她发脾气的现象了。

2.转移注意力:当发现宝宝就要发脾气的时候,立刻想办法转移他的注意力。小宝宝的思想容易被周围的事物所左右,这个时候找到一个他关心或喜欢的话题,把他吸引过去,他就会很快忘记刚才要发脾气的事情了。

有几次潇潇一想发脾气,潇潇外公就连忙抱起她说“我们去看大鱼喽,我们去看嘟嘟(汽车)喽”,潇潇一般都会马上停止哭闹。

3.冷处理:对于实在不明原因的哭闹,可以采取冷处理的方法。让宝宝自己在那边哭一会儿,你只要狠狠心,在旁边静静地看着他,或是告诉他“妈妈在这里等着你,你什么时候不发脾气了我再跟你玩”就可以了。

我有一次就这么做了并且很成功。记不清潇潇当时为什么发脾气了,拍着茶几大哭大叫,我在一边安静地看着她,她哭了一会儿可能觉得无趣,突然就停了下来,指着餐巾纸盒子上的圆形图案说“叮咚”(把那图案当成门铃了),然后自己就破涕为笑了。

4.不要被宝宝的哭闹左右:有很多父母见不得孩子哭,孩子稍微一哭就心疼得不得了,不管孩子的要求合理不合理,立刻就答应他了,这样一来,宝宝就会把发脾气当成法宝,只要想得到什么东西就会发脾气。所以在宝宝哭闹的时候姐妹们一定要冷静,分清楚他的要求是不是合理,对于不合理的要求一定要讲原则,当然对于合理的也要尽量满足。

虽然潇潇现在还很小,我已经在注意讲究这个原则了,任何坏习惯都要从最初宝宝有所体现的时候纠正,特别是第一次发生时家长的态度很关键。

5.适当的表扬:如果当你以为宝宝为某件事情会发脾气,可他却表现得很乖没有发脾气时,那就要及时表扬。可以这样说:“你今天表现得很乖,我很高兴！如果你一直这么乖，妈妈会更高兴的。"宝宝为了让大人说他乖，就会继续好好表现的。

孩子没有不喜欢听表扬的话的，我认为在表扬中成长起来的孩子心态会更健康，潇潇每次听到表扬后虽然并没有表现出特别高兴的样子，毕竟她还太小，但是明显感觉出这样做比训斥的效果要好得多。

6.培养孩子的耐心：一般来说，小宝宝对自己想要吃或想要玩的东西都没有耐心多等一会儿，都想要立刻得到，如果得不到就会发脾气。因此作为父母，一定要有意识在平时的日常生活中培养宝宝的耐心，从每一件小事做起，不要让孩子觉得只要是他想要的，爸爸妈妈都会立刻满足，要风得风，要雨得雨，这样的话只要偶尔不能如愿以偿，宝宝就会大发雷霆。

就像潇潇要吃草莓没能立即吃到后发脾气一样，这个年龄段的宝宝就是这样的。在注重这方面的培养后，我每次都会不厌其烦地告诉她要耐心等待，后来还给她讲相关内容的小故事和儿歌，现在似乎也有了一些好转，而且她自己还动不动就唱"等一等、等一等"。

7.家长自己不能乱发脾气：有爱发脾气的父母，孩子想不发脾气都难。遗传因素暂且不说，从后天的环境来说，作为父母，就要为宝宝创造一个和谐的家庭氛围。为了培养宝宝良好的性格，不乱发脾气，父母一定要以身作则，给孩子树立好的榜样，让孩子保持积极的情绪，控制不良情绪的发作。

我和老公当然为此也约法三章，绝对不能在女儿面前吵架，给宝贝做个好的表率。

8.对爱发脾气的孩子，教育起来要有耐心：对于发脾气的宝宝不要责骂，更不能打，打骂孩子只会增加孩子的愤怒，从而使孩子的性格变得更加逆反。对爱发脾气的宝宝一定要有耐心，除了通过上面说的这些方法使孩子避免发脾气外，还要在适当的时候对宝宝进行教育，不一定要在当时立刻就说教，而应待宝宝冷静后再帮他分析。另外，要让宝宝时刻感受到父母的爱，只有在爱中成长的孩子，心智才会健康地发展。

每个宝宝都会经历这个时期，我想，只要做父母的用心去理解孩子、帮助孩子，宝宝们都会顺利度过这个时期的。写下这些，也是要时刻提醒自己，以后在对于潇潇发脾气的问题上，一定要有足够的耐心，妥善地处理，帮助她远离坏脾气，继续做个乖巧可人的小姑娘。

Part 12.该不该训孩子

虽然现在有很多父母都知道,对孩子一定要有耐心,但是我想,面对那些怎么说也不听的调皮的"小坏蛋",忍不住发火教训他们一顿的爸爸妈妈还是大有人在。到底该不该训孩子,训或不训的界限在哪里呢?

首先我要强调的一个问题是,且把训孩子放在一边,打孩子是万万使不得的。在家庭暴力下长大的孩子是非常没有安全感的,连自己最亲近的人都对他动用武力,他还会去相信谁呢?往往他们自己在今后也会喜欢用暴力解决问题,而且心理上的阴影也会导致孩子性格方面的缺陷。事实上,对于小宝宝来说打是解决不了问题的,他们常常不能理解为什么无缘无故就被打了,他们也很难记住他们被打是因为哪件事情做得不好,最多只记得自己曾经被打过,在心里留下一个可怕而痛苦的记忆。

同样,经常训斥宝宝,也起不到好的效果。宝宝太小,不但不能把自己犯的错误与被训斥这两件事情联系起来,而且还会误认为自己的爸爸或妈妈就是那样一个爱大呼小叫的人,久而久之也就不怕了,就像俗称的"老油条",以后再怎么训他,他也无所谓,更不可能改正错误。这一点一定是很多人忽略的问题,我其实是从小时候上学时班上一些后进生身上得到的体会,他们成绩不好又爱捣乱,尽管老师和家长整天在训他们、罚他们,但他们似乎根本就不在乎,反而加倍调皮。对于小宝宝来说,这是一样的道理。所以现在专家们都在强调要多表扬,少批评,帮助宝宝树立良好的心态。

另一个极端是,有些父母从不训孩子,宝宝是要风得风、要雨得雨,稍不如意就大发脾气,这时候全家人就都拥上来,这个哄,那个骗,立刻满足他那无论是合理还是不合理的要求。这样宝宝显然就会被惯坏了,成为一个小霸王,以后再想教育他们就难了。

该训孩子的时候还是得训。我是不会打孩子的,但是训斥还是有的,我一般都会选择小妞儿的行为会造成危险,或她做的事情我们非常不愿意接受时,我才会严厉地训斥她。比如小妞儿常常忍不住去按饮水机的龙头开关，这可不行，万一被开水烫着可不是开玩笑的，于是我非常生气并严肃地制止，并提高音调指着饮水机，告诉她这样做很危险，以后不许再摸饮水机。因为不常被训，小妞儿突然见到妈妈这样总会被吓一跳，然后有点害怕地看着我，听我说话，并且最后答应"好"表示不再做了。但是小宝宝自控能力实在是差，往往我刚说完，她就又忍不住好奇去摸。我反复对于同一件事情用同样的语调和语言训她两三次后，她就能稍微记得一些了，当她再想去摸饮水机时，我只要在旁边稍作提醒，小妞儿看看我就会缩回小手了。

所以我建议姐妹们，对于比较乖的宝宝来说，能不训则不训，如果宝宝实在是做了危及安全的事情，就应当严肃对待。而有些宝宝生来比较调皮，就不要事事都教训他了，挑严重一些的问题来训他，其他小事则尽量采取在平时潜移默化的灌输和教育的方法，当然本性难移，实在是无所谓的事情，就不要计较了吧。

一些自己性格就比较急躁的父母，常常还是会控制不住自己的情绪，一见宝宝犯错就摆开"河东狮吼"的架势。这也是难免的，我这个朋友们公认的好脾气，也曾忍不住在一些没什么大不了的小事上对潇潇发过火。事后我都很后悔，其实小妞儿算比较乖了，我一再提醒自己要耐心，再遇到问题时，自己要做深呼吸，压住怒火，头脑清醒了再选择处理的方法，实在忍不住发火后，我会紧紧抱住惶恐的宝贝，向她道歉，求得原谅。女儿真的很乖巧，每次都说"原谅"，如此大度的宝宝，我们当爹为娘的为何不能也大度一些呢？还是多用用耐心来解决宝宝们的问题吧。

Part 13.分享如此快乐

都说独生子女容易养成自私的毛病,我自己不是独生子女,还没真切体会到,但是带潇潇出去跟小朋友玩的时候倒真是发现了,小区里很多孩子的确都十分自私,自己的玩具碰都不肯别人碰。而像潇潇这么大的小宝宝都喜欢跟着大孩子玩,对他们的玩具、小自行车等等觉得又新鲜又好奇,总想去摸一摸看一看。那些大孩子,一见到小宝宝过来想摸自己的东西,立刻拿起来就走,更有甚者,还管别人的东西,有一次潇潇想去摸摸一个放在长凳上没有人玩的玩具手枪,马上来了一位小朋友上前就抢走了,还推了潇潇一把,他的爷爷奶奶在旁边说道:"这是人家的东西你管干吗?"

遇到这样的小朋友,我一般都是一笑了之,只要没有伤害到潇潇,我从来也不愿意计较什么,并劝潇潇跟她年纪相仿的宝宝一起玩,这样也更安全一些,毕竟那些大孩子跑跑跳跳的,很容易撞伤小宝宝。不过我心里并不喜欢这样的孩子,虽然我知道孩子到了一定的年龄都有保护自己的东西不被侵犯的心理,但也有很多友善、大方的小朋友,我们这里就有一位小女孩总带着小妞儿玩呢。我发现,孩子自私不自私,与是否是独生子女并没有绝对的关系,关键在于教育。我不希望我的女儿以后也那么自私,我更希望她能懂得分享。

当小妞儿刚一岁多点的时候,一天我剥橘子给她吃,她第一次主动拿起一瓣儿递给我吃,我真的是惊喜万分!因为在此之前,我觉得宝贝还小,自己都吃不过来哪还顾得上别人,并没有刻意教过她跟别人去分享食物,可是女儿竟然会自己有要分东西给妈妈吃的意识,真是孺子可教也!

于是从那以后,我常常让她把自己吃的东西给我一口。并且无论是我要求的还是她自己主动的,只要她给我了,我一定会吃掉,而不是像有些人的做法,见宝宝真的递过来了又说"我不吃,你吃吧"这样的话,这样说多了宝宝就会真的觉得没有必要给别人吃了,反正给了别人也不会要,还不如自己吃。当然,我也要求家人都这么做。除了吃的,玩具也一样,有的时候我会拿别的玩具与她

手里的玩具交换,有的时候直接向她借,如果小妞儿很大方地给我了,我还会表示感谢并表扬她,让她体会到分享的快乐。

当然小妞儿也有不舍得给的时候。潇潇特别喜欢吃海苔,平时家里都会备一些,小妞儿知道吃完了还有,所以每次吃只要我向她要,她都会分给我。有一次就剩两小袋了,每袋是四片,我告诉她吃完这两袋就不能再要了,因为家里没有了。她应该是听明白我的意思了,所以她吃着的时候我说"给妈妈吃一片吧",她有点儿犹豫,不过最终还是给了。第一袋里第一片小妞儿自己吃掉了,第二片我要她就给了,第三片仍然是她吃,第四片我又向她要求:"这一片给妈妈吃吧,如果你把这一片给妈妈吃,那下一袋就都给你吃,妈妈不吃了,如果你不给妈妈,那下一袋就不能吃了。"小妞儿刚把拿着海苔的小手往我嘴边送,可一想又塞自己嘴里去了。我忍住不笑,装作不高兴的样子说:"妈妈对你这么好,你怎么连一片海苔都不舍得给妈妈吃呢?那这最后一袋我们都不要吃了。"小妞儿看了看我,仍然缠着我说"吃海苔呀"。我继续说:"你要吃也可以,不过拆开后你一定要把第一片给妈妈吃,你才能吃后面的。"小妞儿说"好",于是我打开袋子,小妞儿真的把第一片递给了我。我非常高兴,狠狠地亲了亲她的小脸并夸奖道:"这样才是乖宝宝!"而小妞儿也开心地吃了起来。又到最后一片了,我又想考验一下她,再次跟她要,小妞儿竟然真的递了过来。我接过来说:"宝贝你真好,妈妈要奖励你,这片我们一人吃一半吧!"于是我们都满心甜蜜地各人吃了最后半片。吃完后,小妞儿一点儿也没有不满足的意思,而是开心地跟我做起了游戏。

这样一件看似微不足道的小事,其实对宝宝是能起到很好的教育作用的。也许有人会想,你这当妈的也太过分了,那么几片海苔还跟孩子抢着吃。其实我可不是为了吃那几片海苔,而是要让小妞儿明白一个道理,当她跟别人分享的时候,也许会少吃那么一点儿,也许会少玩一会儿玩具,但是得到的却是更多的快乐,还有别人的尊重和喜爱。

让我感到欣慰的是,我用这样的方式的确教出了一个大方的宝宝,到外面去玩或吃饭的时候,潇潇同学表现非常好,常常主动把玩具或零食分给小朋友。可能她现在还没有完全弄明白分享的含义,但是有这样的习惯就是一个良好的开端。我的女儿当然是我心里最疼爱的小公主,但我决不会让她变成一个自私、霸道、不顾他人的刁蛮小公主的。

14.我不要分离焦虑

场景一:我把小妞儿打扮成漂亮可爱的粉红小公主,打算到附近的一片草坪上拍一组美美的照片,虽然事先准备了玩具,可是到达目的地后,潇潇一下车就哇哇大哭,紧紧地拉着我的衣服不肯松手,嘴里嚷嚷着"妈妈抱",无论如何也不让我离开半步,当然这拍照片的计划是泡汤了,我还得背着相机、挎着包、抱着小妞儿往回走,虽然累却还要用轻松愉快的语气安慰小妞儿。

场景二:出差一段时间的小妞儿的爸爸回来了,一进门就想抱女儿亲热亲热。可小妞儿不买账,躲开爸爸非要找妈妈不可。我正在厨房做饭,腾不出空儿来,可她爸爸越是想靠近,小妞儿就越带着哭腔说"找妈妈,妈妈抱",把她爹郁闷了好一阵。

潇潇越长越大,可却也越来越黏我了。老公总说:"你这样可不行,以后受累的还是你,她再黏你,你就训训她。"我当然不会因为这样就去训女儿,我知道小妞儿开始产生分离焦虑了,这不是她的错,应该想办法帮助她解决问题才对。在跟妈妈们的交流中我发现,全职妈妈并且是自己一个人带孩子的,宝宝的分离焦虑都会更明显一些,特别是像我们家这样,她爹常常不在家,小妞儿平时接触到的就只有我,我几乎成了她唯一的依赖对象,只要我一跟她分离,她就会感到不安和恐惧,生怕我消失不再出现。才一岁半的她就已经出现了这种苗头,我是该尽早想办法解决了,不然到她上幼儿园的时候就会更麻烦了。

于是我开始采取一些对策,给她创造一些与我短时间分离的机会,培养潇潇独处的能力。

⬤ 分离游戏——藏猫猫、闹钟游戏

前面说过藏猫猫这个游戏,很短时间内见不到妈妈,但是知道妈妈躲在某个地方能够被找到,还会出现,给宝宝这样的信心和经验是很有必要的。

闹钟游戏是这样的:先和宝宝一起玩五分钟,再让他自己玩五分钟,逐渐延长时间,建立宝宝独自玩耍的兴趣,关键是到了时间妈妈又会出现在他面前,他就会了解,妈妈不会永远消失,会按约定回来的。

○● 学会等待

我做饭的时候潇潇一般都喜欢在我周围转悠,我把厨房布置得很安全,让她有一个很有趣的空间可以玩耍。但是有时候她也会觉得厌倦,就又会想让我陪她。这时候我就会告诉她要等一等,妈妈做完饭就可以陪她了,并且建议她自己去玩玩具或看书。通常小妞儿都能自己玩到我做完饭,但也有时候会吵闹着要我陪她,我便与她约定,如果她肯自己玩,我做完饭就会给她讲故事等等,而当她真的做到了,我也必须履行自己的承诺。让宝宝学会等待,并且知道在等待之后仍然会有妈妈的陪伴,会减少宝宝的焦虑,因此宝宝会更专心地去做与家长分离期间的事情。

○● 自己睡觉

潇潇第十八个月能自己入睡了,再也不需要我抱在怀里哄了。这正好是个创造分离的机会。中午午睡,我把潇潇抱到床上跟她告别,并告诉她,等她睡醒了妈妈就会过来抱她起床并和她一起玩。这件事情一点儿也没有费劲儿,小妞儿还挺乐意的,有时候我问她要不要我哄,她还不要,而且每次躺下去后就会主动挥手说"妈妈再见",再来个甜蜜的飞吻。小妞儿睡醒后通常都是自言自语,从不哭闹。当然我一样遵守承诺,听到她醒了说话,就赶过去抱她起床。

○● 对宝宝的独处予以表扬

当小妞儿在独处的过程中表现不错时,我就会表扬她,对她的表现予以肯定,这样会促使她更加喜欢独处的时间,并更努力地去表现。

○● 与妈妈的分离演练

我把这些对老公说了,他也明白了这不是训斥能解决的问题,而且对我实施的一系列措施感到很满意。我们又一起商量了一个方法,就是偶尔让小妞儿的爸爸带她一天。如果哪天老公不忙,我就会准备好要用的物品,让老公把潇潇带去公司玩一天，做一次与妈妈真正的分离演练。这个计划实施了一次，效果还不错。事先我就跟潇潇解释，妈妈要出去办事，让她跟着爸爸玩。小妞儿好像并不十分理解，没说什么。当爸爸带她走时，她以为爸爸带她出去玩呢，很高兴地跟妈妈告别了。不过听老公说当她发现妈妈真的没有跟出来和她在一起后，就开始想要赖了。她爸爸想尽办法转移她的注意力，幸好到了公司之后，她立刻被那里的新鲜玩意儿吸引了过去，虽然偶尔突然想起来会问"妈妈呢"，但听爸爸说"妈妈开会去了"，虽然她不知道开会是怎么回事，但也就不再追问了。小妞儿自己很会调节，一会儿要求出去转转，一会儿要吃东西，再加上有两位年轻的阿姨一直逗她玩，一上午也就很快过去了。下午基本上都在睡觉，相安无事。而我在家里，说实话，似乎也患了分离焦虑症，一直就在想女儿，安不安全、开不开心、有没有喝水、午饭吃得好不好……终于快到下班时间了，我立刻下楼开车，去跟他们爷儿俩会合去了。

通过一段时间的努力，我发现潇潇变得更开朗了，跟爸爸也越来越亲密了。我想只要继续努力，女儿会越来越独立和坚强的，而对与妈妈分离的敏感也会逐渐减轻的。

15.孩儿爸是孩儿成长的关键

在小妞儿对为娘我产生分离焦虑的这段时间里，我们也越来越意识到孩子的爸爸参与到养育孩子的过程中来的重要性了。由于老公工作忙，又经常出差，所以跟女儿相处的时间比较少，导致他好几次从外面回家后，潇潇不愿意接近爸爸。老公为此很懊恼，有气没处撒，毕竟是这么小的女儿，也拿她没辙。我也为此很着急，事后我们一起分析讨论，达成了共识，还是需要老公自己作出更多努力，尽量多抽点儿时间陪陪孩子，才能增进女儿和她爸爸之间的感情。

其他家庭的现状似乎也跟我们家的情况相似，绝大部分家庭中，男主外女主内，养育孩子的责任都是由母亲来承担，而父亲一般为了养家糊口，终日奔波在外面，很少过问孩子的事情。其实孩子爸爸在孩子成长中起了很关键的作用，虽然他们忙碌辛苦，但也应该尽可能地分一点儿时间给孩子。我曾读到过一位心理医生的话：父亲是成人社会的典范，是孩子学习的榜样，所以父亲不仅仅要给予孩子物质生活的保障，更要给予孩子宝贵的精神财富。

的确是这样，有爸爸经常陪伴的孩子，各个方面的发展都会比较好：

○● 父亲对孩子的个性培养是对母亲培养孩子的一种补充

男性一般更独立自信、坚强果断、开朗热情，而女性则比较温柔内敛，只有妈妈照顾的宝宝个性中自然会缺少爸爸的那一部分。如果爸爸多陪伴宝宝，在相处的过程中，潜移默化地把这些良好的品质感染给宝宝，而宝宝也会在本能模仿爸爸的言谈举止中学到更多。这一点对于男孩儿来说更为重要，但不是说女孩儿就不需要爸爸的陪伴了，同样，女孩儿具有这些品质也是非常有必要的。我们都希望女儿将来外柔内刚，既有女性的柔美，又不乏坚强独立的性格，所以爸爸的榜样作用非常重要。

○● 父亲对孩子正确扮演自己的性别角色起到很重要的作用

男孩儿和女孩儿分别会从爸爸妈妈身上学习男人应该怎么做，女人又是什么样的;而反过来,男孩儿又会发现妈妈与自己的不同,女孩儿也会从爸爸跟自己的区别上来强化自己的性别意识,认清自己的角色。所以一个正常的家庭,无论是爸爸还是妈妈都不可缺少。只有妈妈跟宝宝在一起是远远不够的,爸爸也应当多与孩子接触。

◯ ● 父亲的教育更能促进孩子智力的发展

先说说我自己,作为我父母的女儿,我就更愿意跟妈妈说一些家长里短、生活琐事,而真正要作一些重大决策的时候,往往更愿意跟爸爸讨论交流。一般的家庭都是这样,妈妈教给孩子更多的是语言能力、日常生活的方法,虽然我一直在努力做个全能妈妈,丰富自己的知识去教给宝宝,但是毕竟有一些领域是大部分女性很难达到的。而爸爸们则更风趣幽默、知识丰富,动手能力和创新意识更强,再加上男性富有逻辑的思维,能在很多问题上作出更为理性的判断,这些对于孩子的智力培养都是非常有利的。

◯ ● 父亲拥有男性特有的激情与活力

目前对于我们家才一岁多的小妞儿来说,爸爸对她最重要的影响就在于这一点了。和爸爸一起做游戏似乎更有趣,爸爸总是充满激情与活力,总能充分调动小妞儿的积极性,爸爸能把游戏玩出新的花样儿,让小妞儿感到又兴奋又刺激,比我这个妈妈的想法更多更新鲜。

经过上次那件事情之后,她爸爸尽量每天都早点儿回家陪潇潇玩,潇潇越来越喜欢跟着爸爸了,小嘴儿也总是跟抹了蜜似的,甜甜地"爸爸、爸爸"地叫着。老公也丝毫不掩饰内心的喜悦跟我说:"不知怎么,我这么一个大男人,一看到小小的女儿,心里就变得软软的了。"我说:"那可不是吗,女儿可是爸爸的小情人哪!"

16.女孩儿就当女孩儿养

虽说如今提倡男女平等，但在很多传统的家庭中仍然有这样的观点，生了男孩才能传宗接代，脸面上才光彩。如果"不幸"生了个女孩，来道喜的人往往都会这样说："女孩也挺好。"甚至有人会说："就这一个孩子，把女孩当男孩养，将来比男孩还强。"而事实上也有这样做的家庭，从不给女孩留长发，从不给女孩穿裙子，买的玩具也都是更男性化的，还常常在女孩的耳边灌输这样的信息："你要是男孩该多好！你应该像个男孩一样！"

而我见到的除了这样重男轻女，把女孩当男孩养的现象，还有的妈妈非常希望生个女儿，却偏偏生了个男孩，她们就情不自禁地给儿子穿小花裙，别小发卡。说实话，我在生孩子之前也是更希望有个女儿的，不过怀孕的时候见过我的人都猜我怀的是男孩，那时候我心里就已经无所谓了，真的觉得男孩女孩都一样，都是我的孩子，我都会尽我最大的努力爱他照顾他养育他的。而当我生下女儿后，也听到过让我把女儿当儿子养的"忠告"，不过我是决不会那么做的，男孩是男孩的养法，女孩是女孩的带法，想把宝宝的性别颠倒过来的人们，不知道这样会带来十分不利的后果。

长期这样做会导致孩子心理性别的扭曲。在宝宝小还不懂事的时候也许表现不出来，但是当宝宝长到三岁左右时，正是逐渐开始有性别意识的时候，如果还这样颠倒着对待宝宝，他们会感到很困惑：我到底是男孩还是女孩？而且会对自己的性别感到自卑或不满。待他们再大些，甚至会出现变性的可怕想法。

既然这样，还是从小就让孩子扮演自己真实的角色吧，让男宝宝意识到自己是个阳光快乐的男孩儿，让女宝宝也明白自己是个乖巧可爱的女孩儿。男孩儿和女孩儿有各自的特点，作为父母，应该让男孩儿更刚强、更有责任感，从小就要懂得艰苦奋斗、坚强自立；而女孩有女孩儿的柔美，应当注重培养女孩的善良，有爱心和修养。当然这么说并不等于是男孩儿就不要善良不要爱心，女孩儿就不需要奋斗和自强，只是侧重点不同，因为男女本身的性格和角色就不完全相同。所以要尽早给孩子一个正确的性别观念,并且从小就要让他们懂得男女平等,无论是男孩还是女孩,都一样是这个社会必不可少的成员。

当然,我们家的小妞儿绝对是一副乖巧小女生的模样,她有很多漂亮的小裙子,有一大堆的娃娃,有时还会臭美地去照镜子说自己好看。当她再大点儿,能清楚地知道自己是女孩儿,并为此感到自豪,会骄傲地对小男生说"你看这个漂亮的洋娃娃,是我们女孩儿玩的"时,我会觉得这样很好,说明她很愿意接纳和认同自己的女孩儿身份。

女孩儿就当女孩儿养,我就是这样想的,并且我也会努力把女儿培养成一个各方面都优秀的女孩儿。

七、小才女是这样炼成的

Part 17.教育孩子其实是在考大人的智商

一旦有点空闲,我就会跟老公一起讨论关于孩子教育方面的话题,某天我们进行了如下的对话:

话题一:如果小妞儿有一天问起"我是从哪里来的",我们该如何回答?

潇爸:"我就告诉她,你是上天派来的小天使……"

老公还感觉这样说有点太玄了,于是说还没想好,要再想想。

潇妈:"我觉得如果她问我们,我们不要故弄玄虚地隐瞒,还是很简单、科学地告诉她,比如说"你是爸爸放在妈妈肚子里的一颗小种子,就像小草一样慢慢发芽长大,大到妈妈的肚子装不下你了,于是我们就把你带出来让你自由地成长了。"

我想这样说小孩子应该能接受吧,至于到底是怎么回事,也不用在她那么小的时候向她解释得很清楚,她长大后通过学习自然会知道的。对于这方面的问题,如果不许她问也不回答,越是对孩子隐瞒她越是好奇。而如果骗孩子说你是爸爸妈妈从垃圾堆里捡来的,这是对孩子和对自己的不尊重,也会刺伤孩子幼小的心灵。

话题二:当给小妞儿一个新买的玩具,她拿到手后并不按常理去玩,而是发挥自己的想象敲、打,甚至拆掉,我们该怎么办?

潇爸:"我会阻止她,然后告诉她正确的玩法。"

潇妈:"如果她的行为不是非常激烈,也不至于把玩具弄坏没法儿再玩了的情况下,我不会阻止她,让她按照自己的想象去玩。等她玩了一段时间后,如果还没发现正常的玩法,我再启发她试着找其他方法,或是一边对她说你看妈妈这样玩好不好,一边演示给她看,跟她讨论。如果她的行为的确是不爱惜玩具的表现,那我会告诉她要爱惜玩具,玩具是她的好朋友。"

假如不论什么情况,一开始就阻止孩子按她自己的方法去玩玩具,其实无形中会扼杀孩子的想象力,使她从小就对任何事情都形成思维定式,不善于从不同角度去思考问题。而在教她正确的使用方法时,应该采取启发开导的方式,让她一边思考一边学习。小孩子正是从玩耍中学习到很多处理问题的方法的。

话题三:如果带女儿逛商场,她看到一个喜欢的玩具非要买不可,而家里已经有类似的玩具了,并且我们认为没有必要再买了,这时候她发脾气大声哭闹甚至躺在地上怎么办?

潇爸:"肯定不会去拉她,命令她自己站起来,并且坚决不给她买玩具。"

潇妈:"扶起女儿,不要管周围人的眼光,把她抱在怀里安慰她,尽快使她安静下来。但是不会因此就屈服而给她买这个玩具,要想办法转移她的注意力,比如刚才说过要去吃什么好吃的,这时就可以说:'我们还是快去吃XX吧,你不是早就饿了吗?'"

老公有质疑,如果总是这样,她会不会脾气越来越坏,不听话。我却不这么认为,因为我并没有因为她的哭闹而满足她的不合理要求,她不会觉得哭闹能解决问题的。这种情况下不适合冷处理,关键是让她尽快安静,转移注意力。孩子在哭闹的时候其实也是需要大人的安慰的,给他一个温暖的拥抱,让他知道爸爸妈妈是爱他的,但是如果他做错了事情爸爸妈妈是会生气的,孩子其实是很信任大人的。如果只是一味斥责他,他反而会更加逆反。

话题 N:……

说了半天,老公突然一笑:"这样看来,教育孩子其实是在考大人的智商呀!"

老公说的这句话真精辟,我非常赞同!我说:"是啊,教育孩子可不是那么简单,是一门大学问呢!"

真的是这样,要培养好一个孩子,我们做父母的还真该好好学习呢:

·有空多看书学习育儿知识,或跟其他父母交流,多积累经验。我自打当了妈,已经买了十多本育儿书籍了,自己也在不断地思考和总结。

·生活中时刻提醒自己注意言行举止,孩子的模仿能力太强了,而父母正是孩子最早的启蒙老师,孩子的大部分好习惯和坏习惯都来自父母。

·对孩子的教育是在平常生活的点点滴滴之中的,所以不能忽略任何一次所采取的教育方式。

·教育孩子还真需要我们大人有随机应变的能力,在面对孩子每一次不同的表现时,要准确判断、正确处理。

·孩子犯错，家长再生气，也要克制自己，提醒自己先想一想，到底应该怎么做才是对孩子最有利的。

潇潇还很小，基本不太懂什么道理，但是我认为，培养孩子的智商要从小抓起，孩子的性格、道德观、习惯和人生观，更要从小培养。"人之初，性本善"，孩子像一块璞玉，就看我们怎样去雕琢。我相信一句话：没有不好的孩子，只有不会教育的父母。为了孩子，姐妹们，赶快充电，修炼我们自己吧！

八、

全职妈妈，花老公的钱爱护自己

爱你

我愿意是急流，
　山里的小河，
在崎岖的路上、
岩石上经过……
　只要我的爱人
　是一条小鱼，
　在我的浪花中
快乐地游来游去。

我愿意是荒林，
　在河流的两岸，
对一阵阵的狂风，
勇敢地作战……
　只要我的爱人
　是一只小鸟，
　在我的稠密的
树枝间做窠，鸣叫。

我愿意是废墟，
　在峻峭的山岩上，
这静默的毁灭
并不使我懊丧……
　只要我的爱人
　是青青的常春藤，
沿着我的荒凉的额，
亲密地攀援上升。

我愿意是草屋，

在深深的山谷底，

草屋的顶上

饱受风雨的打击……

只要我的爱人

是可爱的火焰，

在我的炉子里，

愉快地缓缓闪现。

我愿意是云朵，

是灰色是破旗，

在广漠的空中，

懒懒地飘来荡去，

只要我的爱人

是珊瑚似的夕阳，

傍着我苍白的脸，

显出鲜艳的辉煌。

——老公自比裴多菲哦

Part 1.工作 LADY,还是全职妈咪

我原本有一份不错的工作:舒适的工作环境、热情友好的同事、颇丰的收入,而且公司有很好的文化氛围,常常也会有我这个文艺爱好者大展身手的机会。说心里话,我还是挺喜欢这份工作的。但是自从怀孕之后,我就在考虑一个不得不面对的问题:到底是继续当工作 LADY,请人带孩子,还是辞去工作,做一个全职妈咪。这个问题一直让我犹豫到产假结束前一个月,公司打电话来说项目快要验收了,人手不够,希望我能提前回去上班。当时潇潇才三个月,我好不容易才实现了纯母乳喂养,如果去上班,喂奶工作必定会大受影响。看着还那么小的女儿,我痛下决心,向公司提出了辞职申请。

虽然暂时告别了工作,告别了一直为之奋斗的事业,但是我并不后悔,因为仔细想来,我当全职妈咪是个正确的选择,看看我的道理吧:

◯ ● 保姆带孩子的弊端

1.保姆是否会真心对孩子好

我还没结婚的时候就听说过很多保姆带孩子的弊端。以前有个好姐妹,曾经告诉我说她家里换了十几个保姆,个个都把她气得够呛,最严重的一次,某天她提前下班回家,竟看到保姆在用织毛衣的针戳她儿子! 当然,必须承认,还是有很多好的保姆的,她们负责任,工作也做得很认真。但是谁能知道我们自己会遇到一个什么样的保姆呢? 可能我本来就是一个爱操心的人,总不放心把孩子和家交给一个陌生人。如果她对女儿不好,那我该多么对不起孩子呀!

2.保姆能教给孩子什么

如今的保姆有文化的还是少数,她们带孩子的方法很多也比较老旧。孩子从 0 岁到 3 岁,正是智商情商发育最关键的时刻,启蒙教育何其重要! 如果是一个没有文化的保姆带孩子,她能教给孩子什么呢? 带女儿到小区楼下玩的时候我也看到,一般保姆带着的孩子往往是傻傻地站在那里看别人玩,保姆很少会启发孩子去做点儿什么的。

3.请保姆需要一笔可观的费用

现在的保姆工资是越来越高了，虽然我们家并不是付不起这笔钱，虽然拿放弃我的收入来节约这笔开支显得未必划算，但是我坚信我自己带孩子创造的价值可并不仅仅是这点儿费用差额。

○ ● 请亲戚带孩子的烦恼

1.是否有合适的人选

这个方法我们也考虑过，但是综观两家全局，还是没有非常合适的人选，大家都有自己的生活和工作，让别人离开家到遥远的京城帮我们带孩子，总是不太好。

2.带孩子的理念不同

既然请人家带孩子，总得尊重别人的意见。但是在带孩子的理念上人与人之间肯定会有很大的差别，如果沟通不好，难免会有矛盾，最后弄得大家都不开心，得不偿失。平时也经常听到这样的情况，亲戚之间本来关系很好，但由于在一起为带孩子的事情闹得不愉快的事情很多，结果对孩子、大人都不好。

○ ● 老人带孩子的问题

1.老人也有自己的生活

很多家庭会考虑到让孩子的爷爷奶奶或外公外婆来带孩子。与自己的父母在很多问题上沟通起来会方便很多，但是我们作为子女也应该考虑到老人也有自己的生活和自己的朋友，不能永远把父母绑在我们的家庭琐事上。

2.身体健康问题

现代人都是晚婚晚育，当我们结婚生子的时候，我们的父母年纪都不是很轻了，带孩子、做家务是很累的活儿。父母为了子女愿意掏心掏肺的，但是我们不能太自私，为我们操了一辈子心的父母也该歇歇了，从他们身体健康的方面考虑，老人带孩子也存在一些隐患。

在我们家，从我怀孕起，爸爸妈妈就一直在照顾我们，一直帮忙到潇潇满周岁。但是在老家，还有年迈的外婆需要他们照料，潇潇舅妈也生宝宝了，爸爸妈妈不可能总在我这里待着。虽然他们很用心很细心也非常舍不得外孙女，虽然我很希望跟他们一起生活,但我还是应该多为他们考虑考虑。自然潇潇周岁后的养育任务就只能交给我自己了。

◯ 🐾 自己带孩子的好处

1.孩子需要跟妈妈在一起

现在的孩子都是独生子女,本来就很孤独寂寞,因此就更需要父母的关爱和陪伴了。老公工作非常忙也很辛苦,很少有时间在家,养育孩子的担子基本上都落在我的肩上,我就更应该尽力多给女儿一些爱和温暖,让她在一个充满温情的环境下幸福快乐地长大。这些是任何一个外人都无法给予孩子的。

2.用科学的方法养育孩子

怎么说我也是一个有点儿学历、思想进步的知识女性,在教育孩子的方法上,我会看书学习总结,会在网上和现实中跟更多的妈妈们交流,用最先进最科学的方法来养育孩子,使她不管在身体健康上,还是在性格、能力、智力等方面,都得到更为科学的照顾和培养。

3.让我珍惜这短短的亲子时光吧

说真的,孩子在家的时间能有多久呢?我们算算就知道了,现在一般小宝宝两岁半到三岁就上幼儿园了,接下来小学、中学的学习任务都很重,而大学一般就离开家到外地去读书了, 再以后工作了就更没有时间跟父母一起生活了。所以我真的很想好好珍惜这两三年的时间,我要自己陪着女儿,自己照顾她、教育她,亲眼看着她成长。

4.顺便照料好这个家

全职在家,除了带孩子,也能更好地照顾这个家。别以为全职妈妈在家闲得很,说真的,我可是连看电视的时间都没有。而全职在家,我可以锻炼自己的厨艺,让老公和女儿都能吃到最可口的饭菜;我可以充电学习,为以后再投入工作作好准备;我可以上网跟妈妈们学习交流育儿经验,更好地养育我的宝贝……

有孩子的人都知道,带孩子是个苦差事,但是我觉得我全职在家的生活很充实,我要做的事情真的很多,每天的时间都安排得满满的,而女儿的每一个进步、每一点儿成长都会带给我无尽的快乐!虽说辞去工作有些可惜,但是我现在的首要任务是带好我们的孩子,我这样想:钱总是有时间赚的,孩子就只有一个, 有什么比培养好孩子更重要的呢?我庆幸自己有个体谅我疼爱我的老公,他从来也不会觉得我在家无所事事,相反他能体会到我的辛苦,对我们母女也是体贴入微;而我也从来不会嫌他不管家里的事情,我总是对他说:你在外面忙吧,不用担心,家里有我就行了。呵呵,就像那首老歌《十五的月亮》里的歌词一样:"军功章里有你的一半也有我的一半",看来选择做全职妈咪也是一件很光荣的事情哦!

 **2.育儿省钱小招数，多多多**

选择留在家里后，我是彻底成了"啃老公族"，全家就指着孩子她爸爸一个人挣钱了。虽然我常常开玩笑地指挥老公："老公，还不快点儿给我们娘儿俩挣钱去！"但是咱也得提高自己、修炼自己才行，要努力做一个贤惠精明的好老婆、好妈妈呀！

如今家家都只有一个孩子，爸爸妈妈们为了这一个宝贝真是什么钱都舍得花。其实我也挺喜欢花钱的，每次花钱买回一大堆东西，那真是很爽的事情！但是我总认为会花钱，也得会省钱，该花的就花，能省的则省，别说现在经济危机了，就是平时也应该这样呀！在孩子身上，我也遵循这个原则。老公眼里的我还是很会过的，有时还很抠，下面就来说说我这个老公心目中的抠门儿老婆在育儿过程中的一些省钱小招数吧。

○ ● **衣：**

小妞儿的衣服有三个来源：百家衣、DIY、花钱买。

百家衣不用说都知道，就是穿别的小孩儿的旧衣服，我觉得这样很好，小孩子长得快，衣服根本就穿不坏，一件衣服几个小孩儿穿，不但节省还环保呢！而且都说穿百家衣的孩子好养活呀！

我偶尔也会给潇潇DIY衣衣，虽然技艺不算十分精湛，但是毕竟说明咱有省钱的意识呀！

当然这些还是不够潇潇穿的，因为潇潇上面没有稍大一点儿的孩子有衣服给，所以还是买的更多一些。给孩子买衣服也要找准地方，像去批发市场买、网购都是不错的选择，常常能淘到价廉物美的衣服。另外我每次回老家的时候都会给潇潇买一大堆的衣服，看起来好像很奢侈，不过我们老家这边小孩子的衣服又多又好看又便宜，比在北京买划算多了，其实综合考虑还是省钱的。买衣服的时候尽量往大点儿买，不是俗话说：新三年，旧三年,缝缝补补又三年嘛!

○●食:

我很庆幸自己给潇潇喂母乳到满一岁, 这一年里节省的奶粉钱可是一笔不小的数目呀! 而且 2008 年问题奶粉事件的发生,更让我庆幸,没让潇潇吃问题奶粉,这节省的可就不仅仅是奶粉本身的价钱了,孩子的健康得到了保证,这可是多少钱也换不来的。

至于辅食, 我也基本上都是自己做, 潇潇几乎没怎么吃过米粉之类的东西,也就是一直吃的钙和鱼肝油花钱买了,一岁后开始吃奶粉,这时候吃得也不多了。总之在吃上,花的钱还真是不多,不是不舍得花,而是觉得自制的、天然的对宝宝更好。在孩子吃的问题上我是一丝也不马虎的, 做辅食也要动脑筋,我都会选用有营养的好材料呢。

○●住:

借用一下"衣食住行"里的"住",我说的是潇潇的小床,这也是她待得最多的地方,就像是她住的小房子一样。潇潇的婴儿床是我在网上买的,价格比同品牌商场里的便宜很多。床上用的寝具几乎都是自家做的,相信潇潇睡在这些爱心牌寝具上,会觉得更温暖吧! 而从节约的角度来说,这些东西除了花点儿材料费,其他就没再花什么钱了。

○●行:

宝宝的出行离不开小推车和汽车安全座椅。潇潇的第一个小推车是和小床在同一家淘宝店买的,可惜被人偷了,让我很是郁闷。后来发现我平常网购婴儿用品的地方有一款特价小推车,既然再买就买这打折的,心里才平衡呀! 虽说是特价的,也还是挺不错的,轻便、好用、漂亮,主要是这小推车小妞儿也用不了多长时间了,买太高级的也是浪费。

汽车安全坐椅我也是在淘宝上买的, 商场里的价格太贵了我觉得实在是不划算。在前面的关于宝宝出行的文章里我就阐明了我的观点,我认为想要安全还是开车要小心谨慎,不要依赖安全座椅,有什么座椅能高级到在汽车发生事故的时候彻底保护宝宝的安全呢?我是自己上门提的货,质量方面都检查过,没有问题,宝宝坐着也挺舒服的,钱也是省了不少。

● 用:

用纸尿裤的小宝宝一般都要用一年多到两年才能彻底自己控制大小便,不过纸尿裤的费用也真是一笔不小的开支。我给潇潇选的纸尿裤虽不是最贵的,但价格也不便宜,用了大号的之后,每换一个就扔掉了两块钱左右。特别是有时候刚换上一个干净的,都还没尿尿呢,"小坏坏"就拉了一泡"臭臭",真是可惜呀!我逛超市的时候发现有一些特别便宜的牌子的纸尿裤,买了最小包装的回来试试,发现有的还是挺好用的,小"PP"也不红还挺干爽的。只是这样的纸尿裤比较厚,不是超薄的。于是我想了个办法,平时还是用好一些的纸尿裤,如果是估计到宝宝一会儿要拉"臭臭"了,可纸尿裤又湿到不得不换的地步,就换个便宜的让宝宝拉"臭臭"去,这样就算浪费也不觉得那么可惜了。到了夏天,小妞儿在家里有的时候也光一会儿小"PP",洗澡前如果要换纸尿裤,就用尿布代替一会儿。这么做,两年下来,我估计也能省点儿钱吧。另外,因为潇潇很少用尿布,所以我一块儿都没买过,一开始用别人送的 T 恤布做了不少,后来用的那几块儿都是她爹的旧内衣剪下来的,全棉的,而且穿旧了的内衣特别软和、吸水性又好!

● 学:

再省钱也不能省在孩子的教育上,当然我这个抠门儿妈妈也不会省到不让孩子学习的。潇潇虽小,却很喜欢看书,姐妹们都知道了,我给小妞儿买的书也有一大堆了,不过我喜欢买打折书,所以也省了不少钱呢。

现在不是时兴早教吗,其实我也一直在考虑要不要给小妞儿报个早教班,但是目前北京一些早教班昂贵的价格确实让人咋舌。我也带小妞儿去试听过一些早教课,发现自己完全能教,而我这个全职妈妈自己在家给孩子早教岂不是比上昂贵的早教班省钱多了!

○ ●玩：

作为一个爱孩子的母亲，我当然也给潇潇买过一些比较贵的玩具，不过小妞儿更多的是喜欢玩那些不要钱的瓶瓶罐罐、小纸盒、废纸片，每次买回来的新衣服拆下的挂牌也是小人儿的最爱。除了这些，我觉得孩子最好的玩具是大自然赐给的，我每天都会带着潇潇到外面疯去，现在只要一说出去，潇潇就会立刻放下手中的"活儿"，跑过来要抱抱呢！哈哈，这是何等省钱呀！

○ ●其他：

如今，我的职业就是"妈妈"，虽说不挣钱了，可我是又当保姆，又当厨师，还当摄影师、家庭教师、理发师、司机……想想我给家里省了多少钱呀！且慢，咱现在还当着"坐家"（作家）呢，时不时有点儿稿费飘过来，这不还在挣着钱吗？哈哈，老公一直捉摸不透，怎么他这个文学爱好者现在写不了文章了，却成了我这个学工科的拿起笔杆子了！我说，这都是当妈练出来的，当了妈妈之后，真的快成全能啦！

Part 3.当妈后的惊人变化

做个好妈妈可不简单哦,看我为了练就一身的本领,都发生了怎样的惊人变化吧:

○ ● 变得更开心快乐

女儿就是我的开心果。本来我就是个简单并容易满足的人,有了潇潇之后,更是变得每天都乐呵呵的。就算再辛苦再累,看到小妞儿稚嫩的小脸就浑身充满了力量;就算有什么烦恼和困扰,每天忙碌着,脑子里装的都是我可爱的宝贝,也就再没有更多的空间去容纳任何烦心事了。

○ ● 变得坚强

很惭愧地说,我原本是个比较脆弱的女子,有时还有些多愁善感。可是当面对一个如此柔弱、需要我去照顾的小东西时,我哪还能再惯着自己呢,我必须坚强起来,每当潇潇跟我说"怕怕"的时候,我都会告诉她:"有妈妈在,什么都不用怕!"

○ ● 变得力大无穷

从刚出生六斤四两,到现在二十三四斤,小妞儿可是越来越压手了。不过我抱潇潇的时候反而感觉越来越轻松了,还记得月子里抱上一会儿就腰酸背痛的,如今是单手抱她,另一只手提着菜,还能爬六楼。潇潇还没出世的时候,有一次我见我们家楼下的一位妈妈,把孩子放在小推车里,旁边还挂着装菜的袋子,一口气把小推车搬到三楼,我当时真是佩服不已。后来才知道,我自己也有这样的能耐!

○ ● 变得耐心十足

每个妈妈都会遇到濒临崩溃的时刻：当哄孩子睡觉哄得自己都快睡着了，而宝宝却依然精神抖擞时；当说了无数遍"不要摸饮水机不要捡垃圾"宝宝却依然跃跃欲试时；当怎么哄骗怎么劝说宝宝都仍然大发脾气哭闹不休时……我总会在心里默默地说一句：带孩子就是要有耐心、有爱心！所以无论遇到什么情况，我这个曾经的急性子如今都会深呼吸，用十足的耐心去应对。

○ ● 变得日理万机

在家带孩子，真的比上班辛苦多了。原先上班的时候，多少还会有一些自己的时间，上上网、聊聊天，回到家更轻松，我这个电视迷不会错过任何好节目。如今我真可以说是日理万机，从早到晚始终把弦绷得紧紧的，每天有做不完的事情，这边刚洗完脏衣服那边宝宝又尿了，这边刚收拾完东西那边宝宝又睡醒了，好不容易想坐下来歇会儿，又到带孩子出去玩的时间了……除了给潇潇每天放一小会儿动画片，电视机我几乎是不开的，更别说什么游山玩水、逛街购物了。可是忙碌归忙碌，却充实得很！

○ ● 变得热爱学习

咱也是个新手妈妈，面对宝宝的种种状况有时还真是感觉很棘手，不知如何应对。这时候我终于体会到学海无涯了，赶紧的，学习呀！光育儿书，我就买了十多本，还一有空闲就到网上跟妈妈们交流经验。我很不谦虚地说，我真是很好学呀！

○ ● 变得善于交际

我原先是不善于交际的，特羡慕那些见人就自来熟，跟什么人都能侃大山的人。但是有了孩子，我不得不转变了，小妞儿性格热情活泼，就爱跟人打招呼，我这当妈的还不得一起应和着？如今我也是见人就能聊几句，这都是当妈后练就的本领。当然妈妈们聚在一起，话题总离不开孩子，还是有共同语言的。

○ ● 变得爱唠叨

当然，我也越来越爱唠叨了。没办法，小宝宝一是听不懂，二是没记性，不在她耳朵旁边喋喋不休，她是听不进去的。所以我为所有的妈妈们呼吁一下，男人别总嫌老婆爱唠叨，这都是让孩子给逼出来的，说实话，为了一件很简单浅显的事情对宝宝说上无数次，我们自己也觉得啰唆，但是宝宝就是需要这样的反复刺激才能接受呀！

爱好的转变

生孩子之前，我最大的爱好就是唱歌了，经常约上三五好友，去KTV一把。可是自从怀孕后，就没再进过KTV，我这个"麦霸"早已失去了往日的光彩，现在唱歌似乎都快跟我绝缘了，当然这水平也就与日俱减，却又没时间去练。虽说有点小郁闷，不过我又有了新的爱好，那就是摄影。但我还只是"菜鸟"，在给女儿拍照的过程中，我感受到了很多乐趣，每当捕捉到她一个可爱的表情，我都会自我陶醉很久。当然，既然喜欢上了，就得好好去做，我决心勤学苦练，练就过硬的技术水平。老公对此最开心了，他总说以后家里人都不用去影楼拍照啦！我还真有压力呢，努力努力，什么时候能达到那样的境界呀？

购物方式与对象的转变

现在我大部分都是在网上买东西，实在是没时间也不方便，一个人带着孩子逛街可不轻松呀，也多亏了如今的网络购物如此发达。以前买东西不是给自己买就是帮老公买，如今我们这"老两口"都靠边站了，只要是买东西，不管是上网还是逛商场，首先要看的就是宝宝用品和衣服，曾经那么臭美的我给自己添置几件衣服的渴望也越来越不迫切了。

穿衣风格的转变

说到衣服，我的穿衣风格也开始转变了。上班的时候还总踩着一双高跟鞋，常常身着职业装、淑女装的，现在已经完全演变为穿休闲及运动类服装了。这都是为了带孩子方便呀，想想要是穿着高跟鞋抱孩子，容易崴了脚不说，对孩子也太不安全！如此装束的我绝对身手敏捷，在宝贝需要我的时候，能够第一时间冲上前去，不受任何牵绊。

○ ● 忘性大发

都说生个孩子傻三年，没想到我也没能躲过这一关。一向比较马大哈的老公曾经非常赞赏我的细心、细致、有条理，可最近俺也开始忘性大发了。一次老公因车号限行要开我的车，把他的车钥匙留在家里，我很"仔细"地帮他把钥匙收好，可第二天却把家里翻了个遍也找不到，我是无论如何也想不起来放在哪里了，最后在我的包包旁边的小兜里发现了钥匙，真搞不明白我为什么要放在那里；某日早晨磨豆浆，本来是一杯豆子就可以了，我不知怎么鬼使神差地认为应该是两杯豆子，煮完后我看着豆浆机里黄黄的豆浆还心想今天的豆浆真浓，一定很好喝，倒出来的时候发现全是豆渣，才想起来我搞错了……类似事件时有发生，这其实都是因为我脑子里整天装的全是女儿的吃喝拉撒，实在没有空余的地方想其他事了，以至于我不得不提醒老公："以后你得自己细心点儿，别指望我啦！"

Part 4.全职妈妈，请学会善待自己

　　曾经都是父母掌心里的宝，曾经都是如花似玉的女孩，可是自从结婚生子后，女人几乎都失去了自我，丈夫孩子才是第一位的，每天在琐事中熬，最终把自己熬成了黄脸婆。

　　我这个全职妈妈，为了老公和女儿，也不得不发生着种种改变。在很多人心目中，全职妈妈就是老公和孩子的高级保姆，只是全职妈妈这个称呼听起来似乎好听一些而已。但是我真的要呼吁一下，别以为只有职场妈妈才能每天衣着光鲜、神采飞扬，我们这些在家庭第一线终日忙碌着的全职妈妈们，可不能真的把自己当成保姆，做牛做马，要学会善待自己哦！

◯ ● 关于吃

　　身体是革命的本钱，姐妹们每天在给老公孩子做各种美味的同时，可不能亏待了自己。整天大鱼大肉怕坏了身材，但也要注意营养搭配，只要是经济条件允许，就完全不必把好吃的全都留给老公孩子，自己该吃的也得吃哦！另外，还可以选择一些适合自己身体健康和美容保养的食品。

　　我们家平时饭菜的质量还算不错，所以我也没吃过什么高级营养品，再说我也不信那些玩意儿。我每天坚持早晨起来喝蜂蜜、晚上睡前喝牛奶，在刚给女儿断奶后，我中午又开始喝葡萄酒啦。这些东西的作用大家应该都很清楚，蜂蜜养颜、润肠，葡萄酒抗氧化、抗衰老，牛奶补充能量、补钙。而且我吃的这些东西也不贵，咱绝对属于节约型好妈妈哦！

◯ ● 关于穿

　　谁说难得出门的家庭主妇就不应该讲究穿着，就没机会打扮了？每天面对的是自己最亲近最爱的人，更需要展现自己美好的一面呀！女为悦己者容嘛！当然，这并不是说非要穿华丽的服装，非要浓妆艳抹才行。说实话，我可不喜欢每天戴一副假面具见人，保养好自己的皮肤才是最关键的。除了选择适合自己的护肤品，还有就是穿着问题了。

有的时候，我打开衣橱，看到那些曾经让我风风光光的漂亮职业装全都一件件地挂在那里落灰，已经很久没有碰过它们了，不免也有些失落，不知道什么时候才有机会再穿上它们。不过我衣橱里还有另外一个扮靓大军团——休闲装。咱在家里可不能总穿那些过时了的、破旧的衣服，每天挑选一套漂亮舒适的休闲装或家居服穿在身上，干起活来都更带劲儿。怕脏，不是还有围裙嘛，买围裙也要挑好看的买哦！喜欢看韩剧的姐妹们一定都知道，韩国女人很多在结婚后就不工作了，但在家里穿的衣服也都很漂亮，包括围裙，有素雅的小花图案，有漂亮的荷叶边。面对这样精致的女人，保证你的老公不会有吃着碗里还看着锅里的心思！甚至拖鞋，也要选可爱漂亮的，我们没机会穿各种款式的时尚高跟鞋，整天在家穿的不就是拖鞋嘛！所以一定要买上几双漂亮的拖鞋，别觉得奢侈，再怎么高级的拖鞋，价格也贵不过皮鞋呀！

○ ● 关于学习

我可不同意全职了就跟社会脱节了的说法。我们每天照样可以看新闻、上网，了解时事、接触各种新鲜事物。当然我们最主要的任务是带孩子，要带好孩子，不读点儿书可不行。现在谁家都只有一个孩子，都望子成龙望女成凤的，就算没有那么高的追求，也要科学地教育孩子，才是对孩子的未来负责，才能让孩子在德智体各方面都全面发展。多学点儿育儿的知识吧，跟每天忙碌于工作没工夫研究这些的老公谈起来，咱也有的吹呀！嘿嘿，这方面潇潇她爹可还是挺佩服我的呢！

另外，有时间还可以琢磨琢磨怎么做出更可口的饭菜，看老公和孩子吃得高兴自己更幸福呀，再说咱自己不也有了口福嘛！

○ ● 关于娱乐

虽然日理万机，但是全职妈妈完全不必把自己终日捆绑在家务劳动里。其实只要安排妥当，还是有自己的时间的。而且要看姐妹们怎么看待带孩子这个问题了，我觉得陪孩子玩的同时，自己也在娱乐呢。

曾经喜爱的唱歌现在没时间唱了，但是给宝宝摄影让我体验到了更多的乐趣。现在大多数家庭都有相机,无论是小数码还是单反、手机,都有拍照功能,都可以记录宝宝的成长。姐妹们举起手中的相机吧,这充满母爱的娱乐方式是最适合咱们这当妈的啦!

◯ ● 关于花钱

说实话,自己不挣钱,我心里还真是有点儿压力的,可能咱就不是那种人。虽说我们在家干的活也很辛苦,虽说在西方一些国家全职妈妈也是一种职业,虽说从道理上讲也该给咱发工资才合理,可是总花别人的钱(虽然这个别人是自己的老公,花他的钱是理所当然的)心里还是别扭。

不过在这里,我不但要说服自己,也要说服跟我一样的妈妈们,放心地花老公的钱吧!每个人的分工不同,目前的状况就是老公在外面工作,我们在家培养孩子兼打理家务,我们的工作同样很重要!所以每个月要理直气壮地从老公那里拿钱,并且那些钱,除了生活开支、除了花在孩子身上的各种费用,也要慰劳一下自己,给自己买件新衣服、买个化妆品什么的。

◯ ● 关于朋友

姐妹们可不能重色轻友呀,呵呵,这里的"色"是指老公和孩子哦。没有朋友的人,那生活将会多么黯淡无光呀!虽然每天要做的事情很多,带孩子也很累人,可是也得抽空偶尔跟朋友小聚一下哦。特别是那些闺中密友,跟她们唠叨唠叨,倒倒苦水,可比在老公面前说这些话强百倍!孩子怎么办?带着呀!有了孩子,我们的聚会将会更热闹,话题将更丰富。而且经常带孩子出门跟各种人打打交道,也是对孩子性格和能力的培养呀。素质培养,要从娃娃抓起嘛!

说了这么多,其实就是一个意思,当了妈也得有自己的生活,其实这并不妨碍你照顾老公孩子。从另一个意义上说,咱把自己照顾好了,才能更有精力和活力去照顾家庭呀!而且,我可不愿意老公和孩子哪一天用异样的目光看着我:这还是我那小鸟依人的老婆吗?这还是我那温柔美丽的妈妈吗?嘿嘿,每次听潇潇她爹回来告诉我说他哪个同学或朋友跟他说起你老婆真年轻真漂亮(当然绝对有夸大的成分)的时候,看他那得意满足的样子,我就知道我这个角色扮演得还算成功!不过我心里更期盼有一天,我能和女儿像姐妹、像朋友一样,无论从外表还是内在。为此,姐妹们好好爱惜自己吧!女人就是要对自己好一点儿!

Part 5.产后瘦身，我有妙招

女人对自己好，总离不开身材的保持。我想，与体重的斗争一定是每个女人为之奋斗一生的事业。生过孩子后，我也一度为自己发福的身材郁闷和担忧过，不过现在已经完全没有必要了。

先把我从怀孕前到现在的体重变化曝个光。

我可不是什么骨感美女，但体重还算标准。我身高163厘米，平常的体重一般在105斤左右，怀孕前一直加强营养，体重达到108斤；生宝宝之前是132，体重增加24斤；生完宝宝之后是120斤，一度增加到126斤；现在女儿一岁半，体重已经减到101斤，比以前还略瘦一些。

说说我的减肥心得吧，我觉得只要做到以下几点，产后减肥就不难。

第一，怀孕期间体重增加不要过快。

我怀孕期间体重增加一共是24斤，医生给的标准在25斤左右，如果增加过少，孩子可能会营养不够，增加过多，就会造成宝宝先天肥胖，当然妈妈也会过胖，对大人孩子身体都没有好处。整个怀孕期间，我的胃口都不算太好，但是为了肚子里的宝宝，我也坚持吃一些有营养的东西，还喝了孕妇奶粉，还好水果我仍然很喜欢吃。就这样，我的体重没有突飞猛进地增长，但也没有影响宝宝的健康。听有的朋友说怀孕之后体重增加四五十斤，感觉有点儿太多了。怀孕期间我的体重稳定增加，并且在标准范围内，为产后减肥打下了基础。

第二，生产后不要暴饮暴食。

其实我也有这方面的教训。生完宝宝后我的体重变成了120斤，出院后因为没有胃口，再加上身体不适，又一直为母乳不足而担心，所以一个星期内又掉了5斤。后来为了下奶，我硬着头皮每天都吃很多，体重一下子飙升到126斤！当母乳总算够了以后，我就没有再猛吃了。我看到好多母乳喂养的新妈妈都很胖，估计也是怕宝宝不够吃，所以自己吃得很多。但我现在的体会是，母乳一旦充足了，只要别吃得太少，就不会突然变少的。实现纯母乳喂养后我每天也就是正常饮食,注意营养搭配,多喝汤水,可能吃的东西营养比较好,我的奶水看起来质量不错,潇潇被养得白白胖胖的,也很健康。

第三,母乳喂养。

母乳喂养有助于产后减肥,对这一点我深信不疑。母乳里可都是每天吃的食物的精华呢。而且母乳里面含有大量的脂肪,产生母乳也需要消耗母亲体内大量的热量。

第四,坚持自己带孩子和做家务。

虽然潇潇外公外婆一直在帮我照顾宝宝和家庭到潇潇一周岁,但是我一直坚持自己多带孩子多做家务。一来为了减轻爸爸妈妈的负担,他们毕竟年纪不轻了;二来这也相当于是锻炼身体,既减肥又健身。如今一个人带孩子,其实还是很辛苦的,姐妹们想想,这样的情况怎么还能胖起来?

另外,我还有几个独家瘦身小秘方跟姐妹们分享。

○ ● 推着小推车跑步——强烈推荐

一次去邮局办事,因为比较远,所以让潇潇坐着小推车。路上没什么人,我突发奇想,推着她跑了起来,这个速度让她非常兴奋,时不时抬头看我。于是之后我每次推她出门,都会在人少的路段来一段百米冲刺,小妞儿高兴,我减肥!

○ ● 教宝宝跳舞——强烈推荐

我发现幼教老师都很苗条,原因就在于她们整天蹦蹦跳跳教小朋友们跳舞唱歌。这还不简单,像我这么喜欢唱歌的,像小妞儿这么喜爱音乐的,我们家从早到晚都是音乐课堂。不管我在干什么,我都能随时叫小妞儿跟着我扭一扭、摆一摆,小妞儿学会不少可爱的动作,我也消耗了不少热量。

○ ● 宝宝剩饭当主食——一般推荐

我还有个发现,很多瘦宝宝的妈妈都略胖,很多胖宝宝的妈妈却挺瘦,这个规律虽然不能说是普遍现象,但也适用于一部分人群。那是因为瘦宝宝不好好吃饭,妈妈每次做了很多,不可能总剩下,就都自己吃掉了,结果就越来越胖。别小看宝宝剩的那一点儿饭,我就有深刻体会,每次小妞儿一不好好吃饭,我就得吃撑,于是我后来再盛饭的时候就故意给自己少盛一点儿。如果小妞儿剩得多，我就直接拿她的剩饭当主食了，如果她吃光光了，那我就少吃点儿减肥呗！

○ ● 熬夜工作——不太推荐

这段时间我经常熬夜工作到一两点，早上七点左右又被我的不定时小闹钟叫醒。有谁能每天睡这么少还胖乎乎的？反正我的确是累坏了，不但瘦身，还"毁容"，肤质严重受损。所以虽然这个方法有效，但是不推荐妈妈们使用。现在我开始改邪归正，保住面子要紧呀！

说实话，我其实也挺懒的，基本上没有刻意去做什么运动来减肥。那段比较胖的时期，老公整天吓唬我说："你要是再不锻炼就跟某某一样了！"他说的这个人大概有两百斤呢，她就是生完孩子发胖后就没能减下来，而且越来越胖。我满不在乎，因为我知道我这辈子也不会变成那样。我的减肥过程是自然而然的，现在以前的衣服全都能套上身了，而且由于带孩子运动量大，身上的肉肉似乎更结实了呢，心里真是美滋滋的。产后瘦身，我一直很有信心。如今，我已重新拾起自信，常常向老公炫耀：看你身旁，一边是聪明可爱的女儿，一边是我这个漂亮妈妈哦！嘿嘿，有点儿自夸的嫌疑。

6.做懒女人，也要做美丽女人

　　我真的是个懒女人，不但懒得去做运动减肥，对护肤乃至对头发、穿着，都是能偷懒则偷懒，特别是当了妈之后，更不讲究了。有这么一句经典的话：没有丑女人，只有懒女人。这话我相信，呵呵，不过我还听说过这么一句话：做懒女人，也要做美丽女人。哈哈，当然这话是我自己说的！为了给自己找点儿偷懒的理由，我还是先勤劳一下，总结几招，姐妹们看看吧，咱虽然懒，也一样要美丽哦！

◯ ● 了解自己的皮肤，一路懒下去

　　首先，我很大言不惭地说，咱这皮肤就是天生丽质呀！哈哈，姐妹们别拍砖哦，允许我开玩笑自夸一下嘛！我的皮肤总地来说还算可以，有那么一点儿白里透红，看着很健康。我觉得在面子上想偷懒，就必须得先做好一门功课，了解自己皮肤的特点，以后在选择护肤品的时候就不用发愁了。

　　我用过很多种口碑还不错的大众品牌的护肤品，在长期的实践与体验中，我发现，护肤品不一定要选贵的，关键要用着舒服。那些上千元的大品牌我听用过的朋友说，用的时候感觉是不错，一旦停下来就明显反弹，而且明星做的广告画上不知经过怎样的处理了呢，再说我们这些普通老百姓干吗把辛苦钱都扔到商家的暴利里去呢？往往一些便宜的东西却很好用呢。

　　姐妹们在了解了自己的肤质特点后，完全不用永远追着广告走，一见出来什么新产品就跟风去买。每个人的肤质不一样，做点儿功课找到一两种适合自己的护肤品，就尽管偷懒去吧！

◯ ● 懒女人的美丽重点

　　不过在护肤方面，虽然偷懒，我还是有两个重点保护对象的。

　　1.眼睛

眼睛是心灵的窗口，有一双漂亮的眼睛，整个人都会显得更精神更美丽。我庆幸父母赐给我一双还算好看的眼睛，可是如果有了厚厚的眼袋、有了一条条鱼尾纹，那该多糟糕！为此，我从大学一毕业就开始用眼霜，虽然一段时期内看不到什么明显效果，但我觉得护肤品可能就是这样，用的时候感觉不出什么作用来，但是用了一定比不用好。为什么现在的人都比过去显得年轻呢？这跟皮肤保养有很大的关系。

我觉得用眼霜最大的好处在于，我是个爱哭的人，有的时候前一天晚上不小心哭过之后第二天起床后眼睛就肿肿的，有时甚至肿成了单眼皮！不过哭过之后赶快用眼霜补救一下，第二天就会好很多，至少还能保住我的双眼皮！

2.手

手是女人的第二张脸，当你伸出一双纤纤玉手，别人一定会把你列入美女的范畴；如果看到的是一双粗糙干枯的手，不用看人就知道是个黄脸婆。想当年，我的这双手吸引了老公的目光，让他心甘情愿做了我的取款机。如今虽然要操持家务，我的手却依然没有随着岁月老去，这全要仰仗护手霜了。觉得如今的生活真是好，女人的每一寸肌肤都有相应的护肤用品去呵护，包括手。

在我们家，老公基本不干家务，当然他是因为工作忙，也没多少时间去干。我每天洗洗刷刷，自从女儿出生后，接触水的机会更多了。不过我坚持不管干什么活之后，就算过一会儿又要下水，都会抹护手霜。有的时候手太干了，抹一层不够，就隔一会儿再抹一层。一定是我抹护手霜的动作太频繁了，以至于潇潇还不满周岁的时候，只要一看见我往放护手霜的地方走去，就会学着我做搓手的动作！

● 懒得化妆，素面朝天依旧美丽

我基本上不化妆，除非跟老公出去见重要的朋友，在他的强烈要求下，才会化妆。还有就是以前上班的时候，公司要求女职工化淡妆，以及公司搞活动开联欢会，那样就要化舞台妆了。

我不化妆一方面是因为懒，在脸上涂脂抹粉可得费点工夫，晚上还得一层层地卸妆，太麻烦了，想想都怕。也因为我的懒，所以我的化妆水平实在是臭，偶尔实在需要的时候，总要笨手笨脚地忙上半天，而且也只会化最简单的妆，总之是越懒越不会化，越不会化也就越懒得化。

另一方面，我觉得素面朝天的女人才是真正美丽的女人。我不喜欢每天戴着一副假面具示人，特别是生了宝宝之后，更不可能化了妆去带孩子，我想在孩子眼里，真实的妈妈才是最美丽的吧！

不化妆也要美丽，我想这一点每个女人都可以做到，关键还是保养好自己的皮肤，时刻流露出最自然最真实最美丽的笑容吧！

○ ● 懒女人吃出美丽

其实女人想要美丽，不能仅仅靠涂涂抹抹，市面上琳琅满目的护肤品真是让人眼花缭乱，我还真是懒得去一一研究和比较，有个差不多的就行。咱关键还得从内在出发。女人的美是由内而外的，我这里可不想高谈阔论说什么气质修养，就说说很俗的吃吧！

我真的很喜欢美食，在不引起身材严重变形的前提下，是想吃就吃，红烧肉一定要连皮带肉有肥有瘦，猪蹄更是我的最爱！女人们千万别拒绝这类食物，其实只要不过量，吃一点儿绝对是美容呢！

我更喜欢吃的是各种各样的水果，基本上到了什么季节我就得吃什么水果，西瓜几乎是一年到头都在吃。写到这里我才突然明白为什么每次去超市和菜市场我都会很辛苦地扛一大袋子东西爬六楼了，因为我狂爱吃水果，老公曾经有一次很吃惊地看着我吃饱晚饭后又把家里现有的三四种水果每样都吃一个，然后说了一句："你太可怕了！"哈哈，其实我这是在饱了口福的同时，又在给自己的美丽加分哦！

另外，各种各样的水果是最实惠最天然最好用的面膜呢，我常常会在兴致来了的时候，把刚啃完的西瓜皮用水果刀削干净，贴在脸上，又清凉又舒服。用完之后，脸上摸着清清爽爽的，毛孔也变细了。至于到底哪种水果有什么特效，我还真没勤劳到去好好研究一番，总之不会有什么负作用，放心大胆地用就是啦！

○ ● 懒女人的买衣穿衣原则

先说买衣服吧，我想没有哪个女人不喜欢买衣服，不管是勤劳的还是懒惰的，我这个懒女人当然也希望漂亮衣服越多越好！不过我实在是懒得去货比三家，比款式、比价格、比质量，太麻烦了！我买衣服是绝对的快，看上了哪一件试着觉得好，立马就买下了，就算非得让我去转一圈好好看看，我心里仍然惦记着一见钟情的那件，仍然会回来买它。当然这绝对不能说明我是个败家女哦。看到这里，姐妹们应该早就了解我艰苦朴素的作风了，如果是价格贵得太离奇的，我是看也不会去看的。

至于如何穿衣服打扮，还是要先了解自己的肤色、身材，要了解自己适合穿什么颜色什么款式的衣服，这一点功课还是要做的。其实有很多时尚杂志都在教我们如何穿着打扮，看杂志看美女进行视觉享受的同时，就能学到穿衣服的学问。

我的肤色比较白，但略偏黄，是正宗的黄种人哦！在经过多年的实际穿衣演练后，我还是能掌握到适合自己的颜色的。我比较喜欢也适合穿各种深深浅浅的绿色。而对于衣服的款式，我的身材是很中庸的，基本上都能买到自己能穿的号，所以觉得好看就行了。上衣我喜欢大领口的，这样显得脖子长有气质；而裤子我喜欢阔腿的式样，长长的盖过脚面。这是我衣服里面的基本款式，也是我的百搭款式，再去买别的衣服就好买了。反正我们也不是明星，不用引领时尚，看她们穿什么，我们结合自身特点依葫芦画瓢还不简单！

◯● 懒女人不爱做头发

在理发店遇到过一位美女要拉直头发，说是昨天刚烫了鬈发，觉得不满意，今天就要拉回去。这种事情我估计在我身上永远也不会发生，像我这么懒的人，能来做一次头发就不错了，做完了还要回去重新弄，打死我也不干！

一直留长发就是因为懒，短发更难打理。怀孕之前，我还基本上每年去做一次头发，可是多年来，发现还是把头发扎起来最适合自己。试过披头散发，不但脸上黯淡无光而且还显脸胖，还是扎起来或盘头更清爽舒服，看来我就适合这传统的味道呀！

◯● 懒女人的美丽杀手锏——自恋

我敢肯定，没有几个美女不自恋。不是说自信的女人更美丽吗？自恋就是比自信稍微再自信一点点哦！这也是懒女人的美丽杀手锏，懒得去打扮，就充分发挥自己的想象，把自己想象成美女吧，那样一定会不自觉地变美丽呢！

我的自恋方式有：

1.经常拍照

听妈妈说,很小的时候我就喜欢拍照(看来这自恋情节打小就有啊)。大了之后恶习不改,除了有事没事拿起相机咔嚓几下(自拍哦,我的电脑里有很多我自拍的大头照);还动不动就去拍大头贴,因为我发现大头贴照不出脸上的任何瑕疵(当然太大的除外),还会把眼睛照大,而且拍起来方便,就像照镜子一样,比用相机自拍方便多了。偶尔还得拍套写真,要知道现在拍写真可是女人的时尚呀,看着照片中自己美丽的身影,那时候露出的笑容一定也是美的吧!

2.照镜子

逮着机会就照照镜子,照镜子一方面可以在任何时候收拾一下自己,让自己把最好的一面呈现出来;另一方面也可以趁机欣赏一下自己,这时候给自己一个自信的微笑吧!我是常常在家没事的时候就对着镜子,看看正面、看看侧面、看看背影,自恋程度绝非一般水准,再做点奇怪的表情,哈哈,这算不算锻炼面部肌肉呢?

3.自夸

就像此文一开头就自夸一句一样,姐妹们试试吧,在你自夸的时候,会发现自己真的变得更漂亮了呢。关于这一点,老公有的时候会很崩溃,因为我常常在他面前自夸一番然后再让他夸我。他很无奈地说,该说的你自己都说完了,还让我说什么呢?我仍然逼问他我说得对不对。老公这时候通常会开心地说,是啊,我老婆最漂亮了!哈哈,真是情人眼里出西施呀!

这些既能偷懒又能美丽的小招数,跟众位懒女人们分享一下,懒不可怕,我们一样可以美丽!

Part 7.全职妈妈的每一天,忙碌并快乐着

我,就是这样一个美丽(哈,又自夸啦)又快乐的全职妈妈,花着老公的钱,爱护着自己,更爱护着女儿和丈夫。我的每一天都过得忙碌又开心、辛苦又充实。

自从有了潇潇之后,我就一直在列作息时间表,最初是几点该喂奶、几点该睡觉,到后来几点做饭、几点吃水果、几点带小妞儿出门、几点给宝贝讲故事……都清晰地罗列着,已经换了好几张表了。有人说学工科的人就是有条理,俺这点还行,事事做到有计划有安排,心中有数,哈哈。

想当初,曾经我也是一名为祖国的建设添砖加瓦的建筑专业人员,如今为了小妞儿的吃喝拉撒"沦落"为一名全职的家庭主妇,每天辛勤忙碌,从女儿清晨第一声呼唤,到夜晚在我怀中沉沉睡去,我的每一天都围绕着这个小天使。

可是再忙碌辛苦,我的每一刻都是快乐幸福的,也许这就是做母亲的心情吧。老公常常出差,我总是要独自一人带着孩子,可是我并不觉得苦,我很享受跟女儿这样的二人世界。一年半来,所有的回忆都很美,可能这就是源于母爱吧! 写到这里,自己都有点感动,想流泪了……

自从有了女儿,告别了悠然自得的闲适生活,告别了一直为之奋斗的专业和工作,也告别了小女人的一切专利,我变得勤劳、坚强,我喜欢自己的改变。现在为了女儿,我觉得一切都是值得的,培养孩子比什么都重要。但是以后,我想我还是会做回一个让女儿引以为荣的妈妈,让她在别人面前不仅可以说我有个勤劳贤惠的妈妈,还能骄傲地说我有个做工程师的了不起的妈妈!

九、

看我快乐一家子

幸福

跟我走吧

天亮就出发

梦已经醒来

心不会害怕

有一个地方

那是快乐老家

它近在心灵

却远在天涯

我所有的一切都只为找到它

哪怕付出忧伤代价

也许再穿过一条烦恼的河流

明天就能够到达

我生命的一切都只为拥有它

让我们来真心对待吧

等每一颗漂流的心都不再牵挂

快乐是永远的家

——看我的快乐老家

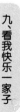

1.道声爸妈辛苦了

现在很多年轻父母都不愿意把孩子交给老人看护,觉得作为爷爷奶奶、外公外婆,会因为隔代亲而溺爱孩子;而且认为老人都比较守旧,不接受新观念;另外还会有些担心:三代同住会产生家庭矛盾吗？

在我们家,这些问题完全不存在。虽然我做了全职妈妈,但是从我怀孕到潇潇一周岁,爸爸妈妈就一直在这里帮忙照顾我们,否则我一个人还真有点扛不住。我和爸爸妈妈实行明确分工,家务活儿包干到人:老公实在是比较忙,常常不在家,因此力气活儿、脏活儿都被爸爸包揽了过去,比如买菜、洗菜、洗碗、打扫;妈妈负责烧饭做菜、刷刷洗洗;而潇潇同学的生活起居与教育工作则是我的任务。其实爸爸妈妈在这里的时候,我还是挺轻松的,因为两位老同志经常发扬风格,把我的工作也抢了过去。

我真的很庆幸,在带孩子的问题上,我的父母真的是两位开明的老人:

○ ● **不溺爱孩子**

爸爸妈妈从小教育我和哥哥就很严格,他们这个年代的人,不同于上一代的老人,我们的爷爷奶奶外公外婆那一代相对来说会比较溺爱孩子,而我们这代人的父母当中大多数人,他们自己本身也接受过教育,在带孩子的问题上有自己的见解,他们知道溺爱孩子就等于害了孩子。

爸爸常常跟我说:"以后在教育潇潇的问题上你要负起大部分责任来, 因为潇潇的爸爸比较忙,顾得上孩子的时间少。所以你不能溺爱孩子,在爱孩子的同时,也要树立起威信来。"虽然现在潇潇还很小,但是在她有无理要求的时候,我从不会一味地满足她,从小就要给孩子立规矩。在这一点上爸爸的话的确影响着我。

如果姐妹们家里也有老人在照顾宝宝,当你的父母爱孩子有点儿过了头,尽量不要在孩子面前与父母发生正面冲突,事后跟老人讲道理,或老人不在的时候跟孩子讲道理,毕竟在孩子面前争执,对孩子的身心健康没有好处,也破坏了自己的威信。

科学养育宝宝

这还得从我刚生产之后说起。坐月子的时候我不敢看书,怕坏了眼睛,但是在小妞儿很小的时候大家常常对遇到的一些问题束手无策。于是我买的那些厚厚的育儿书籍就成了爸爸每天学习的材料,他把宝宝每个时期要注意什么、怎么喂养看过之后又写了简单的笔记,再说给我和妈妈听,真是帮了我的大忙。

月子之后我自己能看书了,从书上看到很多先进的育儿观念,也会跟爸爸妈妈讨论,达成一致的意见后再实施。平时在照顾宝宝的过程中,妈妈做的事情比较多,她自有她那一套传统的育儿经。传统的东西也不一定都不好,比如在开始添加辅食之后,让潇潇跟我们大家一起吃饭,既方便,又让女儿体会了一家人同桌吃饭的快乐。我们当然就采取这样的方式,节省出更多的时间跟宝贝共享天伦之乐;而在是否给孩子把尿的问题上,妈妈也接受了我的观点,不把尿,不穿开裆裤,充分给孩子自由。

也许姐妹们会说,你的父母真是太细心、思想太解放了!其实,如果你的父母坚持旧传统,不愿意接受新观念,我觉得也无可厚非,只要对孩子不造成伤害,尽量不要为这些跟他们发生争执,毕竟我们自己从小就是他们用他们的方法带大的,不也都健康地长大,该成才的都成才了吗。

爱女儿同样爱女婿

要说我们家,真是一个幸福的家庭,三代同住两年之久,却从未红过脸,我也从来没有夹在中间受过气。其实老人和子女之间的关爱是互相的,爸爸妈妈对女婿那是好得没得说,当成儿子一样。就说每次从老家过来吧,首先考虑的是带女婿爱吃的,在这里的时候对女婿生活饮食上的照顾,比我这个当老婆的做得还要细致入微;而老公对岳父岳母也像是对亲生父母一样孝顺、关心和体贴,不但事事都为他们着想,还常常提醒我要好好孝敬父母。有了女儿之后,我们这个家就更完美了,父母爱子女、子女孝敬长辈,一家人其乐融融。

其实说到底,三代人同住,关键在于沟通。任何问题和矛盾的出现,都是沟通环节出了障碍。我当然要承认,我自己的爸爸妈妈帮忙带孩子,在沟通上要容易很多；而丈母娘看女婿越看越喜欢，这话也是有道理的。但不管是谁在给我们帮忙，我们是否都应该这样去想：父母为了我们已经操了大半辈子的心，现在本该是他们享福的时候了，却又为了我们的孩子操劳，我们难道不应该用一颗感恩的心去对待他们吗？有了这样一颗感恩之心，不管在发生什么问题的时候，我们都会时刻提醒自己，用更好的方式、更委婉的语言去跟他们沟通。其实在一个充满爱的、和谐的环境下成长的孩子，才是最健康、最聪明、最快乐的孩子！

如今爸爸妈妈离开了这里，又转战到哥哥嫂子家一对小凤凰那里了。而我还常常感觉到，家里似乎每个角落都还有爸爸妈妈忙碌着的身影。爸爸妈妈在这近两年的时间里给予我的关怀仍然让我记忆犹新：孕期反应最厉害的时候，是妈妈想尽各种花样做营养丰富的菜给我吃，是爸爸绞尽脑汁想着花招逗我开心；生产前七天就住院了，是妈妈每天陪着我度过那最难熬的日子，给我安慰和鼓励；月子里身体不适、情绪低落，老公上班的时间，是爸爸妈妈开导我照顾我；而潇潇的每一个进步、每一个成长的点滴带来的喜悦，除了我这个当妈的，就是外公外婆第一个分享了，其实外公外婆的功劳更大……潇潇似乎也知道外公外婆为她做的一切，每当问起："你最喜欢谁呀？"小妞儿总是不假思索地脱口而出："外婆！"

其实爸爸妈妈的身体也不是很好，可是他们是把子女看得比什么都重要的人，当然也包括自己的身体。我想我如此爱自己的女儿也是受了他们的影响吧。老公常常对我说："你的爸爸妈妈，让我一辈子感激！他们是最称职的父母，给你和你的哥哥那么多的关爱！"对于爸爸妈妈的恩情，我真的觉得无以为报，无论我们做什么，都永远抵不上给予了我们生命的父母所给我们的无尽的爱！在这里，我只能道一声：爸爸妈妈辛苦了，你们的健康快乐就是女儿最大的心愿！

2.老公,遇到你是我这辈子最幸福的事

　　我真的要感谢上天,赐给我如此幸福美满的家庭,有疼爱我的父母,有聪明可人的女儿,还有我的爱人,这个跟我没有血缘关系,却比任何血缘关系都更为亲密的人,他给予我的是最浓重最醇厚的爱。

　　今年春天带潇潇回外婆家住了一段时间,为了我们出行方便,老公仍然驱车把我们送回千里之外的老家,把车留下,自己乘火车回京。路上要开十二个小时左右,所以我们决定早点儿出发。记得那天本打算凌晨四点起床,五点上路的,可是才两点多,老公就爬到我和女儿睡的床上来,轻轻地叫醒我说:"我睡不着了,不如早点走吧。"一路上仍然是老公一个人开车,连续一千多公里、十二个小时驾车,辛苦是可想而知的。但是老公不放心也不忍心让我受这样的苦,只是对我说:"潇潇睡觉的时候你也睡觉吧,这么早起来肯定很困。"

　　回到老家后的那个晚上,我才知道了老公半夜睡不着的原因:老公说他做了个噩梦,梦见与我生离死别的场景,突然间就惊醒了。他害怕这个梦有什么不好的征兆,也许是在提醒我们要早点出发,要知道在高速公路上发生事故也就是一瞬间的事,也许早点儿走就躲过去了。老公一路都没有说出这个缘由,怕我担心害怕,只是自己默默承受着。而他如此的迷信却让我分外感动,如果不是出于对我和女儿的爱,他怎会相信这样一个不切实际的梦呢?

　　夫妻之间同样是需要相互付出与奉献的。我一直坚信,女人做个贤妻良母,家庭会更幸福。结婚后,我基本上包揽了所有家务,老公的工作辛苦忙碌,我怎么忍心让他回到家继续操劳呢?每当他一进家门就有一杯热腾腾的茶,每当他疲惫地回到我们这个小窝就能吃上可口的饭菜,每当他工作上遇到挫折迎接他的是我静静的倾听与温暖的怀抱……我想这些就是我能为他做的吧。

　　老公常常对我说:"能娶到你这样美丽温柔贤惠的老婆,是我这辈子最幸福的事!是你和女儿给了我奋斗的动力,我一定会给你们创造最好的生活!"的

确，嫁给老公后，他从来没有让我为了生活操心，一切都给我安排得好好的。我之所以能这样安心地当我的全职妈妈，这样全心全力地照顾我们的宝贝，也都仰仗于老公的辛苦打拼，为我们创造了这样的条件。老公是个火爆脾气，却从不忍心对我大吼一声；老公有些大男子主义，可对我和女儿的照顾却总是体贴入微；老公常常像个马大哈，可是对于我们的事情却比什么都细心；老公平时大大咧咧，却也有柔情似水的时候……有的时候，我真的感觉老公像父亲、像兄长一样关爱我、包容我。

我们曾经有过一段轰轰烈烈的爱情，但是真正能考验爱情的却是平淡的生活。经常给生活加点作料，是爱情保鲜的好办法哦。老公有时还会有一些小浪漫，时不时给我带来一些惊喜，给我买车、换电脑、换相机，都是在我们商量着还犹豫不决的时候，他突然就把这些送到了我的面前。每次出差，还会带一些有特色的小零食给我吃。

而我自然也有纪念我们爱情的独特方式：从认识到现在，我们之间发过的所有短信都被我记录在笔记本上，那厚厚的一叠本子，是我们沉甸甸的爱情；每年的结婚纪念日，我都会亲手制作一张卡片，写上彼此的祝福，永远保存下来。当我们都容颜老去、白发苍苍的时候，再一起翻开这些美丽的回忆，一定就是最浪漫的事吧！

其实我也想说：老公，遇到你是我这辈子最幸福的事！为了我和女儿，不要太操劳，好好珍重自己，让我们一起慢慢变老吧！

Part 3.婆家、娘家

早在刚怀孕,俺的婆家娘家就已经协商好谁帮忙带孩子的问题了。婆婆年纪大了,又是独自一个人(公公早已不在),带孩子显然是心有余而力不足。两家一商量,便达成共识,由我的父母来帮忙带孩子,婆婆在老家负责做小孙女的衣服被褥。别说,婆婆还真是手巧呢,做出来的小棉袄小棉裤又好看又合身,居家穿着绝对比买来的衣服更舒服更暖和呢!

很多儿媳妇会由于婆婆不给看孩子而心存抱怨,我可不这么想。我和婆婆的关系那可好着呢!都说婆媳关系难处理,其实只要能做到一条,就一点儿都不难,那就是发自内心地把婆婆当成自己的妈妈看待。结婚之前我就这么想,以后一定要对婆婆好,像对自己的妈妈一样,因为那可是生养我最爱的人的母亲呀!妈妈也一直提醒我:结婚以后你就有两位母亲了,你的丈夫作为男人,毕竟不可能像女人那样心细和方便地去照顾自己的妈妈,你要担负起这个责任来。而我自己的妈妈跟奶奶之间就相处得非常融洽,从她们的身上,我也学到了女人应有的优秀品质。

因此,在婆婆有一年来北京做手术的时候,我毫不嫌弃地给婆婆倒尿盆;婆婆不太擅长做饭,每次我们回老家或是她来这里,我每天都要烧些拿手菜让她品尝;只要在一起生活的日子,我都会陪老人家聊天、散步;婆婆七十大寿,我比给自己妈妈过生日还要上心;平时也是每逢节日、生日都要问候老人家,还时不时给婆婆买些衣服什么的……

姐妹们可不要觉得为婆婆做这点儿事情有多亏,干这点儿活儿能累到哪里去呢?我换来的也是婆婆对我的疼爱,她逢人便会夸我是个好儿媳,甚至在我和老公发生争执的时候,婆婆都总会向着我呢!

要知道,好婆婆是哄出来的,好儿媳是疼出来的,这可是个良性循环哦。我们当儿媳妇的多为婆婆着想、多为婆婆做事、多跟婆婆说些贴心话,人心都是肉长的,哪个做婆婆的不会疼这样的儿媳呢?融洽的婆媳关系对家庭的和睦是非

常关键的，老公常常对我感慨道："家和万事兴呀，正是因为有了这样一个和睦幸福的家庭，我才能有更多的精力和劲头去打拼，事业上才能有更好的发展，我们的生活也才能越来越好呀！"

当然，我们这两家也会遇到一些具体的问题，比如说过年该去哪边过。婆家在山东，娘家在江苏，我们这个小家庭又在北京，还真是复杂。每年春节就那么几天假，不可能两头都兼顾到，幸而两家都通情达理，于是便约定轮流去两边过年，没什么特殊情况（比如都聚集到北京过春节），就一年在婆家过年，一年在娘家过年。

记得结婚第一年，跟着老公回去过年，我还偷偷抹眼泪呢，第一次没有跟父母一道过这个中国最重要的节日，心里还真有点儿不是滋味儿。但是婆家一家人的热情与周到、老公的体贴与细心，让我感受到在婆家同样的温暖与亲切。之后每次回娘家过年，娘家人也都把老公当成最重要的贵宾对待，爸爸妈妈忙里忙外，不亦乐乎。

自打有了潇潇这个小宝贝，我们这个小家庭更是先后几次疯狂远行，不远千里去山东看奶奶，去江苏看外婆。而潇潇这小妞儿似乎也天生招人喜爱，两家的亲戚们没有不惦记她的。看来在婆家、娘家来回奔波，就成了我们以后经常要做的辛苦而快乐的旅行了！

Part 4.如果可以,让我再生一个宝宝

作为一个奉公守法的公民,咱的思想境界还是很高的,积极响应国家号召,只生一个孩子!可是……可是有了女儿后,我这心里不禁对生二胎充满了渴望。嘿嘿,咱就想想还不行吗?

○ 母爱泛滥

自从潇潇这个可爱的小天使来到我们家,带给我们的欢乐实在是太多了。其实之前我对小孩子并不算非常感冒,但是有了女儿之后,我的人生真是变得丰富多彩,而我心中的母爱也泛滥到一发不可收拾,现在是看谁家的宝宝都觉得可爱,这些祖国的花朵呀,真是讨人喜欢呢!特别是当潇潇舅妈最近生了双胞胎之后,我那个羡慕呀,这种好事怎么没临到我的头上呢?女人都是好了伤疤忘了疼,如今谁还记得怀孕分娩之苦,想的就是可爱的宝宝呀。如果可以,让我再生一个宝宝,我那泛滥的母爱也就有了挥洒之处!

○ 独生子女太孤独

我出生在实行计划生育政策的边缘时期,我们这一代人大多都有兄弟姐妹,我和哥哥只差一岁多,从小相伴成长。有兄弟姐妹真的是好处多多。可是现在家家都只有一个孩子,真是太孤独了。每当带着潇潇出去玩儿的时候,看她见到别的小朋友激动得不行大叫"宝宝"的时候,我能感受到她是渴望跟小朋友一起玩儿的。虽然潇潇还很小,但是她也需要伙伴。如果可以,让我再生一个宝宝,女儿就有自己最最亲密的伙伴了。

○ 一个孩子将来负担重

都说养儿防老,谁没有老的时候,谁没有需要照顾的时候,当我们都老得不能动了，我们的孩子需要照顾四个老人，没有兄弟姐妹来分担。虽然我相信到那个时候福利事业会做得更好，养老院、家政服务的发展可以让我们安度晚年，但是我想没有多少父母不希望自己的子女在膝下照料，这个忙还有那个闲点儿，那个有困难这个还能顶上去。再说有兄弟姐妹，他们自己也好互相有个照应。如果可以，让我再生一个宝宝，我想这不是为了我自己，而是希望为孩子们减轻负担。

◯ ● 育儿经验无处施展

如今的年轻父母们都非常重视对孩子的养育和教育，没办法，每家就这么一个宝贝，谁不盼望自己的孩子成龙凤？就说我，小妞儿才一岁半，光育儿书我就买了有十多本了，有空就翻读，还经常上网跟妈妈们交流。等潇潇长大了，我估计自己也成了半个育儿专家了。可是我这一肚子的学问难道就再没有施展之处了吗？如果可以，让我再生一个宝宝，我会总结以前的经验教训，把他培育得更好！

◯ ● 孩子旧衣服如何处理

都说孩子的钱最好赚，特别是女孩子，当妈妈的都想把自己的女儿打扮成小公主，因此就免不了买上一堆又一堆的衣服。潇潇的衣服已经快塞满她的小衣橱了，那些穿小了的衣服处理起来还真是让人发愁，送人吧别人不一定合适，淘宝上开店我是懒得干也没时间去打理，捐献呢人家现在还都不要旧的，扔掉未免也太浪费太不环保了。所以，如果可以，让我再生一个宝宝，她还得是个女孩儿，这样就可以穿姐姐的旧衣服啦！

◯ ● 儿女双全的心愿

如果谁家儿女双全，一定是别人羡慕的对象，多有福气呀！可是现在都生一个孩子，谁家没点缺憾。我可绝对不是重男轻女的人，其实生孩子之前就更喜欢女孩儿呢，也如愿以偿了。不过当看到电视上、广告上那些帅哥的时候，我也忍不住想，如果自己也能生个儿子，将来帅帅酷酷地站在老妈我身边，那是多么骄傲和自豪的事情！如果可以，让我再生一个宝宝，他必须是个男孩儿，达成我这儿女双全的心愿!

●圆我拍一套孕味照的梦想

前面说了,怀着潇潇的时候,最遗憾的事情就是没去拍一套写真。看看身边那些辣妈们一个个拍得那么美,我就只有羡慕的份儿了。看来我这个70后妈妈还是太守旧了。但是,如果可以,让我再生一个宝宝,我一定一定要去拍一套孕味照,并且牵着老公、携着女儿,当一个最最幸福美丽的妈妈!不过这一切也都只是一个梦想啦,还是加倍努力照顾好我现在这个可爱的女儿来得更实在些啦!

附录一 吾家小女初长成

出生小档案：

小名：潇潇

性别：小公主

生肖：金猪宝宝

出生地点：北京

出生时体重：3.2k

出生时身高：52cm

伴随着新生命到来的喜悦，同时还有忙碌、紧张和辛苦。宝贝刚出生的那两天总是哭，一家人忙得团团转。可是每当抱起女儿小小的软软的身体时，真的感觉她是个天使，是给我们全家带来欢乐的天使！

第一个月：睡梦中的微笑

满月时体重：4.5kg

满月时身高：55cm

吃：每天吃7~8顿，其中5~6顿母乳，两次奶粉，量从刚出生时的一次30ml逐渐增加到120ml左右。

睡：几乎总在睡，又几乎总在闹腾。

排便：每天大约拉三四次臭臭。

特点：月子里的潇潇似乎总在哭，睡醒了就哭，母乳不足也哭，还有一些说不清的原因。为娘我实在没办法就喂她奶粉，结果一个月下来吃成了一个小胖子！

○ ● 成长小故事：当女儿第一次对我绽放笑容

自打生下女儿后，就经常听老公和爸妈大惊小怪地叫道：快看，宝宝在笑！

可是无奈，每次我都躺在床上，待我凑过脸去时，小人儿早就收起了笑容。要知道，咱这坐月子的女人，是能躺着决不坐起来的。可是这样也就让我错失了每一次看潇潇笑的良机。

不过，还是女儿跟妈贴心，潇潇在某天吃完母乳后单独给了我一个微笑会晤。话说当天，小妞儿醋畅淋漓吃了个够，吃得晕天转地昏睡过去，我正盘算着把她放回自己的小窝后也去休息休息，突然见她咧开樱桃小口，嘴角微微上扬，给了我一个甜蜜的微笑。这一下把我激动的，差点儿从椅子上蹦起来，幸好我还比较理智，平稳地把这小不点儿送到了安全地带，然后连衣服都没来得及扣好，就跑去向她爸爸报告去了！

温馨小提示：

·刚出生不久的婴儿就会偶尔露出笑容。

·吃饱喝足、干净舒服的宝宝更容易笑，所以若想给自己一个惊喜，就好好照顾宝宝吧。

第二个月:睁大眼睛看世界

两个月时体重:5.45kg

两个月时身高:58cm

吃:每天吃 7 顿,其中 5~6 顿母乳,1~2 次奶粉均为 120ml 左右,满两个月前实现了纯母乳喂养

睡:上午一觉 3 小时左右,下午两觉分别为 2~3 小时和 1 小时左右,夜里一般醒两次

排便:基本每天一到两次大便

特点:这个月的小妞儿喜欢把眼睛睁得大大的看周围的世界,睡眠似乎不太好,白天睡觉总要有人守在旁边。

◯ ⬤ **成长小故事:晕,总也睡不踏实!**

如今每当遇到快要生产的准妈妈,我一定会给她打预防针,趁现在好好休息攒足体力,等生了就别想睡觉了。可别说我危言耸听哦,相信每一位妈妈都曾体会过宝宝不好好睡觉的辛苦。

我家的小坏蛋刚来到人世间就给了我一个下马威,总也睡不踏实。潇潇对

光线和声音特别敏感，稍微有一点儿动静就会惊醒过来。夜里还好点儿，白天几乎一直在哼哼唧唧的，把为娘我和外公外婆真是累得够呛！

她爸爸提议把小床的摇篮安上，推摇篮怎么着也比抱在怀里摇要轻松得多呀。我原本一直怕睡摇篮会养成宝宝的坏习惯，以后不摇就不睡，可现在看来，人家设计摇篮自然是有道理的，睡在摇篮里的小妞儿，一边享受着舒适的摇晃感，一边听着催眠曲，还真就好睡多了。每天下午我躺在床上一边休息一边推着摇篮，小妞儿也能安静地连续睡上两个小时了。

温馨小提示：

·小宝宝喜欢在轻微的摇晃中睡觉，不必担心为此养成坏毛病，待宝宝稍大些，自然就不用摇了。不过推摇篮时一定要注意动作轻柔缓慢，千万不能剧烈摇晃。

·耐心、爱心，是哄宝宝睡觉最有力的武器。

第三个月：表情多多的小娃娃

三个月时体重：6.25kg

三个月时身高：61cm

吃：每天吃5顿母乳。

睡：上午一觉2~3小时，下午两觉，夜里一般醒一次。

排便：基本每天一到两次大便，也有时两三天一次。

大动作：在大人扶着时可以站住了，自己也能趴一小会儿。

特点：开始有丰富的表情了，爱"说"爱笑，像个可爱的布娃娃。

○ ● 成长小故事：登峰造极的蹬被子事件

随着月龄的增长，小妞儿的力量也是越来越不可估量了。虽然正值寒冬，可我们这位小侠女是丝毫不畏严寒，每天睡觉都要把被子蹬到一边，似乎这些被子碍着她的事儿了。也难怪，咱是侠女，整天被这些被子包包裹裹的，哪能施展得了这十八般武艺呢？幸好这一年冬天的暖气烧得还不错，一次也没给我们冻坏。

一天早晨，我被一阵瑟瑟的声音弄醒了，我就知道一定是小侠女在自己的小窝里不安分了。等我来到小床边一看，差点儿没把我笑趴下，该同志不但把被子们全都蹬到了一边，连贴身的裤子都蹬掉了！这小腿的力道，这等技艺，真是到了登峰造极的地步呀!

温馨小提示:

·在保证温暖的情况下,冬天也不用给宝宝盖得太厚,太热了宝宝反而会蹬被子。

·防止被子被蹬掉的法宝:睡袋。

·妈妈们夜里一定要不辞辛苦,经常爬起来给宝宝盖好被子,以防着凉。

第四个月:笑声朗朗

四个月时体重:7kg

四个月时身高:64.5cm

吃:每天吃5顿母乳。

睡:上午一觉两小时左右,下午一觉2~3小时,夜里醒一次。

大动作:大人扶着站时喜欢蹬腿往上跳,躺在床上自己能快速扭动身体。

特点:好脾气、爱笑,常常在小床上"嗯嗯啊啊"地自言自语。

◯ ⬤ 成长小故事:银铃般的笑声

小妞儿到了第四个月,不再是个沉默的小羊羔了,常常"嗯嗯啊啊"地自言自语上好半天。不过小妞儿虽然爱笑,却还只是无声的微笑,我们都盼望着她哪天能笑出来,那一定是天底下最美妙的声音。

在潇潇农历满四个月的那天,潇潇外婆给她喂水,小妞儿咬着奶嘴跟外婆做游戏,在外婆的引逗下,突然听到"咯咯"的笑声,没错,就是从小妞儿喉咙里发出的!从那以后,潇潇告别了无声的微笑,只要一逗,就报以一阵银铃般的笑声。这笑声,在妈妈心里是最动听的;这笑容,在妈妈眼里是最美丽的!

温馨小提示:

·三到四个月的婴儿只要感觉舒适就很爱笑。

·家人要经常跟宝宝说话,引逗宝宝,让宝宝感受到浓浓的爱,宝宝会更健康快乐,自然也会报以欢快的笑声。

第五个月：有点认生

五个月时体重：7.5kg

五个月时身高：68cm

吃：每天吃 5 顿母乳，开始添加很少量的辅食。

睡：上午一觉两小时左右，下午一觉 2~3 小时，夜里醒一次。

大动作：趴得很好了，背靠支撑能小坐一会儿，大人扶着能站好一会儿。

特点：认生——不认生的转变，喜欢主动向别人笑。

◯ ● 成长小故事：让我欢喜让我忧的整夜觉

这个月里，潇潇跟着我做了一次长途旅行——回外婆老家。也许是路上太劳累了，当天夜里小妞儿睡了八个半小时的整夜觉，接下来连续两天都整夜不醒。按说这是好事，夜里不用半睡半醒中硬撑着爬起来喂奶，应该是求之不得呀，可是相反，我却着实难受了几个晚上。

平常潇潇夜里都要醒一到两次的，正好在我涨奶难受时替我解了燃眉之急，可她一整夜不醒，我这涨奶之苦可怎么解决呢？因为我自己也很累，根本把吸奶器忘到了九霄云外，所以迷迷糊糊之中也一觉睡到大天亮，早晨醒来时，衣服已经湿了一大片，而且还涨起了硬块。赶紧让小妞儿吃，宝贝也享受了几次美美的早餐。

还好接下来的日子，女儿还是知道心疼妈的，又恢复了正常的作息时间，每天夜里都不辞劳苦，帮妈妈清空粮仓。

温馨小提示：

·正常情况下，宝宝夜里能睡久一点儿是好事，不需要把宝宝叫醒喂奶。

·母乳妈妈在涨奶严重的时候，可以用吸奶器吸，或挤掉一些。

第六个月：我就是这么爱笑

六个月时体重：8.1kg

六个月时身高：70cm

吃：每天吃 5 顿母乳，添加少量辅食。

睡：上午、下午各睡一觉，分别在两个小时左右，晚上八点半睡到第二天早晨七点多，夜里吃一次母乳。

大动作:坐着时只要稍微加一把劲儿就能站起来;满六个月时能独立坐了。

语言：已经能无意识地发出这几个音："aya"、"enma"、"bubu"、"nai——nai——"。

特点:爱吃爱睡,最爱笑,喜欢色彩鲜艳的图案。

成长小故事:摸爬滚打学本领

从一个多月开始练习趴之后,潇潇就一直在努力学本领:坐、站、翻身、爬。终于在半岁的时候,小妞儿的坐通过了考核,已经能不用任何支撑独自坐着了,虽然还常常有些东倒西歪,却怎么着也算是会坐了。小人儿的站功也不错,只要稍微带着点劲儿,就能站好一会儿。只是翻身还不会,爬就更别提了。

当时看到周围一些差不多大的宝宝已经会翻身了,为娘我也在担心,我闺女是不是发育得太慢了？可俺这当妈的恨不得女儿是个天才,生下来就会说会走,样样比人强,所以更加勤奋地给小妞儿进行一系列的训练,每天摸爬滚打学习本领。可人家似乎根本没有要学翻身的意思,你怎么把她摆放,她就原样儿待在那里,倒是挺省心,不用担心哪天不慎滚落到地上。

最后还是潇潇外婆的一番话让我开了窍:每个宝宝都有自己的特点,很多情况不用跟别人攀比,只要宝宝健康,身体发育正常,就没什么好担心的。是啊,咱晚点儿翻身又有什么,咱那是不让爸妈为我的安全问题操心呀!

温馨小提示:

·每个婴儿都有自己的个性，也许这方面发育得早些而那方面就迟点,只要在正常范围内,姐妹们都不用太担心,给宝宝信心也给自己信心吧。

·宝宝站得早、爬得早,也未必说明他有超群的运动能力。

第七个月:胃口超好的小胖妞儿

七个月时体重:8.75kg

七个月时身高:71cm

吃:每天吃5顿母乳,三餐都会添加少量辅食。

睡:上午下午各睡一觉,分别在一个小时和两个小时左右,晚上八点半睡到第二天早晨六点多,夜里吃一次母乳。

大动作:会翻身了。

语言：会发的音："ba-ba"、"ma-ma"，高兴时喜欢说"wawawa-rarara"。

特点：越来越调皮，玩玩具时非常专心，与家人同桌吃饭，胃口超好。

○ ● 成长小故事：睡前三步曲

时值炎炎夏日，潇潇的睡眠似乎又出现了点儿问题。我总觉得她睡得太少了，每天晚上八点半睡，早晨六点多醒，有的时候才五点多一点儿就醒了。想让她继续睡觉，可任凭我怎么哄她，她总是在我怀里扭来扭去，非常兴奋，一点儿睡意都没有。而白天也就只有上午、下午各一觉，加起来三个小时左右。

我琢磨着跟天气热有关系，小妞儿爱出汗，一热就睡不着。虽然有空调，可我不敢把温度调得太低，听说医院骨科病房有很多得关节炎的小宝宝呢，所以还是小心为妙。

奇怪的是，小妞儿在家里睡觉是一点儿动静都不能有，稍有一丁点儿声响，她就机敏地睁开双眼；反倒是在外面散步或逛超市，坐在小推车里，小妞儿睡得那叫一个舒坦，任凭身边车水马龙，人声嘈杂，她就是不醒。

连哄小妞儿睡觉也出现了特有的睡前三步曲：

第一步：抱在怀里的潇潇一会儿看着我咧嘴笑，一会儿扭来扭去的，一会儿哼哼唧唧地想哭，总之是浑身不自在；

第二步：经典动作——假装吃手：把手放在嘴巴跟前，小嘴一动一动地做吮吸状，可并没有真的吃手；

第三步：经过一番与睡神的较量之后，终于抵挡不住睡意来袭，小手一耷拉，脑袋一歪，睡着了！

温馨小提示：

·夏季，宝宝房的空调温度不宜调得过低，容易引起宝宝患感冒、关节炎等疾病的危险。

·在家里时，给宝宝一个舒适安静的环境，提高睡眠质量。

·很多宝宝更喜欢在外面摇晃的状态下睡觉，这也不失为一个哄宝宝睡觉的方法。

·哄宝宝睡觉要有耐心，切忌急躁。

⚫ 成长小故事：小坏蛋

小妞儿有的时候真是坏得很呢！

那段时间，潇潇只要一看到我戴着眼镜，就一脸的坏笑，然后就伸过小手来摘眼镜，那手法真是又快又准，摘下来之后还得意地"哈哈"笑两声，继而看看我，又看看眼镜，一松手就给扔了。见我再戴起来，她简直高兴极了，因为又可以故技重演了！

当然，她爸爸也逃不过她的魔爪，已经有一副眼镜被她折磨得光荣牺牲了！当然，我们只能怪眼镜质量不过关，连六个多月的小宝宝玩一下都经不起，哈哈！

温馨小提示：

·六七个月的宝宝喜欢抓起东西再扔掉，不要责怪他们，这是他们在练习手的抓握能力呢，妈妈们要多给宝宝准备一些不怕摔的玩具哦。

⚫ 成长小故事：女高音

之前常常听到小区别的单元里传出小宝宝尖叫的声音，我还心想呢，这是谁家的孩子，怎么这么爱叫，估计他们家的大人耳朵一定是备受折磨吧。终于，这种特殊待遇也降临到了我和她爸爸还有外公外婆身上：无论是看到喜欢的东西还是生气的时候，小妞儿都会大声尖叫。

我是先礼后兵，从苦口婆心地劝说到张牙舞爪地恐吓都试过了，可人家都不买账，该叫的时候就得叫。有一次我实在没辙了，也学着她尖叫起来（当然是降低分贝的），她竟停下来了，奇怪地看着我，也忘记了自己正尖叫着的事儿了。

其实，换位思考一下，宝宝太小，又不会说话，当心情激动时，不知道该如何表达，也许尖叫是他们发泄情绪最好的方法吧！

温馨小提示：

·多站在宝宝的角度考虑问题，就会更加理解他们的行为。

·转移注意力是制止小宝宝尖叫的好方法。

第八个月：小美女变身假小子

八个月时体重：9.1kg

八个月时身高：72cm

吃：每天吃5顿母乳，三餐都会添加少量辅食。

睡：上午下午各睡一觉，分别在一个小时和两个小时左右，晚上八点半睡到第二天早晨六点多，夜里吃一次母乳。

大动作：翻身十分灵活，能用打滚的方法移动身体；偶尔会往后退着爬；有迈步的意识。

语言：有时会有意识地看着爸爸妈妈叫"爸爸"、"妈妈"。

认知：问"宝宝"或"大鱼"呢，会看向家中宝宝挂图和中国结下面的大红鱼，并且十分兴奋。

其他：第一次剃胎发，小美女变身假小子。

特点：哭的时候有眼泪了，偶尔会黏妈妈。

◯ ● 成长小故事：武装小床

这个月，潇潇翻身的动作是越来越娴熟了，不但能原地翻身活动活动筋骨，还会用打滚的方式移动身体。谁让咱八个月了还没会爬呢，只好用滚的！

可成长总是有喜有忧。有一次，潇潇在自己的小床上睡觉，我们都在别的房间干活儿，突然听到一声大叫，继而是小妞儿委屈又着急的哭声。赶过去一看，小妞儿的两只小脚丫被卡在了小床的木栏杆之间！这一定是她翻身的时候，小脚一抬就塞了进去，再想往外拉却不会了，这么小的人只知道用蛮劲儿，当然是越拽越疼。我小心翼翼地把潇潇的脚拉出来放好，不一会儿她又睡着了，不过我却开动起脑筋来了。

之前布置这个小床的时候，并没有想过要买床围，觉得那东西除了好看没什么用，可现在看来，是非装一个不可了，于是赶快上网淘了一个回来。淡淡的绿色条纹，上面还绣着小花和蝴蝶，围在小床上很是漂亮温馨，当然从此也保护了我的宝贝，小手小脚都不用再担心撞在木条上或是被卡住了。

温馨小提示：

·木质的宝宝床都有栏杆，宝宝活动能力增强后容易撞疼或被卡住，床围可以保护宝宝。

·不会爬但会翻身的宝宝，就有了移动身体的能力，家长要特别注意宝宝的安全。

◯ ● 成长小故事：手机与遥控器，一个也不放过

最近小妞儿常常会做一些"伟大"的事情，这不，我们一不留神，电视机就被她打开了！

当时我正在房间里收拾东西，突然听见电视机响了起来。因为平时尽量不让她看电视，我要求家人只要潇潇在客厅玩儿，也尽量少开电视机。我出来问潇潇外婆，是不是她开的电视，正忙着的潇潇外婆这才反应过来电视机被打开了。显然这是潇潇干的。刚才小妞儿坐在沙发上，想拿遥控器玩儿，在一旁干活儿的外婆就随手递给了她，没想到她竟瞎猫碰上死耗子，小手按到了遥控器上的开关，此刻的她，正津津有味地看着电视呢！

在小妞儿的眼里，手机一定是个很神奇的东西吧，又会发光还有可爱的宝宝(手机桌面是潇潇的照片)，还会唱歌，有的时候妈妈还会对着它说上半天话。所以手机也成了小妞儿爱不释手的玩具，一旦没收好，进入了她的视线，就逃不过被她揉虐一番的命运。当然到后来，终于被小妞儿摔坏了。

温馨小提示：

·遥控器、手机这些带按钮的东东都是这么大宝宝的最爱，如果怕损坏，还是收好为妙。

·尽量不要让一岁以内的小宝宝看电视，对他们来说除了损害眼睛，电视没有任何作用。

·很多父母喜欢让宝宝玩手机，其实手机的显示屏对宝宝的眼睛也有伤害，而且手机发出的电磁辐射对宝宝也是有害而无利的。

◯ ● 成长小故事：小骗子

潇潇开始黏人了，这个人当然就是为娘我了。每次外公外婆抱着她时，我只要从旁边经过，她就会一脸委屈地看着我；如果我把她抱过来，她立刻就露出笑脸，还回头看看外公外婆，好像在向他们炫耀似的。假如别人从我手里把她抢过去，她就会非常不满地大叫。

我们一直在讨论，小妞儿到底是真喜欢妈妈还是因为知道妈妈就是她的饭碗了？不过不管是什么原因，我心里还是暗自窃喜的，虽然整天缠着我有点

儿累,但是心里那个美呀!

小妞儿还会骗人了。有一次外公对潇潇拍拍手说:"我抱好不好?"潇潇看着他一边笑一边伸出小胳膊,可等外公伸手过来的时候,她又突然一回头,钻到我怀里,小手拍着我的肩膀,再回头对外公坏笑,这是骗人得逞了!

温馨小提示:

·八个月左右的宝宝开始黏妈妈是正常现象,妈妈们要多跟宝宝做一些亲子游戏,给宝宝足够的安全感。

第九个月:身手不凡

九个月时体重:9.5kg

九个月时身高:74cm

吃:每天吃四顿母乳,三餐适量辅食。

睡:上午下午各睡一觉,分别在一个小时和两个小时左右,晚上八点半睡到第二天早晨六点左右,夜里吃一次母乳。

大动作:可以自己扶着东西站一会儿;在大人搀扶下能在家里走两圈。

语言:"爸爸"、"妈妈"时常挂在嘴边,还喜欢发出很响的"rara"、"diadia"、"pupu"的声音,有很强的说话的欲望。

做动作:听到"拍拍手"和"亲个嘴"的指令时会做出相应动作;看到自己的奶瓶和碗会很高兴地表示想吃。

特点:有一点儿胆小、有一点儿小脾气。

成长小故事:喜欢独处

刚九个月的潇潇竟然喜欢独处,不用妈妈每时每刻陪伴左右。

这段时间外公外婆有事回老家了,爸爸也出差在外,为娘我一人个在家带孩子,还真是忙得有点不亦乐乎! 很多时候,小妞儿不睡觉,我也有活要干,没辙,这家庭主妇除了带孩子,家务活就是第一位的呀!

把潇潇的小天地布置好,放上几样玩具,小妞儿就能自己坐在那里玩上好半天,地垫上的玩具拿起这个看看,又拿起那个瞅瞅,一会儿敲敲打打,一会儿又全都丢掉。有的时候掰掰手指头,似乎在思考着下一个目标,找准后拿起来继续她的敲打工作。

而这个时候的我,远远地一边看着她,一边准备着美味,从来不去打扰她。

温馨小提示:

·让小宝宝学会独处是防止宝宝产生依赖性和分离焦虑的有效措施。

·宝宝在专心玩耍的时候,只要能保障安全,爸爸妈妈尽量不要去打扰他们,这有助于培养宝宝做事专心致志的好习惯。

第十个月:小小读书郎

十个月时体重:10kg

十个月时身高:75cm

吃:每天吃四顿母乳,三餐适量辅食。

睡:上午下午各睡一觉,分别在一个小时和两个小时左右,晚上八点半睡到第二天早晨六点左右,夜里吃一次母乳。

健康:第一次生病——幼儿急疹,发烧最高达 39.3℃,三天后退烧出疹子,两三天之后疹子消退。

大动作:相对于练习爬,似乎更喜欢学走路。

精细动作:能把瓶盖儿拧下来。

语言:学会说"baobao",以及叽里咕噜的潇氏语言。

做动作:会根据指令做"拜拜"的动作,以及在妈妈脸上发出响 PP 和"哇哇哇"的声音。

其他:能分辨食物的味道。

特点:喜欢看书、爱动脑筋。

◯ ● 成长小故事:关于双眼皮

关于宝宝的双眼皮,我和好朋友丁丁有过一次讨论:我说潇潇的眼睛像我就好了,我一岁之内就变双了,她爹是十三四岁才变的。丁丁的女儿比潇潇小三天,她更期待地说,我也希望宝宝眼睛像我呢,她爸爸是跟我结婚之后才变双的,如果像她爸可有得等!

没有哪个父母不希望自己的宝宝有一双美丽的眼睛,虽然单眼皮女生也同样可爱,但我心里还是期待小妞儿的眼睛快点双过来。可一般情况下,潇潇只是在刚睡醒的时候两只眼睛双那么几秒钟,给我一点点安慰。第十个月,终于能常常看到潇潇的左眼是双眼皮了,最多连续双了十多天呢! 要说这眼睛一变双,还真是更大更水灵了,整个小脸也显得更秀气更生动了,所以我更是日夜盼望丑小鸭变天鹅的那一刻啦!

温馨小提示:

·中国宝宝大多一出生都是单眼皮,并且眼睛还严重水肿,不过小宝宝们的眼皮是会变的,很多双眼皮都是后来变过来的哦!

◯ ● 成长小故事:精神可嘉

这个月让小妞儿拍拍手,她常常不高兴拍自己的手了,大概觉得这上个月就会做的动作,现在还让她做有点小儿科了吧。有的时候,她听到我说"拍拍手",抓着俺的手就拍起来。小人儿会不会在想,妈妈真笨,这么简单的动作还要我教她,哈哈!

不过我发现小家伙会动脑筋了,因为有几次,她正趴着玩儿,我故意让她拍手,想看看她会怎么做。她先是一只手一只手地往地上拍。之后她想了想,就侧起身子,用一个胳膊撑地,另一只手来拍撑地的那只手。嘿,我的小妞儿还挺会想法子嘛!

温馨小提示:

·一个简单的动作有多种玩法,在教宝宝做动作的同时,让它成为宝宝喜爱的游戏吧,还能帮助宝宝开动脑筋哦!

◯ ● 成长小故事:爱不释手的图书

喜新厌旧原来是人的本性,这一点从看小宝宝玩儿玩具就能看出来。之前买的那些玩具,小妞儿似乎都玩腻了,有时放在跟前,看都不看一眼。可感情专一也是人的本能,看小妞儿对那些图书爱不释手的样子就知道了。

我挑了几本内容简单的书,每天跟玩具一起摆在潇潇面前。我们家的小美女还真是对图书情有独钟,每天都要翻翻这本、看看那本,而我给她读儿歌就是她最开心的时候了!

温馨小提示:

·爱读书的好习惯要从小培养。

·选择一些颜色鲜艳、内容简单的图书给宝宝看,并和宝宝做一些亲子阅读,对宝宝爱上图书是很有帮助的。

第十一个月:小小舞蹈家

十一个月时体重:10.5kg

十一个月时身高:76cm

吃:每天三四顿母乳,三餐辅食。

睡:睡眠时好时坏,好的时候一整夜不醒,坏的时候醒来后哄上半个多小时都不睡。

大动作:无论是站着、坐着还是趴着,只要音乐响起就会翩翩起舞。

语言:会说"婆婆"、"抱抱"、"didi(吃吃)";高兴的时候喜欢说一连串的"diadiadia……"就像在唱歌一样抑扬顿挫,音调婉转曲回。

做动作:学会做"拍拍宝宝头"的动作。

社会性:能跟我们作最简单的交流(表示要吃或是要抱);有时会察言观色。

模仿:学大人的样子梳头。

特点:喜爱音乐,有一点儿小脾气。

◯ ● 成长小故事:小臭美妞儿

俺可是越来越觉得,这小妞儿爱臭美的习性绝对是得到了她娘我的真传。最近潇潇越来越喜欢照镜子了,一边照还一边"宝宝、宝宝"地说个不停,时不时抬头冲我笑,谁能知道她是为自己会说"宝宝"了而开心呢,还是因为看到自己这么漂亮可爱而自豪呀?哈哈!

当然,这镜子也就成了我哄潇潇的绝佳武器,一旦发现她小嘴一撇,泪水在眼眶里打转的时候,我就连忙奉上这件宝物,以求天下太平。

温馨小提示:

·镜子是宝宝喜爱的玩具,他们会以为里面是另一个宝宝在和他玩呢,这对促进宝宝社会性的发展很有帮助。

◯ ● 成长小故事:潇潇的一次察言观色

潇潇一定是个心地非常善良的孩子,这得从我一次闲来无事的恶作剧说起。

一天晚饭后，我抱着潇潇坐在沙发上玩，也不知道干什么好了，突然就装起哭来，想看看女儿到底会有什么反应。谁知小妞儿盯着我看了一会儿，竟然也小嘴一撇，哭了起来，还眼泪汪汪，一副可怜样儿，看来她是心疼妈妈了。我连忙把她揽到怀里，鼻子酸酸的，这一来是感动得真有点儿想哭了。这么善解人意、这么疼人的小宝贝，我真是怎么爱也爱不够呀！

温馨小提示：

·不要以为宝宝小，什么都不懂哦，爸爸妈妈的每一个表情动作和语言都被他们看在眼里呢！

·让宝宝学会察言观色，是锻炼宝宝将来与人交往能力的一个积累。

◯ ● 成长小故事：清晨的甜蜜时光

冬天，人似乎也更懒了，夜里只要小妞儿醒了要吃母乳，我都是躺着喂完就让她跟我一张床睡了。只是给她单独弄个被窝而已，实在懒得再爬起来把她送回小床。不过这却带给了我们一个甜蜜幸福的亲子时光：每天清晨，我都会被女儿小小的软软的小手和小嘴巴亲醒。

小妞儿睡醒很少哭，也许是睡得舒服吧。她会摸索到妈妈的脸上来，开始左亲亲右啃啃的。如果我是背向她睡的，她甚至会用小手把我的脸扭过去亲。

接下来当然是母乳时间了，虽然美梦被扰醒，虽然很困，可是还有什么比这更甜蜜呢？

温馨小提示：

·母婴同室、母乳喂养会让宝宝体会到更多的母爱，当然对妈妈本身来说，也感受着只有做母亲才能体会到的幸福感。

第十二个月：生日快乐

十二个月时体重：10.5kg

十二个月时身高：77cm

吃：每天三四顿母乳，加三餐辅食。

睡：上下午各一觉，有时能睡整夜。

身体发育：小牙才露尖尖角。

大动作:终于会爬了;坐着时扶东西可以自己站起来。

精细动作:会用手指做"1"、"8"和开枪的动作。

语言:学小鸟叫"jijiji";能更清楚地表达想要吃和抱的意思了,看到好吃的会说"qieqie"或"yaoqie",吃吃和要吃的意思。

做动作:敬礼、招手、打电话、发狠、嘟嘴,看到喜欢吃的食物就张大嘴巴。

模仿:弹琴。

特点:爱逗别人玩,有自己的喜好和性情了。

◯ ● 成长小故事:热情的小丫头

要说小妞儿可爱,绝对离不开她那热情活泼的性格。

有的时候一家人都在忙着干活,没有注意到小妞儿,她不但不生气,还会主动逗我们玩。只要目光无意间扫过她,该小朋友就会小嘴一咧,小鼻子一皱,嘴里还"咦——"的一声,就像发现了什么新大陆。每每让我忍不住放下手里的工作,上前抱起她亲了又亲。

不仅仅是对家里人,对外面的陌生人也一样。有一次潇潇外公在小区里跟人下棋,很多人围观,其中有一位看着很年长的老爷爷。我抱着潇潇也在那里玩,小丫头从见那老爷爷过来就开始使劲儿"嗯嗯嗯"地叫着人家,还冲人家傻笑。只可惜老人家大概耳朵不是太好,根本没听到旁边这位小朋友在打招呼,我那热情的女儿却还在对人家笑。

潇潇外公总笑说,看来潇潇将来是当外交官的料呀!

温馨小提示:

·宝宝热情开朗的性格需要从小培养。

·宝宝在表现出热情友好的时候,一定要及时给予回应,不然,几次下来,宝宝就再也不愿意逗你啦。

第十三个月:迈开独立第一步

十三个月时体重:10.7kg

十三个月时身高:77cm

吃:早晚各一瓶奶粉,三餐正餐;喜欢吃黄瓜。

睡:断奶后基本上都能睡整夜了。

大动作：迈开人生独立的第一步——会走了。

语言：越来越喜欢说话，新学会的词基本上都是叠词，婆婆(bubu)、姨，一边竖着食指一边说"一"、牛牛(nene)、球球(diudiu)、狗狗(doudou 或 gougou)、娃娃、鱼、奶奶、兔兔(dudu)、车车(cece)、这个那个(均为 dega)、爬爬。

认知：能分辨的玩具和东东，牛、狗、小刺猬、小猪、娃娃、电话、杯子、球、香蕉、西瓜……能指出自己的鼻子、嘴巴、耳朵。

做动作：吸鼻子、搓手、唱歌(单音一个"啊"字，但是音调有高有低、抑扬顿挫呢)、一边走一边踢球、用遥控器指着电视机调台、开 DVD、手扶着依靠物蹲下去捡东西……

大事：断奶了。

特点：爱说话、爱学习。

◯ ● 成长小故事：我选择，我喜欢

断奶后，一日三餐显得更重要了，所以我从"奶牛"变身为营养师兼大厨，每顿饭都会精心准备、营养搭配。

可是小妞儿有时并不买账，潇潇现在可不像原先那么好骗了，以前不管是什么，塞进嘴里就吃。现在常常在吃饭的时候，小朋友会说"budi"(不吃的意思)，或用手挡着我伸过去的小勺。无奈，我把几个菜排列在她跟前，问她想吃哪个，她有时会伸出小手去指自己想吃的，有时反应不过来不知道要怎么办。我就一样一样地问，如果不想吃她就一脸无奈地看着我，如果想吃就会很开心地说"吃吃"，甚至还会大笑起来。

真没想到，刚一周岁多点儿的小娃娃竟也会挑选了，不过这也是人家的权力嘛！

温馨小提示：

·让宝宝自己选择想吃的东西，宝宝会吃得更香更开心。

·给宝宝自主权，使宝宝感受到被尊重，对宝宝的人格培养很有帮助。

◯ ● 成长小故事：善意的小骗局

每天早晨我会放一段音乐给潇潇听，她自己在学步车里跑来跑去，有时候会停下来摇摆着跳一会儿舞，这样我就能做早饭干活儿了。知道有音响这么好

的东西后,小妞儿对自己那个放音乐的小玩具兴趣就大不如前了,经常走着走着,就走到 DVD 跟前按开关,只是她还太小,不知道个中玄机,她只是学着我的样子按了开关后就开始摇摆起来,以为音乐马上就会响起来。为娘我为了不让小妞儿失望,不打击她的自信心,得赶紧去偷偷按播放键并打开功放,同时跟她说不要着急,音乐马上就来了。不一会儿,音乐响起,小妞儿就会开心地咧嘴一笑,跳得更欢了! 她心里一定坚定不移地认为这音乐是她自己打开的呢!

温馨小提示:

·宝宝的自信非常重要,爸爸妈妈一定要保护宝宝的自信心。

·音乐有助于宝宝语言能力的发育,帮助宝宝建立快乐的情绪,因此可以经常放一些旋律优美、轻快的音乐给宝宝听。

第十四个月:嘴皮子功夫

十四个月时体重:10.8kg

十四个月时身高:78cm

吃:早晚各一瓶奶粉,三餐正餐;爱吃黄瓜、玉米、米饭、馒头、面包。

睡:基本上都能睡整夜,偶尔醒来稍微哄一哄就接着睡了。

健康:快满十四个月时因着凉患了一次感冒,发烧至 38 度,略有咳嗽,打了一针消炎针、吃了三四天的消炎感冒药。

大动作:不需要大人牵手,能熟练地拐弯、自己扶着门框跨矮门槛,蹲下捡东西。

精细动作:准确把食物送进嘴里;把形状积木放到桶里;对准两个食指。

语言:会说五、鼻子(bede)、嘴巴(baba)、眼睛(眼眼)、痒痒、头头、丫丫、袜袜、鞋(yi)、包包、杯子(bede)、葡萄(budao)、肉肉、臭臭、屁屁、马马、驾、不啦、饱啦、喂(wa)、公公、舅舅、妹妹、哥哥、唧唧、喵(me)、汪汪、嘎嘎、嘟嘟、滴答。

理解能力:能听懂很多简单的指令,如亲亲、坐好、扔包包(纸尿裤)、捡东西。

模仿:对手指头、擦嘴、抹桌子、打呼噜等等。

排便训练:拉"臭臭"后会告诉妈妈"屁屁",准确率 80%。

其他:竟然说梦话!

特点:学习能力强,语言发展突飞猛进。

○ ● 成长小故事：小脑筋

宝宝们似乎都很喜欢从往地上扔东西的过程中寻找快乐，我们家的小淘气当然也不例外，常常把东西扔一地，让人哭笑不得。制止她扔肯定是没用又不符合宝宝成长规律的，于是俺决定培养小妞儿自己捡东西的好习惯，每次一旦她扔掉什么，都会要求她自己去捡起来。

潇潇毕竟还小，对蹲下来捡东西的动作还不是非常熟悉，不过她还是很小心翼翼的，一般都要扶着身边的大人或旁边的桌子椅子什么的去捡。但有时候东西在房间正中间空地上，周围没有可依靠的物体，小妞儿通常会试着走一圈去扶周围的东西蹲下去捡，发现都太远够不着了，她就会走向我，拉着我到中间，然后再扶着我蹲下去捡。

整个捡东西的过程，我没有提示她，但是可以看出小人儿一直在动脑筋思考问题，而且找到了好的解决方式，同时还培养了潇潇良好的习惯。

温馨小提示：

·生活中可以常常给宝宝出一些"难题"，让他们有机会自己动脑筋达到目的。

·爸爸妈妈们不要一见宝宝面露难色就立刻给予帮助，这时候更需要的是鼓励和小提示。

·扔东西是宝宝的天性，只要保证安全，不需要制止。

·宝宝的好习惯要从小培养，从小事做起。

○ ● 成长小故事：语出惊人

按说这么小的宝宝还说不了什么像模像样、正儿八经的话，可我们家的小人精刚十四个月却已经有了那么几条雷人语录。

No.1 妈妈=美女。

这个月，小妞儿不但"妈妈"不离口，而且无论是电视、电脑还是纸袋上的美女，都被她叫成了"妈妈"。毫不夸张，只有美女才是妈妈哦，不好看的通通叫"姨"。

某天一位阿姨来玩，故意要逗一逗小妞儿，随手指着报纸上一个年纪稍大的中老年妇女问这是谁。潇潇不假思索地说"婆婆"，仔细一看，还真有那么一点儿像潇潇外婆。阿姨不死心，又指着一位没牙的老太太，小妞儿想了想说"舅舅!"家里人一下子乐开了锅!潇潇每次见到舅舅都不喊舅舅的,都叫"公公",大概长相和神态都有点儿像吧。可这次这没牙的老太太却被小妞儿定义成了舅舅,可怜的舅舅啊,看来要好好贿赂一下外甥女喽!

最后阿姨又找了个年轻的指了指,长得确实不怎么好看,潇潇立刻就回答"姨"。再指旁边一个漂亮点的,小妞儿兴奋地叫道"妈妈!"我心里那个美啊、甜啊,哈哈,在女儿的心目中,妈妈绝对=美女呀!

No.2 嘴巴=屁屁

在教小妞儿认五官的时候,我指着她的小嘴说这是嘴巴,因为"嘴巴"这两个字连着不是太好说,我也没指望她立刻就能学会。

有一次小妞儿一边扣我的嘴一边说"屁屁",我很纳闷,这个时候怎么说"屁屁",难道是拉屁屁了?检查了一下,并没有。我很郑重地教导她:"没有拉屁屁的时候不要说屁屁,要等拉了屁屁才能告诉妈妈屁屁。"可是这之后,小妞儿仍然我行我素,还是一边指着嘴一边说"屁屁"。我突然想到,她是取了"嘴巴"里好发音的"巴",然后组成叠词"巴巴",看来还是动了脑筋的呢!不过小人儿对字的音调还搞不清楚,她的"巴巴"音调跟"屁屁"是一样的,她哪知道一个是进的一个是出的,真晕,嘴巴=屁屁?!

No.3 处处是门铃。

小妞儿有一本书封面上有个门铃,我每次给她讲的时候都会让她按门铃,我同时学着门铃的声音"叮咚——"没有几次,小妞儿就学会了,她的发音是"didou——"后面也会拖得长长的。

有的时候潇潇发脾气,我一时着急就会按着身上的纽扣说"叮咚",以转移她的注意力,她自己这样一来也学会了。

这个"叮咚"的门铃声对潇潇来说一定非常好听并且有趣吧,因为现在已经发展成她看到圆圆的东西就以为是门铃,就会去按。某天竟然看到她轻轻地点着床单上花朵图案上的花芯(因为也是圆的),嘴里说着"didou——"

温馨小提示:

·宝宝满周岁后是学习语言的黄金期,要多跟宝宝说话,宝宝才有机会学到更多语言。

·注重在生活中培养和激活宝宝的想象力,以及发现事物之间的联系,比如"处处是门铃",宝宝就会发现这些图案之间的共同点和关联。

第十五个月：趣事一箩筐

十五个月时体重：11kg

十五个月时身高：80cm

吃：早晚奶粉，三餐正餐。

睡：上下午各一觉，晚上从九点多到第二天早晨七点左右睡整夜。

大动作：行走自如，跨门槛、小跑都很利索，但是摔倒后没有自己爬起来的意识。

精细动作：能把硬币投进储蓄罐；会竖大拇指了。

语言：除了又新学会不少叠音词，还能连着说两个词了，比如"妈妈抱抱"、打电话时的"喂，婆婆"。

认知：十二生肖、猫、鸭子、青蛙、蝴蝶、虾、鱼等。

理解力：能听懂简单的日常对话。

特点：逆反心理、容易发脾气。

◯ ● 成长小故事：对水果的分类

在潇潇小朋友的眼里，水果分成四类：大一些的都是瓜瓜、中等的是果果，而小的一颗一颗的都是葡萄，另外还有一类就是草莓了(草莓不太好发音，潇潇自己发明的发音叫 meine)。

我给小妞儿买了一本学习认水果的图书，她每天吃饭的时候都要翻看，一边看就一边把里面的水果定义成瓜瓜、果果、葡萄和草莓。想必她也是动了一番脑筋的，最起码对大和小有了一些概念。

最有意思的是，小妞儿有一天看着房间里红木柜子的脚非常激动地说"meine"，说个不停。我一看，柜子脚雕刻的花纹还真有点儿像草莓，看来潇潇同学的小脑袋是联想牌的呢！

温馨小提示：

·在日常生活中，有很多事物都可以用来帮助宝宝掌握一些基本概念，比如大小、颜色。

·要鼓励和激发宝宝对各种事物展开联想。

●●成长小故事:趣事一箩筐

热衷打呼噜。自从春节的时候在爸爸老家学大伯打呼噜之后,潇潇一直非常热衷打呼噜。特别是发现原来外公睡觉也打呼噜后,她只要一看见外公就开始学打呼噜。

到底是饿还是饱。一次饭后问小妞儿吃饱了没有,她说:"饱了!"然后又问还吃不吃,她说"吃吃"。奇怪,接着再问肚肚饿不饿,她拍拍肚皮说:"饿!"真晕,到底是饱还是饿呀?

妈妈也能吃吗。问潇潇:"你喜不喜欢妈妈呀?"潇潇想了想,把嘴巴张得大大的表示喜欢。其实这是她表示喜欢吃某种食物时的一贯动作,哈哈,难道妈妈也能吃吗?

爱唱歌的小宝宝。她爸爸教潇潇唱歌一律是"啊——"的发音,音调有高有低,小妞儿很早就会了,唱得还不赖呢!继这首成名曲之后,为娘我又教她一首"小宝宝要睡觉"的歌,鉴于她还不太会说话,我没有唱歌词,只用"dadada"的发音,教了几遍之后,曲调没有学会,不过"dadada"的唱歌方式她却学会了,常常突然想起来就"dadada"地唱着小曲,还真有点儿调儿呢!而且能自得其乐地唱上好一会儿!

温馨小提示:

·随着月龄的增加,宝宝会越来越可爱,常常会出其不意,说出或做出很多让人忍俊不禁的趣事来,年轻的爸爸妈妈们这个时候会越来越体会到养育孩子的乐趣的。

●●成长小故事:珍贵的第一幅美术作品

潇潇同学最近非常喜欢拿笔玩,从安全角度出发,我可不敢随便让她玩笔,万一哪里被戳着了可怎么得了!不过在我冥思苦想后,终于找到了一个替代品——蜡笔,既不会戳着宝宝又能满足她涂鸦的爱好,于是立刻就买了一盒回来。

就这样,潇潇同学的第一幅美术作品就诞生啦!不过这幅画是母女二人合作的成果,凡是那上面看起来是搞破坏的笔画就是潇潇的杰作了!另外那个

"潇"字,也是潇潇亲手写的,怎么样,不愧是小才女吧!

其实名字是我把着她的手写的,不过她非常不合作,每写一笔都想要挣脱我的手,所以这个字实在是太难看了!不过再怎么说这都是潇潇第一次拿笔、第一次画画,还是非常珍贵的呀!

温馨小提示:

·给宝宝买一盒彩色画笔,让宝宝随意画,可以锻炼宝宝小手的协调性,还能培养宝宝的想象力哦。

·画的时候,爸爸妈妈可以先作示范,然后让宝宝自己发挥。

第十六个月:口是心非

十六个月时体重:11.8kg

十六个月时身高:81cm

吃:早晚奶粉,三餐正餐。

睡:上下午各一觉,晚上睡整夜。

大动作:在大人搀扶下可以爬两三层楼梯,自己扶墙能爬比较矮的台阶。

语言:开始向两个词连着说发展,如"好妈妈"、"好婆婆",喜欢说"哎呀"。

智力发育:会告状、根据歌词表演简单动作、骗人、拿书要求妈妈讲故事。

特点:越来越机灵了。

◯ ● 成长小故事:童言趣事

No.1 装无辜

不知从哪天起,就总听到潇潇说着"哎呀、哎呦、哦呦",声调还很夸张,几乎成了她的口头禅。每次只要给她带上漂亮的小发卡,一会儿工夫就被她揪下来,然后就很无辜地拿给我看说"哎呀!"好像还没明白发卡是怎么掉下来的!后来俺和潇潇外婆终于想到了,这个"哎呀"是学我们俩的,同样这也是我们的口头禅。

有一次我找不到桌子上的东西了,猜想是被小淘气某个时候转移了地点。我一边问小妞儿是不是她拿了,知不知道在哪里(当然俺也知道这是对"猪"弹琴),一边四处找着。谁知小妞儿竟很热心地东看西看上看下看的,一副也在找东西的模样。最后我说一定是没了,她也两手一摊说:"没啦!"我真是哭笑不得,哈哈!

No.2 告状

一天,潇潇非要拿外婆手上的茶杯,外婆当然不能给她了,她似乎想都没想就一转脸跑到我跟前抱着我的腿:"妈妈,%^&★($★(&%@#$%^……"一堆听不懂的词脱口而出,可我们都听出了她那是在告状呢!

No.3 打屁股

一次小妞儿不听话,潇潇外婆跟她开玩笑说:"你再不听话就打屁股啦!"谁知小妞儿根本不买账,竟然自己打起了自己的屁股,嘴里还"啪啪"的配音!虽然她知道自己的小屁股在哪里,可是我们平时也没跟她说过,更没打过,她怎么就知道怎样打,还会配音呢,哈哈,太神了!

No.4 小骗子

小骗子常常口是心非,不管跟她说什么她都说"嗯、好",态度那叫一个好!可常常却是她刚答应完就紧接着反其道而行,俺琢磨着,估计她根本就不知道自己在答应什么吧!

最近小妞儿还会使坏了,假装拿个什么东西给我们,当我们伸出手来时,她却突然往回一缩,然后开怀大笑!

No.5 我问:潇潇好吗?

答:好!

问:潇潇棒吗?

答:(竖起大拇指)棒!

问:潇潇坏吗?

答:坏!

问:潇潇臭吗?

答:臭臭!

哈哈,又问:潇潇最喜欢谁?

答:(拍着肚皮)我。

哈哈,还真是一点儿也不谦虚呀!

温馨小提示:

·小宝宝的语言能力和智力发育并不完全同步,有时候说的与做的大相径庭,不要因此随意责怪他们。

·小宝宝的模仿能力十分强,他们平时的习惯动作和口头禅,其实都是从大人那里学来的,所以我们当爸爸妈妈的要注意言行哦。

第十七个月:小小机灵鬼

十七个月时体重:11.5kg

十七个月时身高:82cm

吃:早晚各一瓶奶粉,三餐正餐;用杯子喝水,用碗喝粥、汤,自己举奶瓶喝牛奶。

睡:白天只有下午睡一觉了,晚上睡整夜,一天的睡眠一共大约 12~13 个小时。

身体发育情况:长出第三、四、五颗牙。

健康:患过一次感冒,发烧一天,最高 38.8 度时吃了小剂量的退烧药,多喝水,第二天便痊愈了。

大动作:会自己爬上沙发了(这对爬得比较晚的潇潇来说也是一大进步)。

认知:能指出自己身体的各个部位,头、脸、眉毛、眼睛、鼻子、嘴巴、耳朵、手、肚子、屁股、腿、丫丫(如果是站着,就会抬起脚来告诉我们这是丫丫);认识的颜色有红、黄、蓝、绿紫、褐、橙、白、黑。

语言:原先音准不太标准的一些词渐渐能说得更标准了。

智力发育:模仿、联想、思考的表现越发多了起来。

安全:走路时摔倒,额头磕在椅子腿上摔破,缝了两针。

特点:黏妈妈的现象越来越明显了,特别是晚上困了的时候。

○ ● 成长小故事:小小机灵鬼

No.1 哄娃娃睡觉

原来对娃娃并不是非常感兴趣的潇潇,越大越表现出小女生的天性来,常常抱着娃娃,学着妈妈哄自己睡觉的样子,一边摇一边拍,还时不时地亲亲娃娃,再抱到怀里哄它。

No.2 肚肚里有饿

回老家常常到舅妈家去玩儿,舅妈怀了双胞胎,肚子特别大。小妞儿总爱去摸摸舅妈的肚子,听我们说了几次,她就记住了舅妈肚子里有宝宝。

一次问潇潇:舅妈肚肚里有什么?

答:宝宝!

问:潇潇肚肚里有什么?

答:饿!

哈哈,小妞儿就知道吃呀! 不过人家也没说错,那"饿"可不就在肚子里嘛!

No.3 马屁精

小妞儿喜欢的人可多了,问她最喜欢谁,人家谁也不得罪,一会儿是外婆,一会儿是外公,一会儿是妈妈。爸爸回老家来接我们娘儿俩回京,一看爸爸回来了,最喜欢的人立刻就成了爸爸!

当然也有让为娘我最得意的,小妞儿没事总爱不停地叫"好妈妈",有一次连梦话都在说"好妈妈",嘿嘿!

No.4 兔兔

对着挂图问兔兔在哪里,潇潇心不在焉地指向了老虎,我要求她重指,她想了想跑到房间去把小白兔毛绒玩具抱了出来。小妞儿越来越会理论联系实际啦!

温馨小提示:

·女宝宝随着年龄的增长,她们的兴趣爱好就会和男宝宝区别开来哦。布娃娃、毛绒玩具都是她们的好玩伴,这些玩具可以帮助女宝宝培养细腻的感情。

·教宝宝认知的时候,要常常把图画和实物联系起来,让宝宝更真实具体地了解事物的特征。

九、看我快乐一家子

357

第十八个月:让我自己来

十八个月时体重:11kg

十八个月时身高:83.5cm

吃:早晚各一瓶奶粉,多的时候可以喝到200毫升;三餐正餐,但是有的时候不好好吃饭;每天下午和晚上吃水果,有时不愿意喝果汁,喜欢直接吃水果。

睡:能自己躺在床上入睡,不需要再哄啦,午睡之前还会跟妈妈说再见。

身体发育情况:第六颗牙冒出来了。

健康:又一次着凉感冒,发烧至39.2摄氏度,吃退烧药后第二天恢复体温。

大动作:摔倒后不需要扶东西能自己站起来。

精细动作:自己能把八个叠叠杯按次序套起来。

语言:最多一句话能说五个不同的字,会说简单的句子,如,不喝妈妈喝、听音乐、讲故事等等;有趣的是说什么都喜欢在最后加个感叹词"呀"。

认知:认识蚂蚁、小虫子、飞机等很多日常生活中见到的事物;认识形状,长方形、三角形、圆形。

智力发育:会动脑筋把两件事情联系起来,想看动画片时一定是先说"坐椅子"或"骑马马",一坐上去就说:"看××呀！"。

行为能力:排便训练十天,以失败告终;开始进行自己吃饭的练习。

其他:很胆小,经常说"怕"。

特点:随着语言能力的提高,能更清楚地表达自己的想法了;很多事情都要自己来,自主意识逐渐加强。

◯ ● 成长小故事:让我自己来

一岁半的女儿越来越像个大孩子了,什么事情都想自己亲手去试一试,吃饭要自己用手抓,就算弄得满身满脸也在所不惜;洗澡要自己拿着毛巾擦,虽然根本就擦不着也照样乐此不疲;垃圾要自己去扔,每次香蕉还没吃完就伸过手来说"扔皮皮呀";爬楼梯要自己上,只要妈妈拉着小手就能爬四层楼,真是懂事的乖孩子,为妈妈减轻负担呢;就连睡觉也不麻烦为娘我了,每次我问她:"要不要妈妈哄觉觉?"她立刻往床上一躺说声"不哄觉觉呀",一会儿工夫就能自己入睡,我练就的一身哄睡绝招终于从此没有了用武之地！

我从来不会阻止小妞儿自己去做这些事情,就算她弄得浑身脏兮兮,就算她把家里弄得一团糟。但是宝贝在这些过程中学到的是最实用的本领,我可不希望我的女儿长大后见到带壳的鸡蛋不知道那是什么东西,我也不会让我的女儿成为一个没有一点儿生活自理能力的书呆子。

温馨小提示:

·宝宝在出现自主意识的时候,作为父母,应该提供更多的机会让宝宝自己动手,培养宝宝的生活能力。如果因为怕脏怕麻烦一再阻止,宝宝就会渐渐失去对做这些事情的兴趣,以后再想让他做,他就不愿意啦!

◯ ● 成长小故事:妈妈不哭

潇潇每天傍晚从外面玩耍回家后,我都要给她吃点儿西瓜。有一天,忘记提前把西瓜从冰箱里拿出来了,回家后才想起来,直接给小妞儿吃太凉了,我便切好后放在微波炉里加热了10秒,吃起来就不是冰凉的了。可是往外拿的时候没注意,手一歪,西瓜从盘子里滑落到地上。那天家里没有多余的西瓜了,我特着急,一边蹲下清理一边懊恼地自责。突然站在对面的小妞儿说了一句:"妈妈不哭!"我愣住了,我并没有哭,但是我的神情让女儿察觉到我的不悦了,我一把抱住懂事得让人心疼的宝贝,告诉她:"妈妈不哭,有你在妈妈身边,妈妈一定不会哭!"只是那一刻,我真的有点儿想落泪了。

书写到潇潇一岁半,要告一段落了。在今后的日子里,女儿仍然在一天天长大,而我也在与女儿共同成长。虽然要做一个好妈妈是很辛苦的,但是每当想到女儿这些让我感动的画面,我觉得所有的付出和辛苦都是值得的。而这本书也是我要送给女儿的最最珍贵的一份礼物!

九、看我快乐一家子

附录二 妈咪小厨房

○ ● 清香四溢的棕叶粥

宝宝的第一种辅食应当是谷类,那么粥就是最好的选择了。我喜欢在熬粥的时候放上几片棕叶,棕叶有清热去火的功效,关键是熬出来的粥绿绿的,清香四溢,看着就很有食欲呢！棕叶粥不但宝宝吃好,大人吃同样好哦,潇潇很喜欢吃,现在每顿能喝一碗呢！

·材料:大米、糯米(很少的一点儿就可以,能增加粥的黏稠度和口感,多了可不好,小宝宝的胃对糯米不容易消化)、三到四片棕叶。

·制作:很简单,就和平时熬粥一样,米和水一起放进锅里。粥不要熬得太稀,那样汤是汤、米是米的很不好吃;也不要煮得太稠,跟烂米饭一样。同时棕叶打成结放进去,大火煮开后改小火熬,直到米开口,汤黏稠了即可。

·窍门

1.让粥显得更绿:我们家有两个水管,一个是自来水,一个是纯净水。奇怪的是用纯净水煮棕叶粥不容易发绿,白白的看着很没胃口,用自来水煮出来的粥又浓又香,还有淡淡的绿色,很是可口。

2.防止粥溢锅:我用来熬粥的锅比较高,肚子大口径小,用这个锅很少把粥溢出来,当然熬粥的人要小心是最重要的了。

3. 棕叶从哪里来:我们家的棕叶都是端午前夕自己在老家河边打的芦苇叶,洗干净后风干,可以保存一年哦。在北京的超市我也看到过有卖的,想尝试一下的姐妹们可以去找找。

○ ● 易于吸收的鸡蛋羹

宝宝每天都要吃一个鸡蛋,补充必需的蛋白质,蛋黄还含有丰富的微量元素。营养价值最高的是煮鸡蛋,但是煮鸡蛋比较干,而且对于小宝宝来说,吸收效果就不如鸡蛋羹了。因为蒸鸡蛋羹能使蛋白质松解,极易被宝宝吸收。虽然做起来稍微麻烦点,但是我还是更多地给潇潇蒸着吃,有时候一次多蒸几个,全家人一起吃,这可是老少皆宜的营养美味哦。

·材料:鸡蛋一个、油、盐、小葱、香油、温水。

·制作

1.把鸡蛋在碗中打散,倒入几滴油,少许盐(一岁以内不需要放盐,稍大些可放少许盐调味),葱切成末儿放进去(对于比较小的宝宝,葱也不用放了),再加几滴香油,搅拌均匀。

2.将温水倒入碗内,一边倒一边搅拌。用温水蒸出来的鸡蛋羹更鲜嫩,凉水蒸容易老,开水会把鸡蛋冲熟,都不可取。鸡蛋与水的比例大约为 1:1.5。

3.锅里倒一些水,碗放进去(注意锅里的水高度不能没过碗),开火蒸,水开后改小火,几分钟就好了。如果掌握不好这个时间,中途打开锅盖检查也不要紧,用筷子戳一下,看看鸡蛋是否已经凝固。全部凝固了就要及时关火,蒸老起泡泡了,口感就大受影响。

4.如果是用微波炉蒸鸡蛋羹,只要掌握好火候,同样可以蒸得很鲜嫩,要记得加个盖子,中途还是建议停两次看几眼,出出热气,就不容易老了。一般一个鸡蛋两三分钟就好了。

窍门:烹调鸡蛋不要加味精或鸡精,因为鸡蛋中含有很多谷氨酸和氯化钠,加热后会形成一种物质与味精的主要成分相同,所以不需要再放味精了。

◯ ● 自制土豆泥

自从有一次在 KFC 给小妞儿买过一份土豆泥后,我心想,咱自己不也能做嘛。回去试了试,虽然味道不一样,但是同样很好吃,营养价值也不少呀,潇潇也一样喜欢吃呢。土豆营养丰富,而土豆泥就最适合没出牙的宝宝了。我做的土豆泥真的很简单,其实就是炖熟土豆,再捣成泥。

·材料:土豆、葱、姜、青椒、油、盐、酱油、白糖。

·制作

1.土豆洗净去皮切成小块儿;葱、姜都可以切得稍大些,方便后面剔除;青椒只要用中间连着白筋的果蒂就可以了,注意要确保所用的青椒是不辣的那种。

2.锅里倒一些油烧热,把葱、姜、青椒放进去炒几下,倒入土豆块,翻炒。

3.加入少许白糖、酱油、盐,加水炖。这一步,在宝宝小的时候同样要注意调料的用量,一定要少。

4.土豆炖到全部软烂就可以了,盛出来去除杂质(葱、姜、青椒),用勺子捣成泥就可以给宝宝吃了。

·窍门:土豆发芽了千万不要食用,发芽的土豆会产生毒素,对人体有害。

○ ● 百变南瓜

南瓜含有丰富的维生素,而且味道甜美,很适合宝宝食用。其实俺也喜欢吃南瓜,要知道南瓜还能防癌抗老化呢。南瓜有很多种做法都可以给宝宝吃,俺们家小妞儿从小到现在,吃过这么多种:蒸南瓜、南瓜粥、炒南瓜。其实还有南瓜饼、南瓜沙拉,都是非常好吃呢,不过不适合小宝宝吃,要考虑到她们还没有牙牙呢!

·制作

1.蒸南瓜:把南瓜切成块,直接蒸熟,熟南瓜肉质很软,小宝宝直接就可以食用。

2.南瓜粥:同样切成块,在粥煮到米即将开口时,把南瓜加进去,熬至粥黏

稠即可。

3.炒南瓜:宝宝可以吃少量盐后,就可以变变花样把南瓜炒给宝宝吃了。油锅内放入葱、姜、蒜、青椒,翻炒几下后放入南瓜,炒的过程中加入酱油和盐,如果有豆瓣酱就不需要酱油了,因为南瓜本身是甜的,也就不用再放糖了。加水没过南瓜,烧开后再炖一小会儿,南瓜软烂了就可以出锅食用了。

·窍门

1.如何挑选南瓜:南瓜有长的、有圆的,一般表皮比较硬,分量重,外观整洁的南瓜味道比较好。

2.南瓜皮含有大量的胡萝卜素和维生素,最好能一起食用,如果实在是太硬没法吃,可以把最硬的部分削去,尽量保留一部分皮。

健康美味的芋头丸子

芋头中富含蛋白质、钙、磷、铁、钾、镁、钠、胡萝卜素、烟酸、维生素 C、B 族维生素、皂角甙等多种成分,其丰富的营养价值能增强人体的免疫功能,还能增进食欲,帮助消化。小妞儿自从吃过芋头后,把很多看着黑糊糊的东西都命名为芋头,看来不是一般的喜爱哦。不过新鲜芋头不能长期储存,为了能吃得时间更久一些,我和潇潇外婆会把芋头做成芋头丸子在冰箱里冷冻起来慢慢吃,当然这个过程中俺只是打下手啦。

·材料:芋头五斤、猪肉两斤、葱、生姜、鸡蛋、面粉、盐、料酒。

·制作

1.芋头去皮后,刨成丝,再剁成馅。

2.切一些葱末和姜末,葱末可以增加香味,姜末在使用肉馅的时候一定要多放些,可以去肉的腥味。

3.肉馅可以根据个人的喜好放多或者放少,我们喜欢吃得偏素一点,所以肉相对少一些。肉馅可以买现成的,也可以自己剁,自己剁的不会像绞肉机绞的那么碎,味道更香一些。注意肉馅要先搅拌,把切好的葱、姜末掺进去,如果太干要加水,用筷子用力往一个方向搅拌。

4.再把肉馅与芋头馅掺到一起,打八个鸡蛋进去,加少量面粉,搅拌均匀。当然盐是必不可少的了。这么多馅可以装一大锅,因为要储藏,潇潇外婆可是大手笔,呵呵!

5.锅里倒入半锅油,烧热。

6.用小勺子舀一勺馅,在手里翻滚(勺子和手要互相配合),做成光滑的球状,下锅炸要注意油温不能太高,不然里面还没熟,外面就焦了,等炸成金黄色,就可以捞出来了,外脆内软、香味诱人的芋头丸子就做成了。

说实话,做芋头丸子的整个过程还是比较费事儿的,所以既然要做就一次多做点儿,冷冻起来后想吃的时候取出来蒸一下,或是跟青菜、白菜一起炖,十分方便,味道依然鲜美。而且对于牙齿没长几颗的小宝宝来说,吃起来也不费劲,既营养又健康还美味,十分适合。

·提醒:芋头忌与香蕉同食,姐妹们在给宝宝吃这两样食物的时候要注意哦。

○ ● 营养可口的鱼丸豆腐汤

姐妹们一定听说过,宝宝多吃些鱼会更聪明,不过小宝宝不会吐鱼刺,所以我们就要动动脑筋,把鱼做成方便宝宝吃的样子了。鱼丸是非常好的选择,嫩滑可口、营养丰富,超市就可以买到,喜爱厨艺的母亲们不怕麻烦可以自己尝试做一下,就更能体现爱心啦!

·材料:鱼丸、蘑菇、鸡蛋糕、豆腐丁。

这几样东西都是嫩嫩的软软的,很适合小宝宝吃,而且营养十分丰富。宝宝从六个月往后就需要多吃些鱼肉和鸡蛋补铁,同时这两样东西也含有丰富的蛋白质;豆制品富含植物蛋白,也是宝宝很需要的;蘑菇味道鲜美,增加汤的香味,而且菌类食品对人的身体很有益哦!

·制作

1、鸡蛋糕的做法:把鸡蛋打到碗里,搅拌均匀后,不用加水,直接放在锅里蒸熟后就成鸡蛋糕了,跟我们平时蒸给宝宝吃的鸡蛋羹有一点儿区别。鸡蛋羹是要加水的,跟嫩豆腐的口感类似,而鸡蛋糕就跟老豆腐一样,有点韧性。

2.鱼丸的制作

我个人感觉超市卖的吃火锅的鱼丸比较硬,自己制作的更鲜嫩一些,更适合小宝宝食用。鱼丸可以用草鱼或鲢鱼做,把鱼洗干净后,剔去骨头和刺,要很仔细地剔干净哦!

把鱼肉绞成末儿装入碗中,加进鸡蛋清,只能用蛋清,不然颜色就不好看啦。一般四五斤的鱼要用三四个鸡蛋清。生姜要提前切成薄片或丝,泡一些生姜水倒进去,再加料酒、盐,搅拌。搅拌可得下工夫哦,要往一个方向搅拌,一边搅拌一边加水,因为鱼肉在搅拌的过程中会变干变稠。不要舍不得用力气,尽量多搅拌一些时间,做出来的鱼丸才好吃。

加少许淀粉,这时候看材料的情况,如果鱼肉比较稀就不用再加水了,如果感觉比较稠,在继续搅拌的过程中要继续加水,每次加入水的量要少。搅拌到可以用手和勺子配合做出小汤圆的样子,就算差不多了。

锅里放水烧上,水温了以后就可以下鱼丸了。下的过程开小火,不要一下子就烧开了,因为做一锅鱼丸是需要很长时间的。方法跟做芋头丸子类似,戴上一次性手套,一只手抓一把馅挤捏出一个鱼丸,用汤勺接住下到水里。待一锅做完,适当加大火力,鱼丸都浮上来后就好了,赶快捞起来,放在旁边准备好的装满凉水的盆里。要注意,鱼丸很嫩,捞和放的时候都要轻。

一条四五斤的鱼能做不少鱼丸,凉了之后分装小袋子速冻,以后再拿出来吃不会太影响口感,而且也同样是辛苦一次,以后就方便啦。

3.材料都准备齐了,就可以做汤了,其实这个汤是很简单的。锅里放少许油,烧热后放入生姜煸炒几下,再放入蘑菇翻炒,加水,放进鱼丸煮。因为鱼丸烧的时间略长一些,等鱼丸浮上来了再加入鸡蛋糕丁和豆腐丁,汤烧开就好了。加盐、淋上香油、撒上香菜点缀一下,就可以出锅了。味道很鲜美,根本不用放鸡精了。

鱼丸适合烧汤,一家老少都可以吃哦。大人吃的时候可以在汤里放一些胡椒粉和醋,真的是一道又营养又美味的佳肴哦!不过因为要给宝宝吃,所以姐妹们要先给宝宝盛出一小碗来,再加别的作料供全家食用。

◯ ● 集营养、鲜美、方便于一身的清蒸鳕鱼

做鱼丸的确需要一点儿技术,又想吃鱼又想偷懒也有办法,可以给宝宝做

清蒸鳕鱼!鳕鱼的脂肪含量很少,富含蛋白质、维生素 A、D 及钙、镁、硒,关键是没什么刺,肉质十分滑嫩,非常适合宝宝食用。清蒸鳕鱼做起来也很简单,是懒妈们的好选择。

·材料:鳕鱼块、生姜、葱、料酒、盐。

·制作

1.把鳕鱼块洗干净,放在盘子里,切几片生姜、葱,倒上料酒,撒少许盐调味,腌十分钟。

2.把盘子放到蒸锅里蒸十分钟左右。中途可以用筷子戳一下试试是否已经熟了,蒸熟的鳕鱼就像豆腐脑一样滑嫩。

·提醒:呵呵,就是这么简单,不过喂宝宝吃的时候还是要注意鱼刺,因为鳕鱼中间也是有脊骨的,一定要小心哦,千万不能把鱼刺喂到宝宝嘴里。

◯ ● 保护眼睛有妙招,宝宝爱吃鸡肝面

鸡肝中的维生素 A 含量比猪肝高, 口感也比猪肝更细腻, 还含有丰富的铁、锌、硒。大家都知道维生素 A 是眼睛的保护神,宝宝吃点儿鸡肝,养眼补脑,增强体质。鸡肝面也是我为小妞儿设计的一款食物,又有主食,又有蔬菜,还有荤菜,吃上一碗,营养也够了,小肚肚也填饱了。

·材料:熟鸡肝、青菜、面条。

·制作

1.熟鸡肝的准备:鸡肝很便宜,超市里两三块钱就能买一小盒。买回来后洗干净,放些生姜、葱、料酒、盐煮熟即可。用搅拌机把鸡肝打碎,或用刀直接切成末也可以。

2.青菜洗干净也切碎,这样更利于宝宝食用和消化。

3.如果不是买的宝宝专用的面条,可以用手把长长的面条折断,变成很短的小段,宝宝吃起来就方便了。

4.锅里放少许油烧热后,切几根生姜丝炝锅,倒入水烧热,分别下入面条、菜、鸡肝,放少许盐调味。

5.煮熟后盛出来,淋点儿香油,就可以给宝宝吃了。

·提醒:鸡肝一次不要吃太多,因为鸡肝中的维生素 A 含量高,食用过多会引起中毒,婴幼儿对维生素 A 比较敏感,吃得太多了反而不利。同样,其他种类

的动物肝脏也不宜一次吃得过多哦。

◯ ● 肉肉可以这样吃：肉丸子白菜汤

我给小妞儿吃肉类食物比较晚，大约到十个多月才开始尝试，因为肉类比较油腻，而且一直喂母乳，也不太担心营养问题。一开始吃肉肉，我就想到一个便于宝宝吃的形式——肉丸子。水煮的肉丸子比较清淡些，而且没牙也照样能吃。于是我们家就常常有了这道肉丸子白菜汤了。

·材料：猪肉、白菜、胡萝卜、豆腐。

·制作

1.肉丸子的制作：绞好的猪肉馅，加入葱末、姜末、蛋清、水、料酒、盐，搅拌。锅里烧热水，把肉丸子下进去，煮熟后捞出来，可以做一次吃的量，也可以多做点儿冷冻。

2.白菜切碎，胡萝卜切成小块（其实胡萝卜有很多吃法，不过胡萝卜素要遇到脂肪才容易被吸收，所以在这个汤里面放一些胡萝卜是个不错的选择），豆腐切块。

3.锅里放水，把这些材料放进去，要切几片生姜、几段葱。其实可以说是一锅乱炖，不过味道和营养却是很不错的哦，而且一家人都可以吃。

◯ ● 做个粉嫩水果宝宝

窃喜，小妞儿遗传了我的好皮肤。我觉得这与我怀孕期间吃了很多水果有关系，在那个时候，潇潇就吸收了水果的养分，形成了如今的水嫩肌肤。为了让小妞儿一直这样粉嫩下去，我决定继续发扬多吃水果的好习惯。不过水果大多都是脆的，俺这老不长牙的宝宝可怎么吃？没关系，咱自己制作各种果汁呀！

·工具：榨汁机。我买的食物料理机在这个时候可是充分发挥了作用，

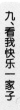

各种水果经它一加工，小妞儿吃起来就方便啦！

·制作

1.西瓜汁：用小勺子把西瓜瓤挖出来，去籽，用榨汁机榨好后倒进奶瓶就可以直接饮用了。(我们家给小妞儿喝果汁的奶瓶都被我改造过了，我把奶嘴的孔用刀划得比较大，这样就不怕果渣堵住孔了。)西瓜汁清凉解暑、去火利尿，常给宝宝喝对身体有利。

2.香蕉泥：香蕉去皮切成段，直接用小勺捣烂就制成香蕉泥了，适合没有出牙的宝宝食用。宝宝稍大一些就可以直接吃香蕉了，这时候可以翻点儿花样，在香蕉泥里加一些牛奶，用搅拌机搅拌后，味道非常香，宝宝一定会爱上它的。

3.黄瓜汁：小妞儿非常喜欢吃黄瓜，可是苦于牙出得晚，吃起来太费劲，于是仍然给她榨汁喝。黄瓜洗干净切块放进榨汁机，加一些纯净水，可以稍放点儿白糖调味。如果宝宝不是非吃甜的不可，尽量还是保持原味的好。榨好后就可以饮用了。

4.玉米汁：虽然玉米并不是水果，不过玉米汁也属于饮料，就一并说了吧。将玉米煮熟后，把玉米粒剥下来，加一些纯净水、白糖，用榨汁机榨出汁，把玉米渣过滤，香甜可口的玉米汁就出来了，俺们家小妞儿非常爱喝。而且玉米渣不用扔掉，可以用来煮玉米渣粥，我尝试过，很不错呢！

·提醒

1.做果汁的时候，未必要把果渣都过滤掉，果渣里同样含有丰富的营养和纤维，宝宝稍微大一些后，身体就需要这些纤维了。

2.据说外面卖的各种瓶装纯果汁饮料，其实也不外乎是食用色素、香精等调配起来的，所以为了宝宝的健康，咱们这些当妈的还是尽量不要让宝宝喝饮料了，自己稍微动动手，就能给宝宝制作最天然健康的饮料，何乐而不为呢！